中国地质调查成果 CGS 2023-009

"湘西-鄂西成矿带神农架-花垣地区地质矿产调查"二级项目(DD20160029)、
"南岭城步-南雄地区区域地质调查"二级项目(DD20190811)、
"中南地区南岭等成矿带重点调查区锡等战略性矿产调查评价"二级项目(DD20230050)、
"中南地区锡锑锰铝等战略性矿产资源调查"二级项目(DD20230030)资助

湘西花垣MVT型铅锌矿集区成矿作用

XIANG XI HUAYUAN MVT XING
QIAN XIN KUANGJIQU CHENGKUANG ZUOYONG

周 云	于玉帅	段其发	曹 亮	
李 堃	刘阿睢	赵武强	刘 飞	著

中国地质大学出版社
ZHONGGUO DIZHI DAXUE CHUBANSHE

图书在版编目(CIP)数据

湘西花垣 MVT 型铅锌矿集区成矿作用/周云等著. —武汉:中国地质大学出版社,2023.7
ISBN 978-7-5625-5606-0

Ⅰ.①湘… Ⅱ.①周… Ⅲ.①铅锌矿床-成矿作用-湘西地区 Ⅳ.①P618.4

中国国家版本馆 CIP 数据核字(2023)第 121611 号

湘西花垣 MVT 型铅锌矿集区成矿作用	周 云　于玉帅　段其发　曹　亮	著
	李　堃　刘阿睢　赵武强　刘　飞	

责任编辑:杜筱娜	选题策划:王凤林	责任校对:张咏梅
出版发行:中国地质大学出版社(武汉市洪山区鲁磨路 388 号)		邮编:430074
电　　话:(027)67883511	传　　真:(027)67883580	E-mail:cbb@cug.edu.cn
经　　销:全国新华书店		http://cugp.cug.edu.cn
开本:880 毫米×1 230 毫米　1/16	字数:333 千字	印张:10.5
版次:2023 年 7 月第 1 版	印次:2023 年 7 月第 1 次印刷	
印刷:武汉精一佳印刷有限公司		
ISBN 978-7-5625-5606-0		定价:89.00 元

如有印装质量问题请与印刷厂联系调换

前　言

花垣地区发育湘西-鄂西铅锌成矿带中最具代表性的铅锌矿床,矿集区远景储量超过 1000 万 t,铅锌品位高,矿床规模大,具有很高的经济价值和研究价值。本书在全面介绍矿床区域地质、矿集区矿床地质特征的基础上,系统分析了矿床微量元素、稀土元素地球化学特征,S、Pb、Sr、C、H、O 同位素地球化学特征及流体包裹体特征,利用多种定年方法对矿床进行了精确定年,从成矿物质来源、成矿流体来源以及地层、构造、有机质这三种因素与成矿的关系等方面讨论了花垣铅锌矿床的矿床成因,建立了矿床成因模式,最后讨论了湘西-鄂西成矿带的低温成矿作用。研究主要取得如下成果。

(1)花垣矿集区铅锌矿床硫化物和方解石单矿物的微量元素特征与 MVT 型铅锌矿床相似,分析结果显示,闪锌矿中 Cd、Cu、Hg、Ga、Ge、In 和 Tl 富集,方铅矿中 Sb、Ag、Bi 富集,黄铁矿中 Co、As 富集。花垣铅锌矿黄铁矿 S/Se 为 176 万,闪锌矿物富 Ge 贫 In,跟与盆地卤水有关的层控型铅锌矿床的特征一致。闪锌矿和方铅矿为与盆地卤水有关的沉积型热液改造成因。

(2)热液方解石、重晶石、矿石硫化物的 ΣREE 含量低,相对富集轻稀土,具有高的 ΣLREE/ΣHREE 值,Eu 异常和 Ce 异常各不相同,稀土元素球粒陨石标准化配分模式也各不相同,成矿流体为还原性流体。矿石矿物与围岩稀土元素组成具有较大差异,前者稀土元素总量明显低于后者,表明该区含矿层并不是成矿物质的主要来源。

(3)矿石中硫化物的 δ^{34}S 组成均一,范围在 24.93‰~34.66‰之间,重晶石 δ^{34}S 为 32.78‰~34.22‰,富集重硫,矿物 δ^{34}S(黄铁矿)＞δ^{34}S(闪锌矿)＞δ^{34}S(方铅矿)表明,硫应主要来自下伏地层下寒武统牛蹄塘组海相硫酸盐的还原,有机质作为还原剂的热化学硫酸盐还原作用的发生使硫同位素分馏达到了平衡。

(4)矿石硫化物的铅同位素组成均一,^{206}Pb/^{204}Pb、^{207}Pb/^{204}Pb 和 ^{208}Pb/^{204}Pb 分别为 17.999~18.919、15.554~15.798 和 38.088~38.576,矿床具有上地壳铅、造山带铅混合的特点,反映了成矿物质可能主要来自上地壳和造山带。矿石铅可能由深部幔源流体带入,与地层中的上地壳铅混合。铅模式年龄为 437~534Ma,成矿金属可能主要来源于寒武系—奥陶系。

(5)赋矿围岩下寒武统清虚洞组灰岩的 ^{87}Sr/^{86}Sr 值为 0.708 86~0.709 21,平均值为 0.709 04,与同期海水的 Sr 同位素比值相当,无放射性成因 Sr 的混入。热液方解石的 Sr 同位素数据的变化范围为 0.709 06~0.710 22,闪锌矿的 Sr 同位素数据的变化范围为 0.709 15~0.711 14,(^{87}Sr/^{86}Sr)$_i$ 值为 0.709 12~0.709 40。成矿流体具有高的 Sr 同位素比值,高于赋矿地层的 Sr 同位素组成,推断成矿流体应是流经了下伏地层下寒武统石牌组和下寒武统牛蹄塘组,与其中具有高 Sr 同位素比值的碎屑岩和泥岩等进行了水岩反应及同位素交换,从而导致沉淀出来的热液矿物和硫化物矿石具有比赋矿围岩下寒武统清虚洞组高的 Sr 同位素组成。

(6)主矿化期的方解石和闪锌矿系统的 C、H、O 同位素研究结果显示,花垣地区铅锌矿床主成矿期方解石样品的 δ^{13}C$_{PDB}$ 值范围为 －2.71‰~1.21‰,δ^{18}O$_{SMOW}$ 值范围为 16.09‰~22.48‰,团结、李梅、土地坪、蜂塘和大石沟各铅锌矿床中主成矿期方解石的 ^{13}C、^{18}O 含量依次表现出逐渐降低的特征,在 δ^{13}C$_{PDB}$-δ^{18}O$_{SMOW}$ 图上主要介于原生碳酸岩与海相碳酸盐岩之间,表明该地区铅锌矿床成矿流体中的 C 主要来源于海相碳酸盐岩的溶解作用。花垣矿区围岩的 δ^{13}C$_{PDB}$ 值范围为 0.15‰~1.17‰,δ^{18}O$_{SMOW}$ 值范围为 19.79‰~23.89‰,指示了沉积成因海相碳酸盐岩特征。

(7)方解石和闪锌矿样品中流体的 δD$_{SMOW}$ 变化于－91.1‰~－15‰之间,δ^{18}O$_{fluid}$ 变化范围为－4.1‰~9.25‰,表明矿床成矿流体的主要来源是建造水和大气降水。

(8)由流体中包裹体的测温研究可知,花垣地区铅锌矿床成矿流体温度主要为 150~220℃,总盐度一般为

13%～23% NaCl eqv,多大于 15% NaCl eqv,密度多大于 1g/cm³,成矿流体为 NaCl-CaCl$_2$-MgCl$_2$-H$_2$O 卤水体系。成矿流体均一温度具有由北而南降低的趋势,显示了成矿流体的运移方向。流体液相组分中主要为 Ca^{2+}、Mg^{2+}、Na$^+$、Cl$^-$,具有热卤水体系特点。激光拉曼探针分析结果显示,流体包裹体气相中发育 CO$_2$、CH$_4$ 和 H$_2$。同步辐射 X 射线荧光微探针测试表明,脉石矿物方解石和萤石矿物流体包裹体中具有 Zn、Pb 元素的初步富集,闪锌矿、方铅矿等矿石矿物与方解石、萤石等脉石矿物应属同一富含 Pb、Zn、Mn、Fe、As、Cr 等成矿元素的成矿流体在同一成矿期次相同条件下沉淀的产物。

(9)花垣矿集区狮子山铅锌矿床主成矿期闪锌矿的 Rb-Sr 等时线年龄为(412±12)Ma(MSWD=2.2),成矿地质时代为早泥盆世,为后生浅成低温热液矿床。李梅铅锌矿床主成矿期闪锌矿的 Rb-Sr 等时线年龄为(464±13)Ma(MSWD=0.96),成矿地质时代为中奥陶世,而方解石 Sm-Nd 等时线年龄为(491±440)Ma(MSWD=0.31),误差较大,成矿可能发生于距今约 490Ma,属晚寒武世。

加里东运动早期(490—470Ma),花垣铅锌矿集区发生郁南运动,扬子板块被动大陆边缘裂陷盆地转换为前陆盆地,构造热液活动强烈,导致湘西花垣地区的第一次成矿事件发生。加里东运动晚期(420—410Ma)是江南古陆造山的构造变动时期,该区发生广西运动,导致江南古陆强烈隆升,构造由伸展体制向挤压体制转换,从而发生湘西花垣地区的第二次成矿事件。加里东运动之后扬子陆块处于伸展构造环境,伸展作用引起盆地流体的大规模活动,所形成的区域热流体从地层中萃取出成矿物质形成成矿流体,导致矿化的延续。490—410Ma 的成矿年龄,对于整个花垣矿集区的铅锌成矿时代具有同样的约束意义。

(10)铅锌矿床的分布明显受岩性、地层、岩相的控制,褶皱与断层的交会部位最有利于形成富矿。花垣地区铅锌矿的成矿模式分为成矿流体形成阶段和成矿热液运移富集阶段。第一个阶段发生于盆地埋藏和构造挤压时期,深部流体与地层水、大气降水混合发生广泛的水岩反应,形成富含 Pb、Zn 等金属元素的成矿流体;第二个阶段发生于伸展构造时期,大规模迁移的成矿流体在台地边缘等有利部位沉淀富集成矿。

(11)湘西-鄂西成矿带典型铅锌矿成矿流体温度主要为 80～230℃,总盐度一般为 6%～23% NaCl eqv,密度多大于 1g/cm³,成矿流体是具有低温度、中高盐度、高密度,以钠和钙的氯化物为主的热卤水性质的含矿热水溶液,具有 MVT 型铅锌矿床典型特征。湘西-鄂西地区铅锌矿床为大范围低温流体成矿作用的结果,该地区的大面积铅锌成矿作用可能与华南地区发生的拉张断陷导致的盆地流体大规模流动有关。

本书共分为 9 章。第一章主要介绍研究区地理概况、铅锌矿国内外研究现状;第二章全面介绍了区域成矿地质背景;第三章介绍了矿集区地质特征;第四章到第八章分别详细介绍了矿床微量元素及稀土元素地球化学、同位素地球化学、流体包裹体、矿床成矿时代以及矿床成因;第九章探讨了矿床对湘西-鄂西成矿域低温成矿作用的启示。

本书主要撰写人员有周云、于玉帅、段其发、曹亮、李堃、刘阿睢、赵文强、刘飞等。本书所引用的文献资料已尽可能在主要参考文献部分列明,但由于引用文献资料较多,遗漏之处在所难免,恳请相关单位和作者见谅。

在野外工作过程中,我们先后得到湖南省地质矿产勘查开发局、湖南省地质调查院等有关单位的大力支持,对以上单位表示衷心的谢意。我们的工作始终得到中国地质调查局武汉地质调查中心领导的关心和指导,在此一并对所有支持过研究工作的单位和同志表示感谢。

本研究取得了一些创新性成果,对花垣地区下一步铅锌找矿工作具有一定的指导意义。对矿床的成矿过程、成矿条件及成矿机理的研究是一个不断深入、完善的过程,由于著者水平有限,书中难免存在一些疏漏和不足之处,希望广大读者多提宝贵意见,我们将不胜感激,并致以衷心的谢意!

著 者

2022 年 12 月

目 录

第一章 概 述 (1)
第一节 研究区范围及自然地理概况 (1)
第二节 铅锌矿国内外研究现状 (3)
第三节 取得的主要成果 (10)

第二章 区域成矿地质背景 (12)
第一节 大地构造位置 (12)
第二节 区域地层 (12)
第三节 岩浆岩 (20)
第四节 区域地质构造 (20)
第五节 区域矿产 (22)

第三章 矿集区地质特征 (23)
第一节 矿集区地质概况 (23)
第二节 矿床地质特征 (28)

第四章 微量元素及稀土元素地球化学 (35)
第一节 微量元素特征 (35)
第二节 稀土元素特征 (49)

第五章 同位素地球化学 (56)
第一节 硫铅同位素特征 (56)
第二节 锶同位素特征 (61)
第三节 碳氧同位素特征 (66)
第四节 氢氧同位素特征 (70)

第六章 流体包裹体 (73)
第一节 流体包裹体岩相学特征及显微测温结果 (73)
第二节 流体包裹体群体成分 (80)
第三节 单个流体包裹体气相成分 (83)
第四节 单个流体包裹体微量元素 (86)

第七章 矿床成矿时代 (88)
第一节 闪锌矿 Rb-Sr 测年 (89)
第二节 方解石 Sm-Nd 测年 (93)

第三节　成矿时代讨论 ·· (95)

第八章　矿床成因 ·· (97)

　　第一节　成矿物质来源 ·· (97)

　　第二节　成矿流体来源 ·· (97)

　　第三节　地层与成矿的关系 ··· (98)

　　第四节　构造与成矿的关系 ··· (102)

　　第五节　有机质与成矿的关系 ·· (104)

　　第六节　矿床类型及成矿模式 ·· (105)

第九章　对湘西-鄂西成矿域低温成矿作用的启示 ··· (109)

　　第一节　湘西-鄂西地区大范围低温流体成矿作用 ··· (109)

　　第二节　与川滇黔地区低温成矿域的对比 ··· (126)

主要参考文献 ··· (151)

第一章 概 述

第一节 研究区范围及自然地理概况

一、位置、交通

花垣铅锌矿集区位于湖南省西部的花垣县境内。北与湖南省的龙山县接壤，西与重庆市及贵州省交界。坐标范围：东经 $109°15'00''—109°45'00''$，北纬 $28°15'00''—28°40'00''$（图1-1）。

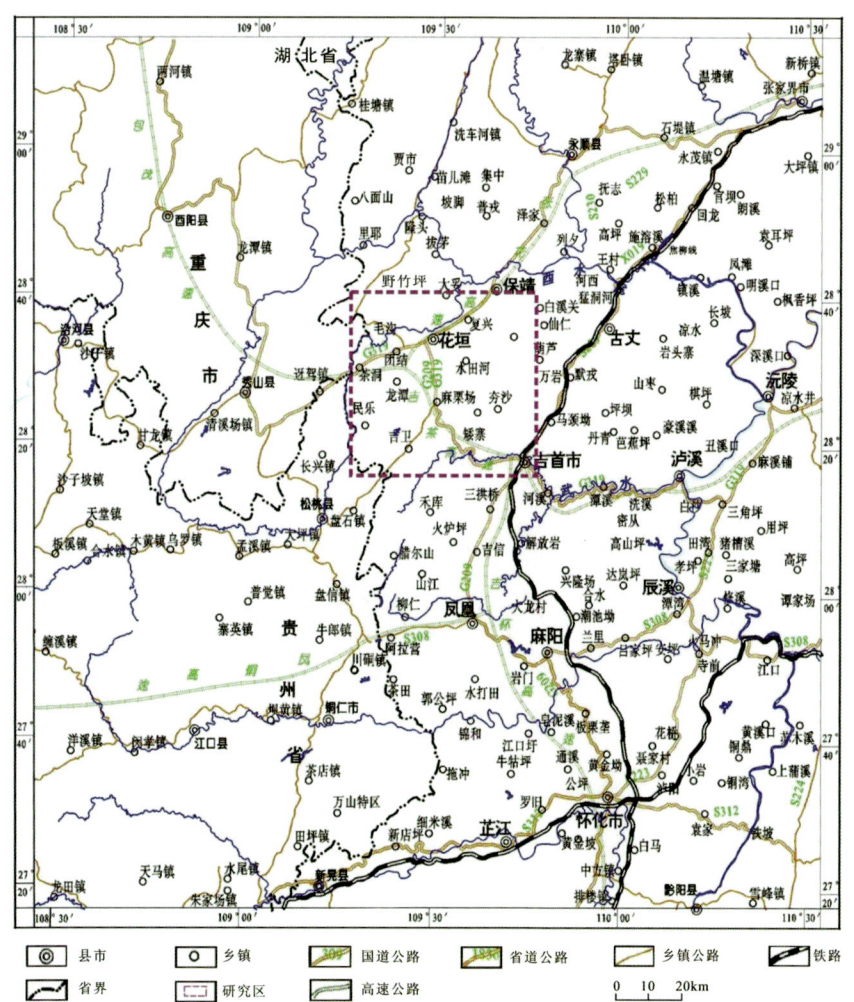

图 1-1 花垣铅锌矿集区交通位置图

研究区内交通方便。G209 国道和 G319 国道贯穿全区,横贯研究区的长(沙)—吉(首)—茶(洞)高速公路、张(家界)—花(垣)高速公路已建成通车,另有纵横交错的乡镇公路与国道相连。研究区东邻枝柳铁路。

二、自然地理及经济概况

1. 自然地理

研究区位于云贵高原东侧,武陵山脉中部地带,植被发育,地势陡峻,群山起伏。地形地貌为中—低山丘陵地形,"V"形谷发育,多为溶蚀型峡谷和洼地,局部为山前谷地或山间盆地,海拔标高一般在 500~1000m 之间。最高海拔标高为 1042.0m,位于狮子山矿区北部草坪村的人江墨山头;最低海拔标高为 297.0m,位于白岩矿区茶洞镇的酉水河床。相对高差一般在 100~400m 之间。

研究区水系较发育,均属于不能通航的酉水河和沅水河的上游支流,以酉水河支流占主要地位,呈北东向与北西向的树枝状水系网分布。这些树枝状水系均常年有水,丰水期流量一般为 10~50m³/s,枯水期流量一般为 1~8m³/s,7—8 月雨期山洪暴发时最高流量可超过 500m³/s,最高洪水位 8~10m。酉水河局部地段(保靖—里耶一带)可通舟楫。

研究区属亚热带温暖潮湿山区气候,四季分明,雨量充沛。年平均气温 16℃ 左右,最高气温极值 39.5℃,最低气温极值 −6.9℃。最冷为 1 月,最热为 7 月。历年平均降雨量为 1368mm,年最高降雨量为 2197.4mm,年最低降雨量 917.7mm。4—8 月雨量集中,占年降雨量的 65%。年均蒸发量 1100mm,相对湿度为 80%,多年平均日照数为 1273h。每年 12 月到次年 3 月为霜雪期,最多霜冻日 106d,一次性最长冰冻时间为 72h。风力一般 1~2 级,最大为 6 级,风向南西,局部地段为雷雨区,常发生雷击事故。

根据《中国地震动参数区划图》(GB 18306—2015)附录标定,研究区地震基本烈度为小于 VI 度区。

研究区主要属碳酸盐岩喀斯特发育区,常见的地质灾害以由暴雨及人类生产活动而引起的小型崩塌与滑坡为主,公路两侧及峡谷地段为多发区;泥石流少见,近年来随着人们采矿活动的加剧,泥石流地质灾害的潜在危险性已显著增加,到目前为止,地质灾害危险性应为小—中等。

2. 经济概况

区内铅锌矿、锰矿资源丰富,铅锌矿、锰矿正处在全面开发利用阶段,目前已拥有年采选铅锌矿石 610 万 t、年采选锰矿石 225 万 t、年产电解锌 12 万 t、年产电解金属锰 25 万 t、浓硫酸 10 万 t 的生产能力。近十年的生产实践结果表明:铅锌矿坑口选厂 Zn 的入选品位目前为 Zn≥0.5%~0.7%,接近或低于矿区储量计算最低工业边界品位指标(Zn≥1%)的要求;Mn 的入选品位降至 ≥7%,远低于锰矿工业边界品位指标(Mn≥15%),最大限度地利用了区内铅锌矿及锰矿资源。区内铅锌矿及锰矿开发产生了十分显著的经济效益和社会效益,已成为当地经济发展的主要支柱产业之一。

区内水资源相对较丰富,地表泉水及小溪多见,可基本满足生活用水需要。此外,酉水河及澧水河上游的支流在研究区内分布较多,为常年流水,流量较大,水质无色、无味,清澈透明,基本无工业污染,满足生产或生活用水要求,可作为供水水源地。

湘西土家族苗族自治州为湖南省唯一的"西部开发地区",而花垣县为国家重点扶持的贫困县。其工业基础薄弱,经济、文化相对较落后。区内居民以土家族为主,次为苗族与汉族等。居民主要从事农业生产,次为手工业及采矿业。粮食作物主要有水稻、玉米、红薯、马铃薯等,能基本自给。经济作物主要有林木、烟叶、柑橘、大豆、油菜、油桐、花生等,此外,还有鸡、鸭、猪、牛、羊等养殖业。

第二节 铅锌矿国内外研究现状

一、MVT型铅锌矿床研究现状

国外众多矿床学家将铅锌矿床主要分为3种类型：①以碳酸盐岩为赋矿围岩的密西西比河谷型（Mississippi Valley-type，简称MVT）铅锌矿床；②以沉积岩为赋矿围岩的喷流沉积型（Sedimentary Exhalative Deposit，简称SEDEX）铅锌矿床；③以火山岩为赋矿围岩的块状硫化物型（Volcanogenic Massive Sulfide，简称VMS）铅锌矿床。

MVT型铅锌矿床以规模大、研究程度深而著称，广泛分布于美国中部密西西比河谷地区的寒武纪至石炭纪碳酸盐岩建造中，故将此类矿床称为密西西比河谷型铅锌矿床，是世界第二大类型铅锌矿床。在统计的58个世界超大型铅锌矿床中，它的矿床数占24%，其铅锌储量数占23%。矿床规模（Pb+Zn）从几百万吨到几千万吨不等，Pb+Zn品位一般在3%~10%（低于喷流沉积型矿床）。MVT型铅锌矿床一般成群成带分布，范围从几十平方千米到数万平方千米不等，规模较大，具有重要的经济意义。

1. MVT型铅锌矿床的时空分布

MVT型铅锌矿床在北美洲最为集中发育，有迈阿密州、堪萨斯州、俄克拉荷马州地区的三洲MVT矿集区，密苏里州南东部巨大的Old Lead Belt、Viburnum Trend MVT矿集区，阿肯色州北部的MVT矿集区，威斯康星-伊利诺伊州的Upper Mississippi河谷矿集区，东田纳西的马斯科特-杰斐逊（Mascott-Jefferson）矿集区等。MVT型铅锌矿床在世界各地皆有分布，但相对较为分散。加拿大重要矿床有派因波因特、波拉里斯、盖纳河、加苏河、普雷里克里克等。欧洲有波兰的Upper Silesia、奥地利的Bleiberg、南斯拉夫梅日察和意大利的Raibl（除波兰外，主要分布于阿尔卑斯山脉区）。澳大利亚有Admirals Bay，伊朗有迈赫迪巴德和安古兰矿床。20世纪90年代在南美洲和非洲也发现了MVT型铅锌矿床。我国已知矿床如（广东）凡口、（广西）泗顶等，近年来在扬子陆块周缘的鄂西和湘西，陕南，川、滇、黔交界，新疆西昆仑等地区发现了一系列该类矿床。如鄂西地区的冰洞山、凹子岗等铅锌矿床，湘西地区的李梅、狮子山、茶田、江家垭、打狗洞等铅锌矿床，陕南地区的马元铅锌矿床，四川地区的大梁子、跑马、天宝山、赤普等铅锌矿床，云南地区的麒麟厂、金沙厂、毛坪、乐红、茂租等铅锌矿床，黔东地区的卜口场、塘边、银厂坡、青山、牛角塘、天桥、筲箕湾等铅锌矿床，新疆西昆仑地区的塔木-卡兰古铅锌矿带（祝新友等，1997，1998，2000；李厚民等，2007；侯满堂等，2007，2009；张长青，2008b；王晓虎等，2008；周家喜等，2012；Zhou et al.，2013a；段其发，2014a；周云等，2014a）。全球MVT型铅锌矿床分布见图1-2，中国MVT型矿床分布见图1-3。

MVT型铅锌矿床多赋存于前寒武纪到白垩纪的碳酸盐岩地层中，尽管全球元古宙碳酸盐岩非常丰富，但产于其中的MVT型铅锌矿床很少，且规模也不大，时控特征不显著。

2. MVT型铅锌矿床的一般特征

MVT型铅锌矿床主要产在沉积盆地边缘（图1-4）、沉积基底突起部位的碳酸盐岩层序中，包括生物礁相、白云岩、礁角砾岩等，还可产于断裂不整合面的崩塌角砾岩中。MVT型铅锌矿床一般形成于挤压造山运动的扩张环境中，断层控制对其很重要。MVT型铅锌矿床为后生矿床，一般与岩浆活动无关（张长青，2008b）。

图 1-2　全球 MVT 型铅锌矿床的分布(据刘英超等,2008)

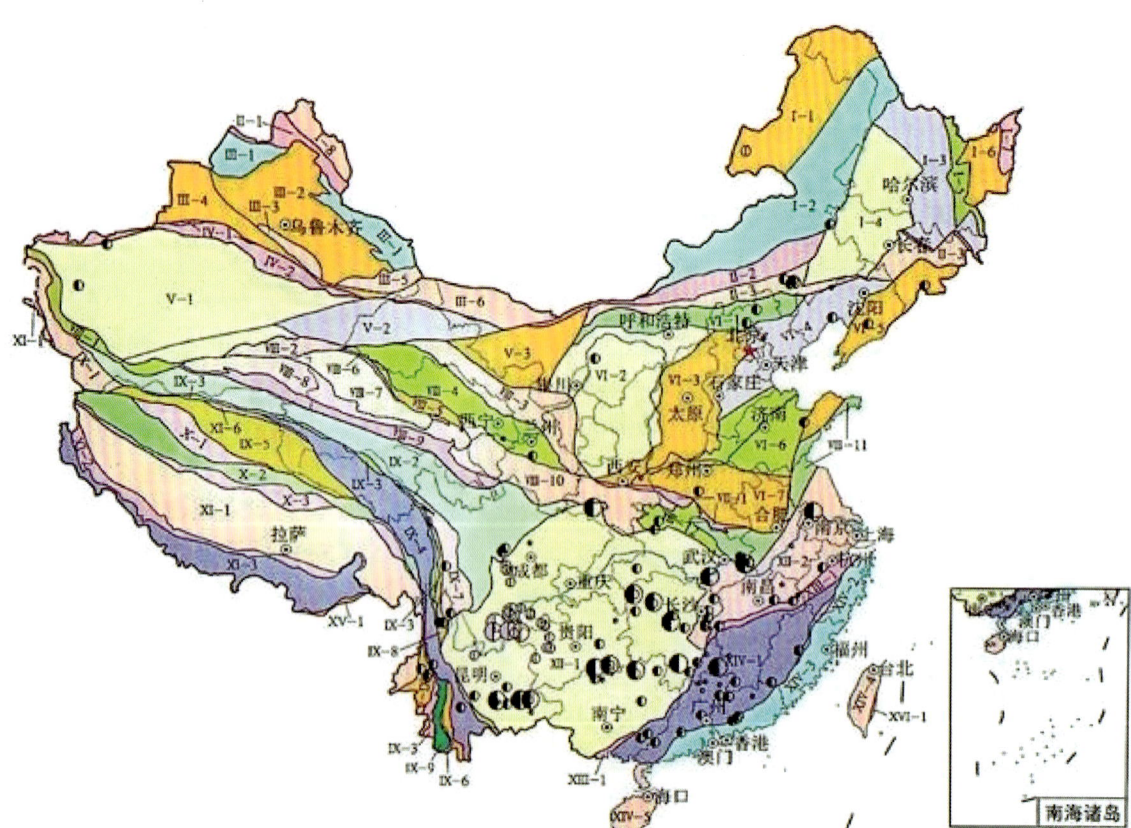

图 1-3　中国 MVT 型铅锌矿床分布简图(据陈毓川等,2006;张长青,2008a)

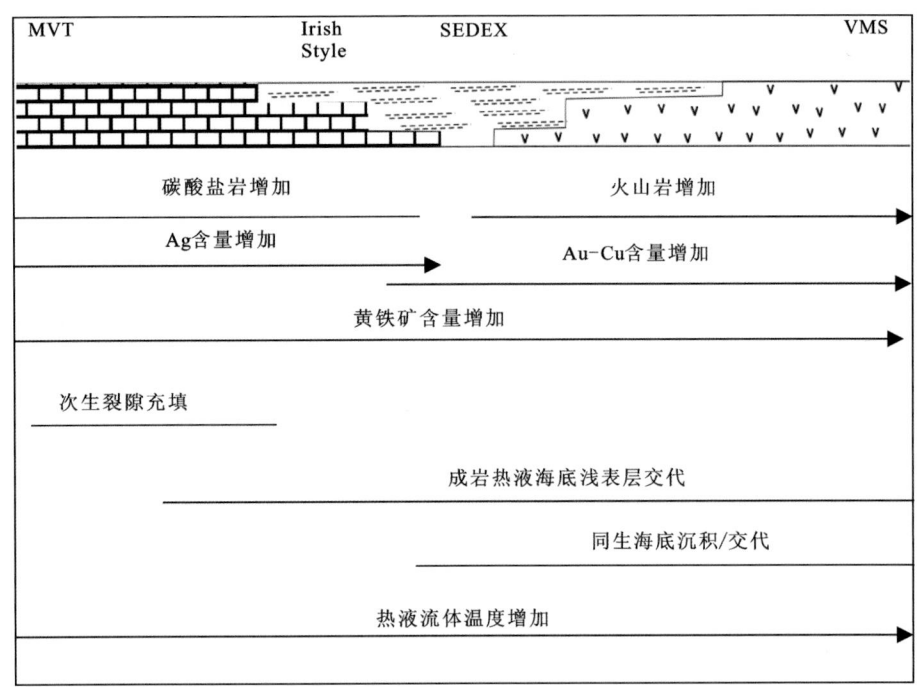

图 1-4 沉积岩中铅锌多金属矿床谱系及成矿作用特征简图(据张长青,2008b)

MVT 型铅锌矿床的赋矿岩石是灰岩和白云岩,硫化物通常呈浸染状分布,具后生成矿特征,多分布于开放裂隙、孔洞和脉体中。矿体产状与地层产状一致,或受断裂和裂隙控制,形态包括层状、似层状、脉状、网脉状。

矿石矿物为闪锌矿和方铅矿。矿石手标本中闪锌矿的颜色一般有多种,如深褐色、棕色或黄绿色。这些矿物常与黄铁矿和白铁矿等铁硫化物共生。脉石矿物包括方解石、白云石、重晶石和萤石。常见白云岩化、硅化、方解石化及褪色化等围岩蚀变。

突尼斯北部 Ain Allega MVT 型铅锌矿床中矿石矿物包括闪锌矿、方铅矿、白铁矿和黄铁矿,主要的脉石矿物为重晶石、天青石、方解石、白云石和石英。脉石和矿石矿物沉淀于低温(180℃)、中等盐度(16.37% NaCl eqv)条件下,流体来源于盆地卤水,具有少量岩浆及变质流体的加入(Abidi et al.,2010)。

MVT 型铅锌矿床流体包裹体均一温度范围一般为 70~200℃,成矿溶液盐度范围为 15%~30% NaCl eqv。成矿流体是以钠和钙的氯化物为主的盆地热卤水,成分与油田卤水相似,流体多来源于建造水(张长青,2008b)。

δ^{34}S 为 $-20‰\sim30‰$,变化范围较大。MVT 型铅锌矿床中的硫通常来源于地壳,为海相硫酸盐,如膏盐层的还原,一般认为是通过热化学硫酸盐还原作用实现硫酸盐的还原,从而成矿。MVT 型铅锌矿床矿石 Pb 同位素组成差异较大,如美国、南美洲和欧洲的 MVT 型铅锌矿床和碳酸盐岩中的金属矿床 Pb 同位素特征显示两种不同的基本类型。美国中部大陆(密苏里州东南部和中部,伊利诺伊州、肯塔基州和密西西比河谷上游地区)的典型 MVT 型铅锌矿床是由具有高放射性的 Pb 同位素组成,它们通常显示线性 Pb 同位素阵列。相比之下,欧洲(爱尔兰型、西里西亚型、阿尔卑斯型和赛文内斯地区)的矿床,阿巴拉契亚和安第斯型矿床的 Pb 同位素比值较低。欧洲的矿床(爱尔兰型除外)的同位素比值范围有限,这表明一个单一的矿化事件具有相对较短的持续时间。基底岩石或沉积岩似乎为全世界许多 MVT 型铅锌矿床和赋存于碳酸盐岩中的贱金属矿床贡献了 Pb。在矿床形成过程中,可能发生了来自结晶基底岩石的放射性 Pb 的热液萃取。几个区域的高 ^{238}U/^{204}Pb 值也表明 Pb 的上地壳来源(Adriana and Austin,2017)。

一直公认的是,MVT 型铅锌矿床是由沉积盆地的成岩作用产生的沉积盆地卤水迁移形成(Leach et al.,2005),成矿流体可能与有机质相关。Stephen 等(1997)测试了位于美国南部阿巴拉契亚州两个主要的古生界下寒武统 Shady 地区和下奥陶统诺克斯地区，以及田纳西州大型矿田和奥斯汀维尔地区的 MVT 型铅锌矿床的氢氧同位素组成，两个主要的古生代地层矿床闪锌矿中卤水的 $\delta^{18}O$ 和 δD 值分布于不同的区域。下寒武统矿床中卤水的 $\delta^{18}O$ 为 2‰～5‰，δD 为 −87‰～−41‰；下奥陶统矿床中卤水的 $\delta^{18}O$ 为 7‰，δD 为 −35‰。下奥陶统矿床萤石中的流体包裹体同位素组成沿着雨水线，从闪锌矿中的卤水延伸至现代地层水。重晶石中流体的氢氧同位素组成类似于具有典型的较低 δD 值的有机物或有机气体。这种矿化的卤水可能含有与围岩特别是与有机物质或碳氢化合物气体反应导致氢氧同位素组成发生改变的海水。当阿巴拉契亚地区矿床的氢氧同位素数据与来自美国中部大陆的其他 MVT 型矿区的数据一起投图时，综合起来的数据广泛分布，从典型的海水的氢氧同位素组成，向因流体与有机物质或有机气体相互作用形成的低 δD 值延伸。已发表的其他 MVT 型矿床成矿卤水的同位素组成表明，与有机物质或有机气体的相互作用是成矿卤水演化的重要过程。

MVT 型矿床的方解石和白云石等脉石矿物的碳氧同位素值一般低于赋矿围岩，铅锌等硫化物和脉石矿物的 Sr 同位素比值则一般高于赋矿围岩(周朝宪等，1997)。

3. MVT 型铅锌矿床的成因和成矿模式

MVT 型铅锌矿床还没有统一的描述性模式和成因模式。S. A. 杰克逊和 F. A. 比尔斯根据加拿大派因波因特矿床提出了沉积-成因模式，认为参与深部循环的地下水或盆地封存水，沿断裂、不整合面、砂岩及角砾岩等渗透性层向上运移时，对富含铅、锌的沉积层进行溶滤、萃取和搬运，不断富集 Pb、Zn 等成矿元素，以氯化物等络合物形式携带成矿元素，向上运移过程中在有利的地层和构造环境中沉淀成矿(Stephen et al.，1997)。

沉淀机制是 MVT 型铅锌矿床成因模型的重要方面。然而，前人建立的大部分 MVT 型铅锌矿床中矿物的沉淀机制都有严重的缺陷。流体混合机制能够通过矿化溶液来解释矿石中各种矿物的形成，但是无法对矿石中有机物质的普遍存在以及黄铁矿中硫的氧化态做出解释。硫酸盐还原机制解决了一些问题，但与动力学数据不一致，不能反向解释矿物中硫化物的沉淀和溶解之间的循环。二氧化碳的沸腾机制不能解决矿石中大多数矿物的沉淀，所有的沸腾证据都可以用其他方式解释。矿化溶液的冷却机制可以解释许多矿物沉淀的原因，但流体包裹体数据表明，在许多矿床中，任何特定阶段形成的矿化溶液不会显著冷却。一个可靠的矿床成因模型必须解释为什么所有的矿物沉淀在同一位置。上述机制的任何组合表明不相关的机制在同一地点巧合发生是不可能的。最合理的解释是，含有硫代硫酸盐的矿化矿物溶液以各种方式与矿化部位的有机物反应，沉淀形成矿石矿物。有机物作为还原剂、二氧化碳源、有机酸源，以及矿化各阶段硫代硫酸盐细菌代谢的产物，将矿化的所有阶段连接起来(Charles 等，1995)。

4. MVT 型铅锌矿床的成矿环境和成矿条件

MVT 型铅锌矿床往往成群(形成矿集区)分布于沉积盆地的边缘，并且和这些盆地的演化密切相关。MVT 型矿集区的面积覆盖数百平方千米，在某些情况下，甚至可达数千平方千米。长期以来，人们一直认为 MVT 型矿床是巨大的流体热液系统运移数百千米的结果。最近的研究提出了主要的构造事件与 MVT 型矿床的关系，认为断裂构造可能会为这些热液流体的运移提供驱动力，这个问题目前仍然存在争议(Leach et al.，2001；Bradley and Leach，2003；Stephen et al.，1997)。

MVT 型铅锌矿床是层控矿床，矿化往往发生在特定的具有高孔隙度和高渗透率的碳酸盐岩地层中，具明显的岩控特征。MVT 型铅锌矿床形成于碳酸盐沉积物的沉积和埋藏之后，硫化物在脉体孔隙和裂缝中结晶沉淀，其中一部分硫化物与围岩发生交代。MVT 型铅锌矿床的大量研究已经显示，携带低浓度成矿元素的大量热卤水，穿过碳酸盐岩地层时形成矿床，发生挤压变形和断裂的碳酸盐岩围岩是成矿流体运移的通道。如古老阿巴拉契亚山脉带在形成过程中，区域变形产生的构造动力是携带金属元素的含矿热液运移的重要驱动力。硫化物在岩石孔隙度显著增加的地区大量结晶沉淀成矿。孔隙度的增加可能与压裂、原岩类型(例如,石化的珊瑚礁和碳酸盐岩砂比其他碳酸盐岩的孔隙度高),或与碳酸盐岩的溶蚀作用发生时古风化面的发育(古喀斯特)有关。这种构造变形也有助于富含金属元素的流体中的锌和硫在特殊化学条件下结合形成硫化物矿物(Kesler et al.,1997)。

MVT型铅锌矿床的形成在空间上一般与构造碰撞或裂谷活动有关(图1-5)(李同柱,2007),MVT型铅锌矿床常形成于碰撞造山带、安第斯造山带和倒转造山带(图1-6)。碰撞造山带是被动陆缘弧碰撞形成的,这是基于新近纪帝汶岛、新几内亚岛、我国台湾岛的例子,以及包括Taconic和Ouachita在内的各种古老实例而得出的。安第斯造山带(图1-6中)是以北美西部现代安第斯山脉和北美西部晚白垩世—古新世Laramide系为基础的。对流的软流圈在广泛的区域尺度上有助于前陆沉降,使这种类型的前陆系统区别于其他系统。倒转造山带(图1-6下)两侧是以Pyrenees山脉为基础的加载的前陆盆地(Bradley and Leach,2003)。因此,MVT型铅锌矿床的形成多与碰撞造山活动关系密切,如密西西比河谷地区MVT型铅锌矿床与Alleghenian造山运动有关(Brannon 1992),爱尔兰中部的Gortdrum矿床与原始大西洋的封闭成陆有关(Duane,1986)。区域控矿构造从比较平缓的岩层到前陆褶皱和逆冲推覆构造都有,而碳酸盐岩中的断裂系统、不整合面和喀斯特等构造是主要的控制矿体产出的次级构造,矿化集中区主要发育在前陆盆地与穹隆的过渡部位(图1-7)(Bradley and Leach,2003)。

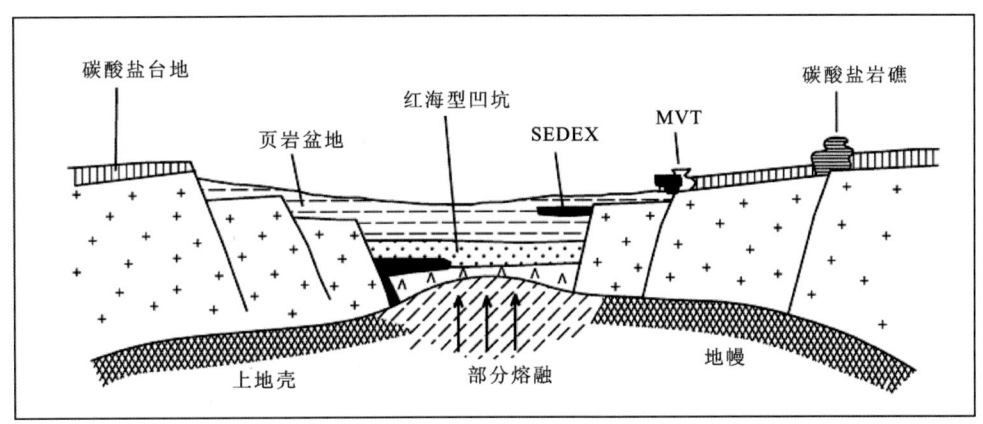

图1-5 沉积岩中的铅锌矿床综合成矿模式(据Goodfellow et al.,1993)

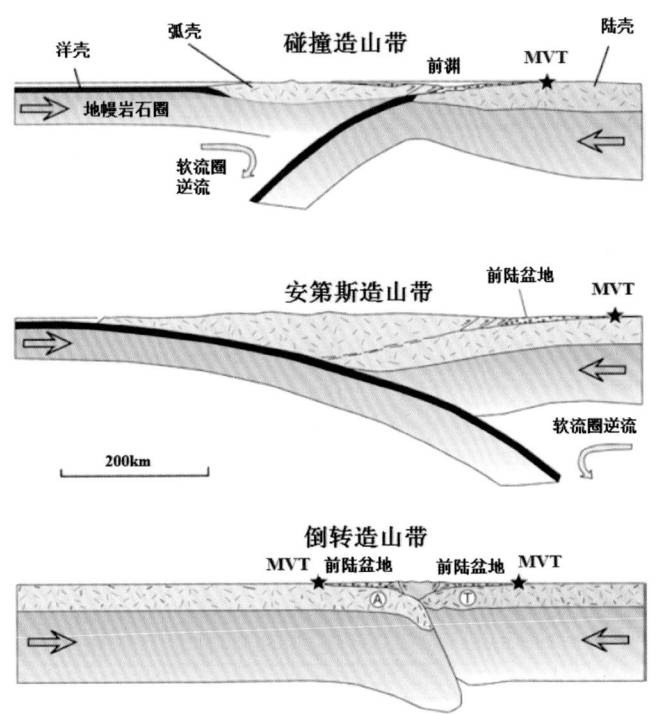

图1-6 碰撞造山带、安第斯造山带和倒转造山带对比图(据Bradley and Leach,2003)

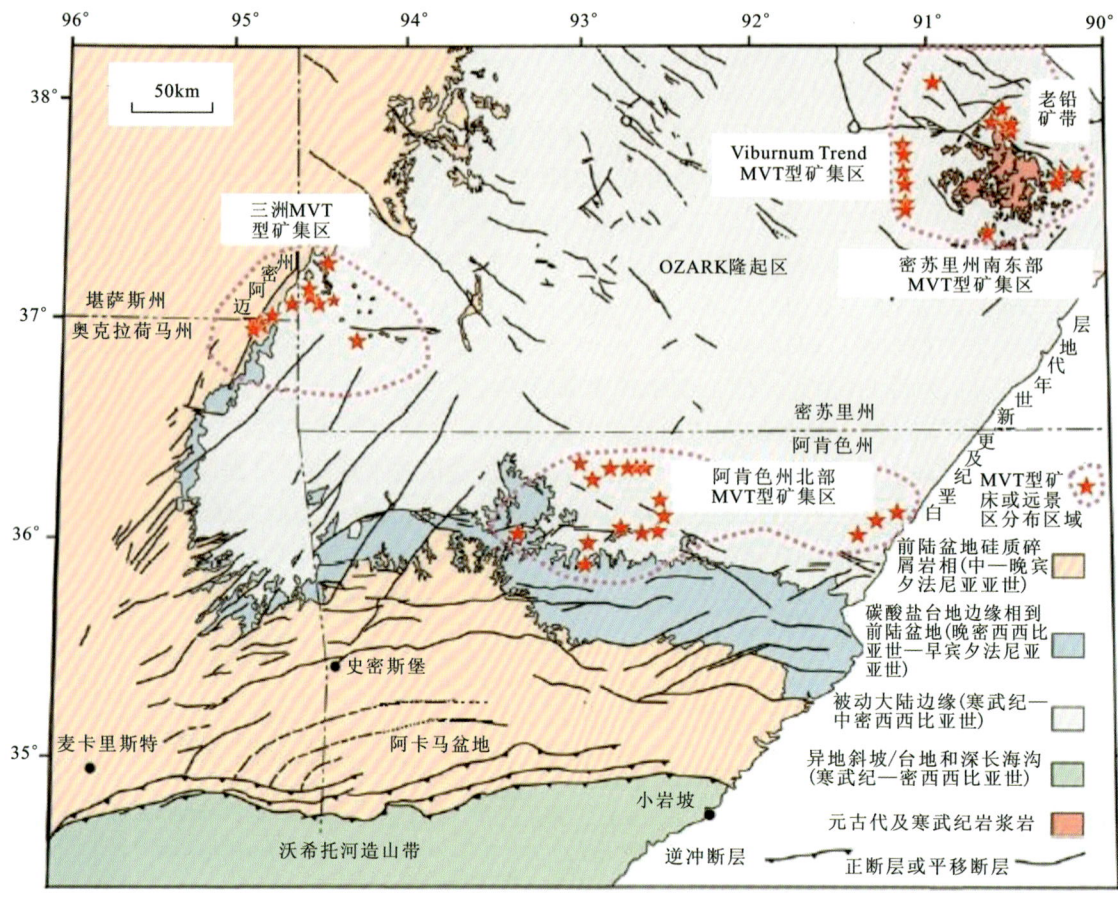

图 1-7 美国 MVT 型铅锌矿床发育地区（据 Bradley and Leach，2003）

MVT 型铅锌矿床为后生矿床，矿床成矿时代一般与围岩相近或晚于围岩数千万年到数亿万年，成矿时代为前寒武纪—新近纪（图 1-8）(Leach et al.，2001）。

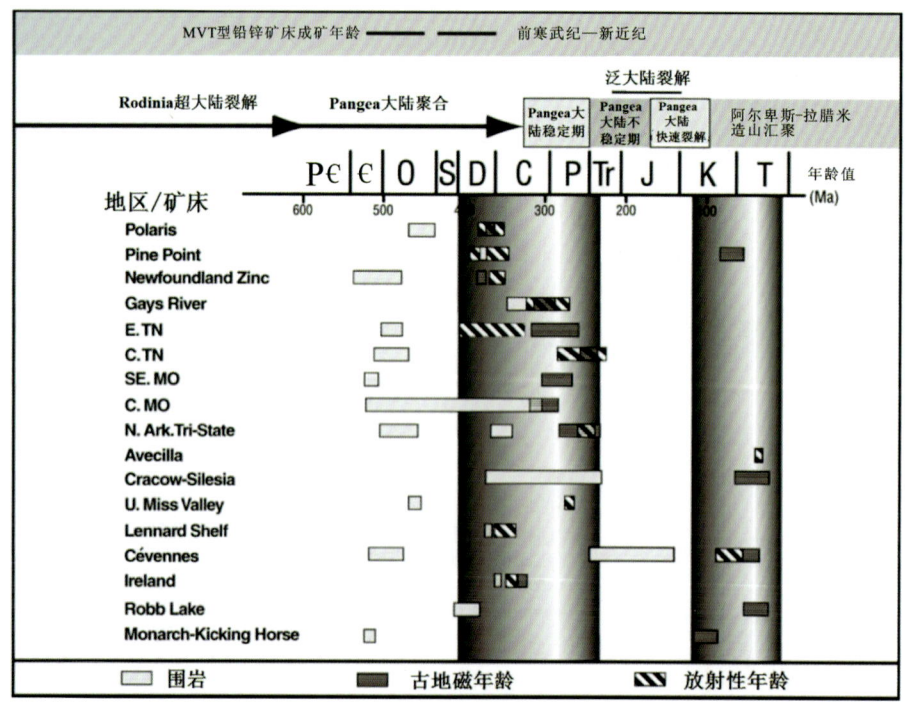

图 1-8 显生宙 MVT 型铅锌矿床及其围岩放射性年龄和古地磁年龄的分布（据 Leach et al.，2001）

二、湘西-鄂西成矿带铅锌矿床研究现状

湘西-鄂西成矿带位于扬子陆块中部,是我国20个重要成矿带之一,北部与秦岭造山带相邻,以襄广断裂带为界;南部往南止于湖南与贵州交界,与湘桂陆块相邻,以安化-溆浦断裂带为界;东部靠近江汉-洞庭坳陷,西部与四川盆地相邻,以齐岳山断裂带为界。面积约15万km^2。区内从太古宙到早古生代奥陶纪的各时代地层均有分布,是华南低温铅锌多金属成矿域的重要组成部分。该区铅锌成矿地质条件优越,区内的铅、锌、锰、金、汞等矿床(点)均成群成片集中分布。近年来,湘西-鄂西成矿带铅锌找矿工作取得了一系列进展,相继发现了冰洞山、凹子岗、唐家寨、狮子山、升天坪等一批铅锌矿床(点),显示该区具有广阔的找矿前景。随着大量针对该区铅锌矿床的工作项目和科研项目的展开,铅锌矿床的成矿规律、控矿因素、成矿物质来源、成矿流体来源、成因等已获得很大进展。

汤朝阳(2009)依据湘西-鄂西地区震旦系十余条代表性剖面的沉积特征及其横向展布规律,并结合两种相变面和两种穿时性划分出的地层格架,应用等时面优势相成图方法编制了震旦纪灯影期岩相古地理图;分析了湘西-鄂西地区灯影期沉积相变化对该区铅锌矿床的控矿作用,认为潮坪相、局限台地相(浅缓坡相带)和台缘浅滩相等岩相古地理环境对该地区铅锌矿具有明显的控制作用,为主要控矿沉积相,局限海潮下相外侧与台地边缘浅滩相内侧的交接部位汇聚了区内主要的层控铅锌矿。

雷义均等(2013)通过对湘西-鄂西地区铅锌矿的产出特征、鄂西震旦纪—下寒武统中Pb、Zn丰度值和湘西北震旦纪—早奥陶世地层中Pb、Zn丰度值等的分析研究发现,矿源层层位控制了湘西-鄂西铅锌矿的产出层位,鄂西地区矿源层为下震旦统陡山沱组含泥碳质碎屑岩,湘西地区矿源层为下寒武统牛蹄塘组含泥碳质碎屑岩。汤朝阳等(2012)研究认为,在盆地演化过程中,具备矿源层-容矿层-屏蔽层组合条件的这种特殊层位的岩石系列控制了湘西地区早寒武世铅锌矿的垂向分布。

周云等(2014a,2014b)研究了湘西-鄂西地区铅锌矿流体包裹体特征,认为该区铅锌矿床成矿流体属于具有地下热卤水性质的低温度(100~180℃)、高盐度(>15% NaCl eqv)、中等密度(>$1g/cm^3$)的富含成矿物质的热水溶液,矿床成矿流体主要来源是地层封存水和大气降水。

段其发(2014)全面总结了湘西-鄂西地区不同地层中的主要铅锌矿床的基本地质特征,分别对陡山沱组、灯影组、清虚洞组、敖溪组、南津关组地层中的铅锌矿床进行了系统研究,包括区域分布特征、矿床地质特征、元素地球化学特征、成矿物质与流体来源、成矿时代和矿床成因,对扬子型铅锌矿的区域成矿时代和成矿作用、地层、岩相古地理、构造与成矿的关系、区域成矿模式进行了总结探讨。矿床矿石中的硫是海相硫酸盐热化学还原反应的产物,主要来源于地层及海水中的海相硫酸盐。冰洞山矿床矿石中铅的来源是热水溶液在流经基底和下伏地层时的大量萃取,凹子岗、茶田和唐家寨矿床矿石中的铅具有壳幔混合来源,狮子山矿床矿石中的铅主要来源于基底浅变质地层。闪锌矿Rb-Sr法定年研究结果显示主要铅锌矿床形成年龄为506—372Ma,矿床形成时代为晚泥盆世到中寒武世早期,该区铅锌矿床为后生成因,成矿年龄一般小于赋矿地层年龄,矿床与MVT型铅锌矿床相似,具有多期性。且与在扬子陆块周缘的拉张作用相对应,是拉张背景下陆块内的盆地卤水携带成矿物质向盆地边缘运移聚集、沉淀结晶的结果。

许多学者对湘西-鄂西地区铅锌矿床的成因提出了不同的矿床模型。刘文周等(1996)提出构造控矿观点。王奖臻(2001,2002)、芮宗瑶等(2004)、张长青等(2005)、汤朝阳等(2013)认为这类铅锌矿床为MVT型铅锌矿床,与盆地流体的演化密切相关。林方(2005)首次提出该类矿床属于与海底热水沉积硅质岩建造有关的喷流沉积型矿床。曾勇等(2007)提出该区铅锌矿床属于典型的低温沉积改造型矿床。因此,湘西-鄂西地区铅锌矿床的矿床类型还存在较大的争议。

第三节　取得的主要成果

本书围绕"湖南花垣MVT型铅锌矿集区成矿作用"这一主题,系统研究了湘西地区花垣铅锌矿集区地质特征,矿石矿物和共生的脉石矿物微量元素及稀土元素地球化学特征,S、Pb、Sr、C、H、O同位素地球化学特征及流体包裹体特征,利用多种精确的定年方法厘定了矿床成矿时代,从矿床的成矿流体来源、成矿物质来源,以及地层、构造、有机质与成矿的关系出发,讨论了花垣铅锌矿床的矿床成因。在此理论基础上,进一步建立了矿床成因模式。最后讨论了湘西-鄂西成矿域的低温成矿作用。总的来说,主要取得了以下研究成果。

(1)查明了花垣铅锌矿床的成矿物质来源,确定了矿源层。系统研究了矿床的稀土元素、硫同位素、铅同位素、锶同位素、碳氧同位素,认为矿石矿物与围岩稀土元素组成存在较大的差异,含矿层并不是成矿物质的主要来源。硫的来源为富含重硫的下寒武统牛蹄塘组。成矿物质可能主要来自上地壳和造山带。该区矿石铅可能由深部幔源流体带入,与地层中的上地壳铅混合。根据成矿流体的锶同位素比值高于赋矿地层的锶同位素组成提出,成矿流体流经了清虚洞组下伏地层,并与下伏地层牛蹄塘组进行了水岩反应及同位素交换,锶的来源应为具有高锶同位素比值的下寒武统牛蹄塘组的碎屑岩、泥岩。该地区铅锌矿床成矿流体中的C主要来源于海相碳酸盐岩的溶解作用。下伏地层牛蹄塘组为矿集区矿源层。

(2)查明了花垣铅锌矿床成矿流体的性质和来源。系统研究了花垣地区铅锌矿床流体包裹体岩相学特征、显微测温结果、群体成分、单个流体包裹体的气相成分和微量元素微区分布特征。成矿流体温度主要为150~220℃,总盐度为13%~23%NaCl eqv,密度多大于$1g/cm^3$,发育CH_4、CO_2、H_2S和H_2。成矿流体为$NaCl$-$CaCl_2$-$MgCl_2$-H_2O卤水体系,属于高含水型。脉石矿物流体包裹体中具有Pb、Zn、Fe、Mn、As等微量元素的富集,矿石矿物与脉石矿物属同一富含成矿元素的成矿流体在同一成矿期次、相同条件下沉淀的产物。提出成矿流体主要为低温度、中高盐度、高密度,以钠和钙的氯化物为主的热卤水性质的含热水溶液。成矿流体均一温度具有由北而南降低的趋势,显示了成矿流体的运移方向为从北到南。成矿流体具有盆地卤水性质,矿床成矿流体的主要来源是建造水和大气降水,还有部分变质水的混入,流体的最初来源可能为蒸发浓缩的海水,后期演化为热卤水。成矿流体来源与MVT型铅锌矿床相似。

(3)提出硫酸盐还原作用是铅锌矿快速沉淀的重要机制。通过花垣地区铅锌矿床不同产状方解石的锶含量、高密度甲烷包裹体和硫同位素的研究,认为硫酸盐还原作用可以大幅度提高流体的锶含量,具有非常高锶含量的斑杂状方解石可能与硫酸盐还原作用有关。高密度甲烷包裹体含少量H_2S和CO_2等气相组分,捕获条件与生成H_2S的热化学硫酸盐还原作用(TSR)有关,CO_2的来源为热化学硫酸盐还原作用。花垣地区铅锌矿床硫化物的重硫来自下寒武统牛蹄塘组海相硫酸盐的还原。热化学硫酸盐还原作用是花垣地区铅锌矿快速沉淀的重要机制,导致铅锌硫化物的沉淀。硫酸盐还原作用消耗大量甲烷,生成H_2S,导致铅锌硫化物ZnS、PbS沉淀成矿,同时还生成CO_2、方解石或白云石等。

(4)利用多种精确的同位素定年方法厘定了矿床成矿时代。对李梅铅锌矿床和狮子山铅锌矿床主成矿期闪锌矿和方解石矿物分别开展了闪锌矿Rb-Sr法和方解石Sm-Nd法定年,狮子山铅锌矿床成矿地质时代为早泥盆世,李梅铅锌矿床成矿地质时代为中奥陶世。方解石形成于距今约490Ma,矿集区内均为后生浅成低温热液矿床。花垣铅锌矿集区成矿经历了两次成矿事件。加里东运动早期(490—470Ma),以郁南运动为主,扬子板块被动大陆边缘裂陷盆地转换为前陆盆地,构造热液活动强烈,从而发生花垣地区的第一次成矿事件。加里东运动晚期(420—410Ma),是江南古陆造山的构造变动时期,广西运动开始,导致江南古陆强烈隆升,构造由伸展体制向挤压体制转换,从而发生湘西花垣地区的第二次成矿事件。

(5) 确定了花垣铅锌矿床的矿床类型。将花垣铅锌矿床与MVT型矿床进行对比发现,花垣地区铅锌矿床在构造背景、赋矿地层、与岩浆活动的关系、控矿因素、矿化范围、规模、品位、矿体深度、矿石结构、构造、矿物组合、流体包裹体、硫同位素、碳氧同位素、氢氧同位素、锶同位素、沉积岩相、热液充填方式、成矿物质来源等各方面总体上与MVT型铅锌矿床具相似性,仅铅同位素和成矿时代与典型的MVT型铅锌矿床存在部分差异,判断花垣矿床属MVT型矿床类型。

(6) 建立了花垣矿集区铅锌矿床成矿模式。根据矿床成因信息,初步建立了铅锌矿床成矿模式,提出本区铅锌矿床的形成经历了成矿流体形成和成矿热液运移成矿两个阶段。在早期地层形成和埋藏过程中,地层水、残余海水和大气降水等流体混合,在深部进行循环,沿途淋滤、萃取地层中的成矿物质,演化为含矿热卤水,即成矿流体,形成成矿元素的初始富集。在加里东运动构造事件作用下,含矿热卤水沿深大断裂带开始往上运移,来到成矿有利地段前陆盆地和礁/滩"隆起区"边缘清虚洞组藻礁灰岩,受上覆低渗透性屏蔽地层隔挡,成矿热液不断在这种有利的空间集中,与油气等有机质发生热化学硫酸盐还原作用,产生还原硫和CO_2,促使成矿流体中的铅、锌等组分从络合物中分离、沉淀,从而形成矿床。

(7) 提出湘西-鄂西地区大范围低温流体成矿作用的认识。通过对湘西-鄂西成矿带中茶田铅锌矿、打狗洞铅锌矿、董家河铅锌矿、唐家寨铅锌矿床和神农架、凹子岗铅锌矿中的闪锌矿,以及与闪锌矿共生的方解石、白云石、石英矿物详细的流体包裹体岩相学和测温学研究,认为该区成矿流体是具有低温度、中高盐度、高密度,以钠和钙的氯化物为主的热卤水性质的含矿热水溶液,提出湘西-鄂西地区铅锌矿床为大范围低温流体成矿作用的结果。

第二章 区域成矿地质背景

第一节 大地构造位置

湘西北地区位于上扬子地块东南边缘(图2-1),区内的地壳构造运动分别经历了武陵运动、雪峰加里东运动、海西运动以及印支、燕山、喜马拉雅运动。区内褶皱、断裂发育,构造形态呈帚状弧形,方位由北东逐步向近东西偏转。根据本区的构造特点,由北向南可依次划分出上扬子弱变形带、武陵山弱变形带及桃源-芷江过渡变形带3个构造带。研究区位于三级构造单元的武陵山弱变形带(图2-2)(杨绍祥等,2015)。

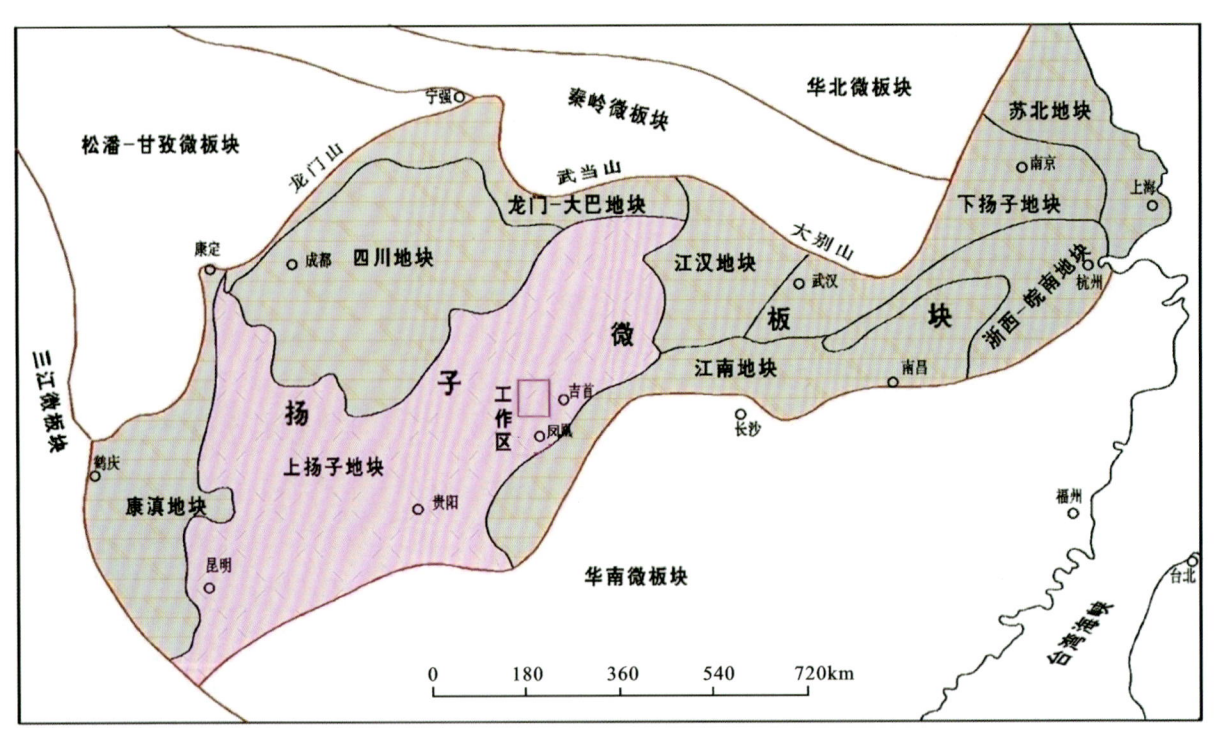

图 2-1 扬子板块大地构造分区图(据杨绍祥等,2015)

第二节 区域地层

本区域为一套沉积岩-浅变质的沉积岩地层分布区。地层除缺失石炭系、三叠系、侏罗系、古近系、

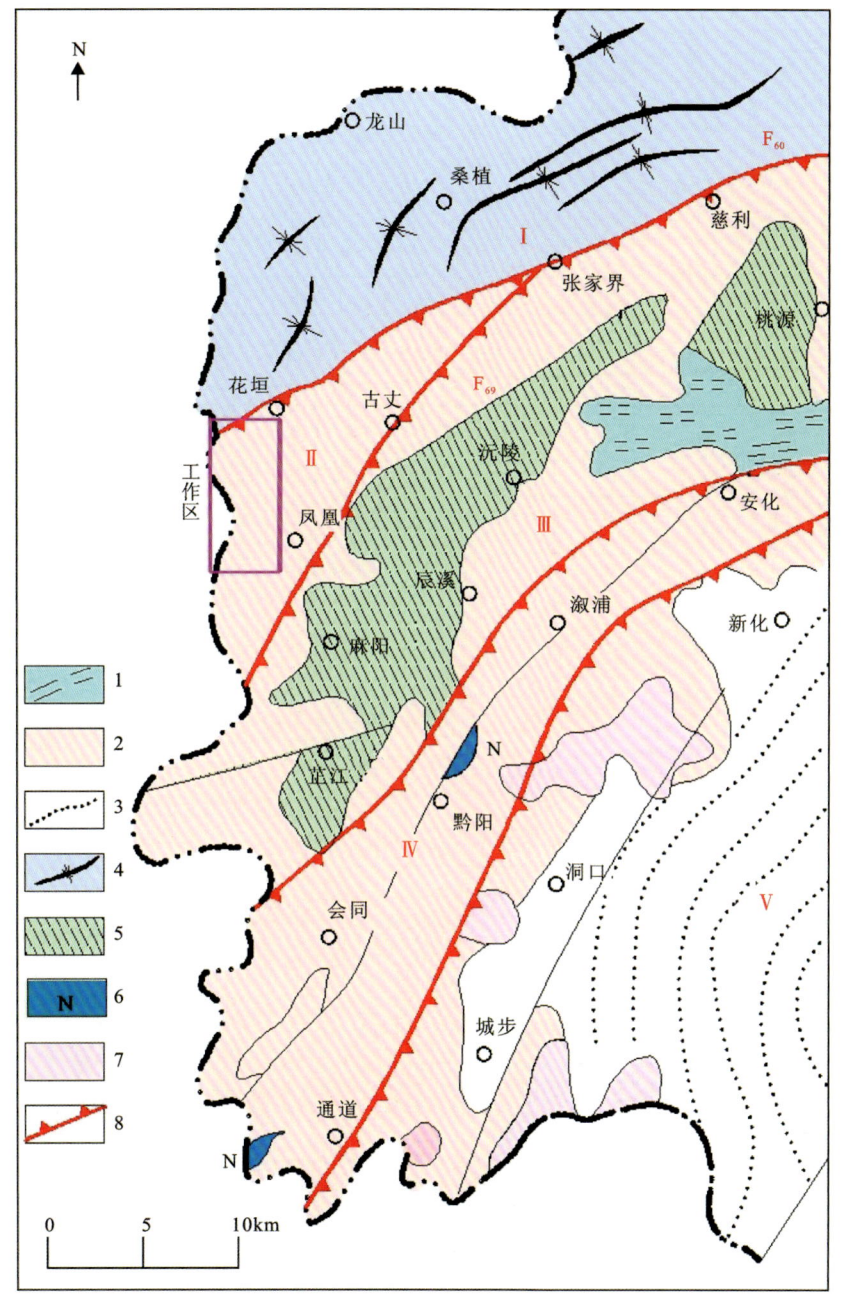

1.武陵褶皱层及构造线；2.加里东褶皱层及构造线；3.印支褶皱层及构造线；4.燕山早期褶皱层；5.燕山晚期断陷盆地；6.基性岩；7.花岗岩；8.深大断裂带；Ⅰ.上扬子弱变形带；Ⅱ.武陵山弱变形带；Ⅲ.桃源-芷江过渡变形带；Ⅳ.雪峰山推覆-剪切变形带；Ⅴ.湘中印支褶皱带

图 2-2 湘西北地质构造分区略图（据杨绍祥等，2015）

新近系外，自新元古界青白口系至第四系均有分布，其中以寒武系发育最为完整，分布最广泛。除白垩系、第四系为陆相地层外，其余均为海相地层。受区域构造控制，地层呈北北东—北东向展布（表 2-1、图 2-3）。出露地层由老至新为新元古界、下古生界、上古生界、中—新生界。

表 2-1　湖南花垣-茶田地区地层单位一览表（据杨绍祥等，2015）

界	系	统	组				地层代号
新生界	第四系	全新统					Qh
中生界	白垩系	上统	罗镜滩组				K_2lj
			神皇山组				K_2sh
			栏垅组				K_2l
		下统	东井组				K_1d
			石门组				K_1s
上古生界	二叠系	上统	吴家坪组				P_3w
			龙潭组				P_3lt
		中统	茅口组				P_2m
			栖霞组				P_2q
		下统	梁山组				P_1l
	泥盆系	上统	黄家磴组				D_3h
		中统	云台观组				D_2y
下古生界	志留系	下统	纱帽组				S_3sh
			罗惹坪组				S_1lr
			龙马溪组				S_1l
	奥陶系		台地相区		陆棚相区		
		上统	五峰组	O_3w			
			临湘组	O_3l			
		中统	宝塔组	O_2b			
			牯牛潭组	O_2g			
		下统	大湾组	O_1d	桥亭子组	O_1q	
			红花园组	O_1h			
			分乡组	O_1f	白水溪组	O_1b	
			南津关组	O_1n			
	寒武系		台地边缘相区		台地前缘斜坡相区		陆棚相区
		上统	娄山关组	$\epsilon_{2-3}ls$	比条组	ϵ_3b	探溪组	ϵ_3t^3
							ϵ_3t^2
					车夫组	ϵ_3c	ϵ_3t^1
		中统	高台组	ϵ_2g^2	花桥组	ϵ_2h	污泥塘组	ϵ_2w^2
				ϵ_2g^1	敖溪组	ϵ_2a	ϵ_2w^1
		下统	清虚洞组				ϵ_1q
			石牌组				ϵ_1s
			牛蹄塘组				ϵ_1n

续表 2-1

界	系	统	组	地层代号
新元古界	震旦系	上统	灯影组	Z_2dn
		下统	陡山沱组	Z_1d
	南华系	上统	南沱组	Nh_2n
		下统	大塘坡组	Nh_1d
			古城组	Nh_1g
	青白口系	上统	多益塘组	Qb_2d
			五强溪组	Qb_2w
		下统	通塔湾组	Qb_1t
			马底驿组	Qb_1m

一、新元古界

区域内新元古界青白口系、南华系和震旦系主要分布在花垣摩天岭、古丈螃蟹寨、凤凰县城南以及锦和镇一带。

1. 青白口系

青白口系以低角度不整合伏于南华系之下。下统分为马底驿组和通塔湾组，马底驿组主要分布在花垣摩天岭一带，通塔湾组分布在凤凰县城南一带；上统分为多益塘组和五强溪组，多益塘组分布在锦和镇一带，五强溪组分布在花垣摩天岭一带。

马底驿组（Qb_1m）：下部为紫红色钙质板岩、粉砂质板岩夹含串珠状灰岩结核的变余泥灰岩；上部以紫红色粉砂质板岩与钙质粉砂质板岩为主。厚 200~543m。

通塔湾组（Qb_1t）：底部为厚层块状变质晶屑凝灰岩；下部为浅灰绿色块状绢云母板岩；中部为灰黑色、黑色含碳质凝灰质板岩、黑色碳质板岩，夹一层 2m 厚的硅化白云岩、变质细砂岩；上部为以块状粉砂质绢云母板岩为主夹条带状绢云母板岩。厚 643~928m。

多益塘组（Qb_2d）：下部主要为灰绿色中厚层状凝灰岩，偶夹条带状板岩；中部以灰绿色块状变质晶屑凝灰岩、硅质凝灰岩、沉凝灰岩为主，夹凝灰质砂岩、板岩及暗灰色具气孔构造的含钙质杏仁体的变质晶屑凝灰岩（汪昌亮，2006）；上部以灰绿色绢云母板岩、凝灰质板岩为主，夹变质凝灰岩、沉凝灰岩。厚 1743m。

五强溪组（Qb_2w）：下部以灰色含砾长石石英砂岩、石英砂岩为主；底部为厚 2~3m 的石英砾岩；中部以灰色、灰绿色粉砂质板岩为主夹粉—细砂岩；上部以灰色块状长石石英砂岩、含砾砂岩为主，夹砂板岩、凝灰岩、凝灰质板岩。厚 674m。

2. 南华系

南华系主要属陆地向边缘海过渡的陆源碎屑和海洋冰川浮冰沉积，南华系与震旦系之间呈平行不整合接触。下南华统分为古城组和大塘坡组，上统为南沱组。

古城组（Nh_1g）：下部为灰色—灰黑色厚层块状砾岩、浅灰色块状含砾长石石英砂岩；上部为浅灰绿色块状石英细砂岩、长石石英细砂岩互层，偶夹块状砾岩及长石质粉砂岩。厚 5~60m。

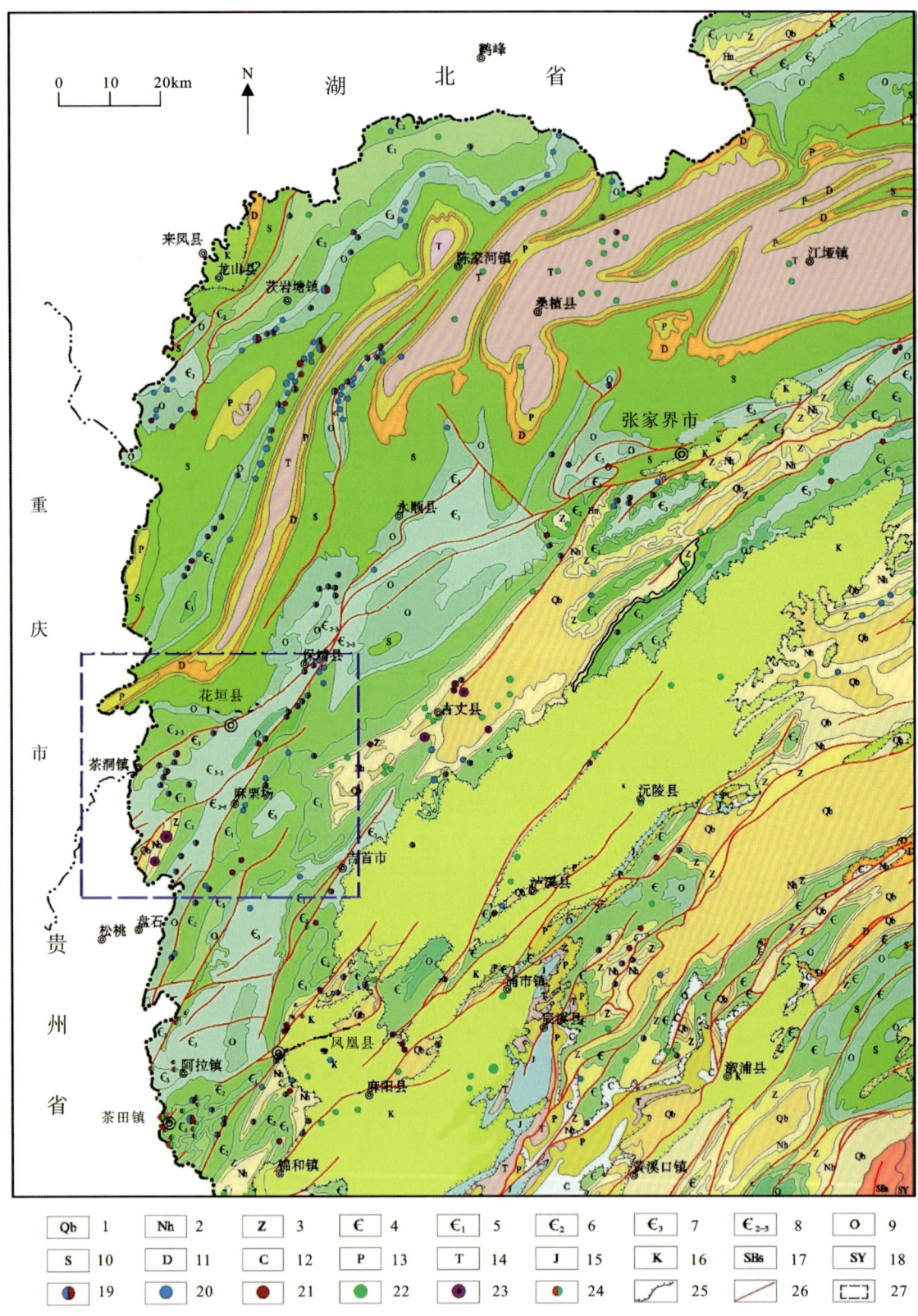

1.青白口系;2.南华系;3.震旦系;4.寒武系;5.下寒武统;6.中寒武统;7.上寒武统;8.中—上寒武统;9.奥陶系;10.志留系;11.泥盆系;12.石炭系;13.二叠系;14.三叠系;15.侏罗系;16.白垩系;17.角闪石黑云母花岗闪长岩;18.黑云二长花岗岩;19.铅锌矿;20.铅矿;21.锌矿;22.铜矿;23.锰矿;24.汞锌矿;25.角度不整合地质界线;26.断层;27.研究区。

图2-3 湘西北地区区域地质矿产简图(据杨绍祥等,2015)

大塘坡组(Nh_1d)：下部以黑色—灰黑色碳质板岩、浅灰绿色条带状板岩为主，夹 1~3 层似层状含锰白云岩、白云质灰岩，为区域上的含锰矿层位；上部为灰绿色块状含砾泥板岩、含砾砂板岩夹透镜状砾岩。厚 255~305m。

南沱组(Nh_2n)：岩性主要为黄绿色—紫红色块状含砾冰碛泥岩、含砾泥岩、含砾粉砂岩。厚 102~180m。

3. 震旦系

从南西往北东，由上统陆棚相的硅质岩逐渐过渡到台地相的白云岩。震旦系与上覆寒武系呈整合接触。

陡山沱组(Z_1d)：底部为灰色块状白云岩；下部为黑色碳质板岩与硅质板岩；中部为薄层条带状泥灰岩、白云岩；上部为碳质板岩、硅质板岩夹 1~3 层扁豆体磷块岩及结核状磷矿层。厚 36~100m（汪昌亮，2006）。

灯影组(Z_2dn)：黑色—灰黑色—灰白色薄层状硅质岩、条带状硅质岩，层间夹薄层硅质页岩。厚 4~40m。

二、下古生界

1. 寒武系

在境内分布广泛，发育齐全，厚度大，是本地区铅锌矿床主要含矿层位。下统为陆源细碎屑岩和碳酸盐岩，沉积厚 233.5~872m；中统和上统根据岩性、岩相、古生物等差异，以麻栗场深大断裂带和吉首-古丈断裂为界分为 3 个相区。其中，北西区（台地相区）主要为白云岩，沉积厚 1152~1460m；中区（斜坡相区）则以灰岩（局部夹白云石）为主，厚 992~2346m；南东区（陆棚相区）以黑色页岩、泥质灰岩为主，厚 248~833m。寒武系与上覆奥陶系呈整合接触。其中，北西区的寒武系为花垣铅锌矿床的赋矿层位，中区的寒武系为凤凰汞铅锌矿床的赋矿层位。

1）下寒武统

牛蹄塘组(ϵ_1n)：黑色碳质页岩夹粉砂质页岩，底部为黑色碳质页岩夹黑色薄层硅质岩及硅质页岩，含镍、钼、钒、磷、铜、铀等多种元素的金属矿产，属于区域上的一个黑色金属层。厚 60~100m。

石牌组(ϵ_1s)：下部为黑色中—厚层状云母质粉—细砂岩、黑色碳质页岩；上部以灰绿色板状页岩为主，夹钙质粉砂岩或灰岩透镜体。水平纹层发育。厚 169~477m。

清虚洞组(ϵ_1q)：深灰—灰色薄—中厚层灰岩、藻灰岩，底部夹黑色碳质页岩，厚 27.5~396m，是铅锌矿的主要含矿层位。

2）中上寒武统

a. 北西区台地相

高台组(ϵ_2g)：深灰色、灰黑色薄层页片状泥质白云岩、假鲕粒云岩、泥灰岩，泥灰岩风化后呈黄色板状页岩。厚 11.88~58.75m。

娄山关组($\epsilon_{2-3}ls$)：灰色—浅灰色中—厚层细—粗晶白云岩夹深灰色薄层泥质白云岩，局部含鲕粒或含藻白云岩。厚 1137~1345m。

b. 中区斜坡相

敖溪组(ϵ_2a)：深灰色薄—厚层细晶白云岩、纹层状泥质白云岩、灰岩、泥质灰岩。底部为黑色碳质板状页岩。中上部是凤凰矿田汞、铅锌矿的含矿层位。厚 229.97~249.22m。

花桥组(ϵ_2h)：深灰色薄层—中厚层灰岩与泥质灰岩互层，局部夹黑色页岩。厚 229~354m。

车夫组(ϵ_3c)：深灰色—灰色薄层泥质条带灰岩夹厚层砾状灰岩、竹叶状灰岩及白云岩。厚 226~266m。

比条组($\epsilon_3 b$):深灰色—灰色厚层细粉晶灰岩夹假鲕状灰岩,局部见块状条带状构造。厚247~846m。

c. 南东区陆棚相

污泥塘组($\epsilon_2 w$):上部为灰色—深灰色厚层条带状泥质灰岩、泥灰质白云岩、泥灰岩,夹白云质灰岩、灰岩;下部为灰色—深灰色纹层状白云质灰岩、泥灰岩、白云岩、泥质灰岩,与黑色碳质页岩互层,含大量灰岩及白云岩团块。厚84~223m。

探溪组($\epsilon_3 t$):下段为灰色、深灰色中厚层纹层状粉晶灰岩、云质灰岩,中部以泥灰岩、页岩为主。上段深灰色中厚层纹层状泥灰岩夹碳质页岩、页岩及透镜状薄层粉晶灰岩。厚190~610m。

2. 奥陶系

以浅海相碳酸盐岩沉积为主,下奥陶统继承了寒武纪的岩相古地理特征,但各相带分界线从北西往南东有所移动。

1)下奥陶统

a. 北西区台地相

南津关组($O_1 n$):灰色厚层灰岩、生物灰岩、白云质灰岩、白云岩,局部夹假鲕状灰岩、页岩、条带状灰岩,局部含燧石团块。厚76~900m。

分乡组($O_1 f$):灰色、深灰色中至厚层灰岩、生物灰岩,夹灰黄色、灰绿色页岩、页状泥灰岩,局部地区含云质,夹鲕状灰岩、薄层灰岩。厚16~100m。

红花园组($O_1 h$):灰色中厚层至块状灰岩、生物灰岩,夹白云质灰岩,部分地区含硅质团块。厚10~187m。

大湾组($O_1 d$):紫红色、灰绿色薄至中层瘤状泥质灰岩、泥灰岩、灰岩,灰色厚层灰岩,夹生物屑灰岩、钙质页岩及瘤状白云质灰岩。厚20~130m。

b. 南东区陆棚相

白水溪组($O_1 b$):灰色—深灰色厚层泥质条带灰岩、泥灰岩、页岩、钙质页岩,夹灰岩透镜体,局部地区夹生物灰岩、角砾状灰岩、黑色页岩。厚59~597m。

桥亭子组($O_1 q$):青灰色—深灰色—灰绿色页岩、砂质页岩,夹薄层粉砂岩,顶部为硅质碳质页岩、硅质碳质砂岩。厚113~580m。

2)中奥陶统

牯牛潭组($O_2 g$):紫红色、灰绿色中—厚层泥灰岩,局部夹龟裂纹灰岩、钙质灰岩、灰岩。厚17~72m。

宝塔组($O_2 b$):紫红色、灰黄色薄—厚层龟裂纹灰岩,部分地区夹少量中—薄层瘤状泥灰岩及泥灰岩夹层。厚18~72m。

3)上奥陶统

临湘组($O_3 l$):灰色瘤状及致密泥质灰岩、灰岩,深灰色薄层泥灰岩,局部夹泥岩、龟裂纹灰岩、生物屑灰岩。厚4~27m。

五峰组($O_3 w$):黑色页岩、碳质页岩、硅质页岩、砂质页岩、薄层硅质岩。厚0.3~22m。

3. 志留系

志留系以浅-滨海相碎屑岩沉积为主。

龙马溪组($S_1 l$):灰色—灰黄色—灰绿色页岩、粉砂质页岩、粉砂岩、细砂岩、石英砂岩,底部为黑色页岩。厚755m。

罗惹坪组($S_2 lr$):灰绿色—灰黄色—紫红色砂质页岩、泥质砂岩,夹少量灰色薄—厚层灰岩,磷块层。厚1112m。

纱帽组($S_3 sh$):紫红色—灰绿色页岩、砂质页岩,灰白色、灰黄色石英砂岩、粉砂岩。厚0~229m。

三、上古生界

1. 泥盆系

以滨海—浅海相碎屑岩沉积为主,下统缺失。

云台观组(D_2y):下部为灰绿色中厚层、薄层石英细砂岩、粉砂岩夹砂质页岩;上部为紫红色、灰白色薄—厚层石英细砂岩、石英岩状砂岩、砂质页岩及含铁石英砂岩。厚200~453m。

黄家磴组(D_3h):紫红色—灰白色—灰黄色中—厚层石英细砂岩、砂质页岩、泥灰岩、灰岩、泥岩,顶部常夹赤铁矿层。厚2.5~59m。

2. 二叠系

以海相或海陆交互相的碎屑岩和碳酸盐岩沉积为主。

梁山组(P_1l):黑色碳质页岩、砂质页岩、黏土质页岩、泥岩,灰白色石英砂岩,常夹厚度不均的煤层。厚0~104m。

栖霞组(P_2q):深灰色—灰黑色薄—厚层状灰岩、泥质灰岩、泥灰岩、白云质灰岩,含硅质团块及白云质团块,夹钙质页岩、硅质岩。厚16~222m。

茅口组(P_2m):浅灰色—灰黑色厚层至块状灰岩、含硅质团块及条带灰岩、含云质斑块灰岩及泥质条带灰岩,局部地区底部夹薄—中层灰岩。厚48~578m。

龙潭组(P_3lt):黑色碳泥质页岩、硅质页岩、硅质岩、薄至中层泥灰岩、紫红色黏土质泥岩、杂色泥岩,夹厚度不等的煤层,底部有时见古风化壳。厚0.2~8m。

吴家坪组(P_3w):深灰色中厚层至块状硅质团块灰岩、白云质灰岩、泥质灰岩、黑色薄层硅质岩、碳质页岩、硅质灰岩,局部地区夹煤线。厚24~273m。

四、中—新生界

1. 白垩系

石门组(K_1s):下部为灰红色巨厚层—块状砾岩,上部为一套含砾细—中砂岩、砾岩夹灰黄色中厚层细砂岩。厚0~16.2m。

东井组(K_1d):上部为紫红色厚层泥质粉砂岩、粉砂质泥岩夹厚层、中厚层状细粒石英砂岩、长石质砂岩;下部为紫红色厚层—块状粉砂质钙质泥岩、泥质粉砂岩,底部可含少量砾岩。厚110.1~294.7m。

栏垅组(K_2l):下部为紫红色厚层状砾岩、砂砾岩与粉—细砂岩互层,间夹粉砂岩;上部为紫红色厚层状粉—细砂岩、中粗粒砂岩夹含砾砂岩、粉砂质泥岩。厚913.1m。

神皇山组(K_2sh):下部为紫红色泥质粉砂岩、粉砂质泥岩夹少量细砂岩及长石砂岩;上部为紫红色含钙粉砂质泥岩、泥质粉砂岩夹较多的长石质砂岩及细—中粗粒砂岩。厚1 197.1m。

罗镜滩组(K_2lj):紫红色含钙泥质粉砂岩、泥岩,下部偶见细砂岩夹层。厚1 293.9m。

2. 第四系全新统(Qh)

沉积物零星分布。主要岩性为残破积层腐殖土、粉砂质黏土、岩石风化碎片,厚0~15m;冲洪积层为砂、砂砾石和卵石,厚0~10m(杨绍祥等,2015)。

第三节 岩浆岩

区域内岩浆岩发育较少,仅在古丈龙鼻嘴出露一北东向展布的基性—超基性浅成辉绿岩体,面积约 4km²,称之为万岩基性火山-侵入杂岩,呈岩床或岩盆形态整合产于板溪群五强溪组中,并被震旦系含砾砂岩和页岩沉积覆盖(杨绍祥等,2011)。

第四节 区域地质构造

区域地质构造以较发育的北东—北北东向断裂和复式褶皱为特征,Ⅰ级褶皱主要有涂乍复向斜、古丈复背斜、禾库复向斜、凤凰复背斜(图2-4),它们控制了区内铅锌矿床的分布。区内Ⅰ级断裂有茶洞-花垣-张家界断裂、麻栗场断裂、乌巢河断裂和吉首-古丈断裂,它们是深断裂带的组合断裂,呈北北东—北东—北东东向弧形展布(图2-4),并构成向南西撒开、往北东收敛的帚状(杨绍祥等,2007)。这4条断裂为早期控相、后期控矿的深大断裂,在区域上起着重要的控相导矿作用(段其发等,2014a)。

这些褶皱和断裂共同构成了本区主要的构造格架,为本区丰富多彩的矿产及众多大型矿床的发育提供了优越的成矿环境和必要的成矿条件。区内主要褶皱和断裂构造的地质特征如下。

茶洞-花垣-张家界断裂:位于区域北西部,由5条规模较大的断层组成。走向北东,在区域附近的保靖地段走向逐渐变为北东东向,呈弧形弯曲,为张扭性断裂带。主断面倾向北西,倾角60°~70°,破碎带宽10~100m,地层断距大于100m。具多期活动特征,为一震旦纪控相、寒武纪控矿的区域性深大断裂。沿断裂带有热泉、地裂、地震等新构造活动迹象,推测它与花垣铅锌矿集区成矿作用关系密切。

麻栗场断裂:区内又名保靖-铜仁-玉屏断裂。位于区域东南部,纵切麻栗场倒转背斜,由4条规模较大的逆冲断层组成。走向北北东,主断裂面倾向南东,倾角40°~60°,破碎带宽15~50m,为压扭性断裂,地层断距大于1000m,具多期活动特征,为一控矿控相的区域性深大断裂。它控制了区域寒武纪地层沉积分异和矿产分布。在其北西侧为著名的湘西-鄂西铅锌成矿带,而南东侧为湘黔汞铅锌成矿带。成矿带走向与断裂走向一致,为相互平行分布关系。1:20万水系沉积物地球化学测量结果表明沿该断裂带有区域性Pb、Zn、Hg、As、Ag元素异常分布,该断裂带常被北东向断裂切割,与花垣-张家界断裂在区域北东角的保靖附近交会。

乌巢河断裂:位于麻栗场断裂以东3.5km并与之近于平行展布。南起黔东川硐附近,往北北东方向经大兴镇、落潮井、腊尔山镇至矮寨镇,全长60km以上。断层面倾向北西,倾角70°~80°。该断裂至少保留了两期明显的活动痕迹,表现在前期活动产生的断层角砾大小不一,胶结物成分为单一的乳白色粗晶白云石;而后期活动产生的断层角砾细小且大小较均匀,胶结物成分主要为方解石,部分为与角砾同成分的岩粉岩泥,形成了复成分胶结的细角砾岩和糜棱岩状角砾岩。同时,往往还可见到前期的白云石胶结物被压碎而成为细角砾,并与后期的方解石胶结物再度胶结。据野外观察,该断裂的断层结构面具先张扭后压的性质。

吉首-古丈断裂:走向30°~45°,倾角30°~65°,主断面倾向北西,长约150km,北东端与花垣-张家界断裂在后坪一带交会,南西延至凤凰县城以南。属压扭性逆断层,断面呈舒缓波状,控制了寒武—奥陶纪沉积分区的岩相分布,其北西盘为台地岩相区和斜坡相区,控矿作用主要表现为古丈、凤凰一带沿断裂的轴部平行分布的锰矿。

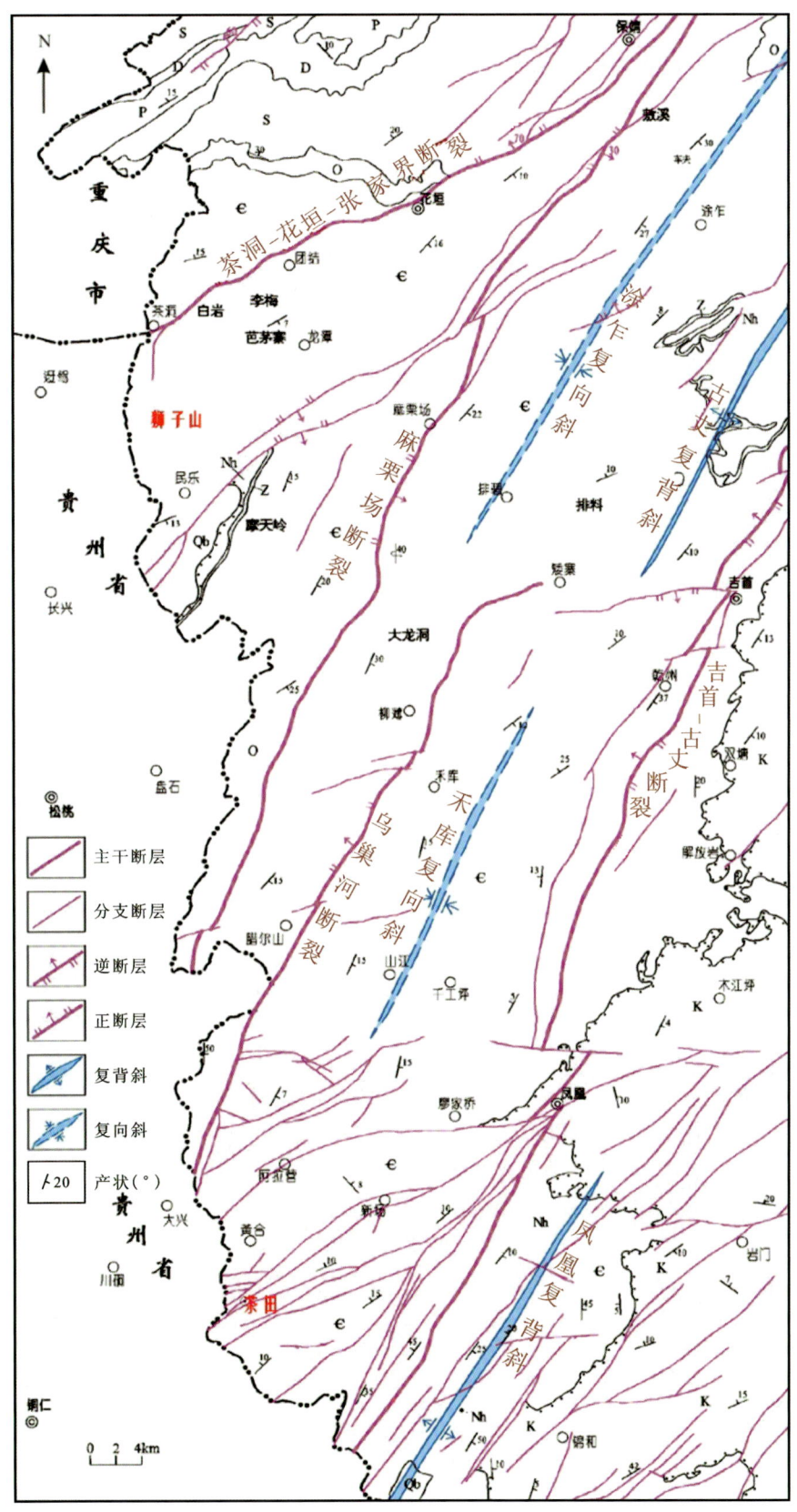

图 2-4 湘西北地区构造纲要图(据杨绍祥等,2015)

涂乍复向斜:北北东向展布于工作区北东部。北东端延伸出区外,南西端扬起,延伸长度大于44km,宽9～12km,其轴向北北东30°～35°,受次一级褶皱影响,枢纽略有起伏。核部地层为中—上寒武统娄山关组,两翼为下寒武统、中寒武统及上寒武统各组地层。核部岩层倾角近于水平,北西翼地层稍陡,岩层倾角一般18°～30°,南东翼岩层倾角稍缓,一般8°～15°,轴面稍倾向北西,反映了自西向东的挤压作用。在向斜翼部次级褶皱较为发育。该复向斜总体形态属长轴、直立平缓型圆弧状褶皱。

古丈复背斜:分布于工作区北东部。区内长23km,宽6～8km。其北东端延伸出区外。枢纽略有起伏,总体向南西方向倾伏,倾伏角10°～20°,轴面近直立,北西翼倾角较缓,一般8°～18°,南东翼靠近吉首-古丈断裂,地层倾角稍陡,为15°～30°,对翼部地层的连续、完整性有一定破坏。核部地层为青白口系马底驿组及南华系,两翼地层分别为下震旦统和下寒武统牛蹄塘组、石牌组、清虚洞组及中寒武统敖溪组。在背斜翼部次级褶皱较为发育。该复背斜属长轴、斜歪开阔型圆弧状褶皱。

禾库复向斜:北北东向展布于工作区中部。两端扬起,延伸长28km,宽7～16km,其轴向北北东26°。核部地层为上寒武统比条组,两翼为中寒武统及上寒武统各组地层。核部岩层倾角近于水平,两翼地层倾角一般5°～15°,轴面近于直立。在向斜翼部次级褶皱较为发育。该向斜的两翼均被同轴向的乌巢河断裂和吉首-古丈断裂切割。该复向斜形态属长轴、直立平缓型圆弧状褶皱。

凤凰复背斜:分布于工作区南东部。区内长30km,宽8～10km。南西端延伸出区外,北东端为白垩系红层所覆盖。枢纽略有起伏,总体向北东方向倾伏,倾伏角15°～25°,轴面倾向北西,北西翼倾角较缓,一般10°～15°,南东翼地层倾角稍陡,45°～50°。核部地层为青白口系多益塘组及南华系,两翼地层分别为下震旦统和下寒武统牛蹄塘组、石牌组、清虚洞组及中震旦统和中寒武统敖溪组。在背斜核部及翼部次级褶皱和同轴方向的断层较为发育。其北西翼被吉首-古丈断裂切割,这些规模不一的断层对核部和翼部地层的连续、完整性有不同程度的破坏作用。该复背斜属长轴、斜歪开阔型圆弧状褶皱(杨绍祥等,2015)。

第五节　区域矿产

湘西北地区矿产资源丰富,达35种之多,有色金属矿产主要有铅锌矿、锌矿、铅矿、汞锌矿、汞矿、铅锌铜矿、铅汞矿、铅锑矿、铜矿、锑矿、钨矿、钼矿、钼钒矿、钴土矿等;黑色金属矿产主要有锰矿、钒矿、铁矿等;贵金属矿产主要有金矿;能源矿产主要有煤矿、石煤矿;稀土金属矿产有稀土矿;非金属矿产主要有重晶石矿、石灰岩矿、方解石矿、白云岩矿、磷矿、黄铁矿、大理岩矿、金刚石矿、高岭土矿、黏土矿、砷矿、褐铁矿等。区域范围内已发现302处矿(床)点(杨绍祥等,2015)。

区域内铅锌矿、铜矿及锰矿点的密集分布情况如图2-3所示。铅锌矿是本区优势矿种之一,区内发育一批大型—超大型矿床,有著名的花垣李梅铅锌矿床和民乐锰矿床、凤凰茶田汞矿床等。铜、锑、钒、磷、钼、硒、银、镍、重晶石、黄铁矿等其他矿种也有发育。除花垣耐子堡矿区工作程度已达详查(局部勘探)并正在开发利用外,其余地区工作程度都很低,一般为踏勘性检查(杨绍祥等,2011)。

第三章 矿集区地质特征

第一节 矿集区地质概况

一、地层

花垣矿集区位于扬子陆块东南缘与雪峰造山带的过渡区(图 3-1),花垣-张家界深大断裂与麻栗场断裂之间(杨绍祥等,2007),总体走向北北东,长 38km,宽 4～16km,面积约 215km²。矿集区内主要出露了青白口纪—寒武纪的一系列地层,从下到上依次为青白口系板溪群,南华系大塘坡组、南沱组,震旦系陡山沱组、灯影组,寒武系牛蹄塘组、石牌组、清虚洞组、高台组、娄山关组。少量主体由灰岩组成的奥陶系分布于矿集区西北角,第四系零星分布于沟谷中。青白口系板溪群岩性为浅灰绿色绢云母板岩、粉砂质板岩。南华系大塘坡组为重要含锰矿层位,地层中夹菱锰矿层,岩性为黑色薄层碳质泥岩夹灰岩透镜体。南华系南沱组为深灰色厚层状冰碛砾岩、含砾砂屑泥岩。震旦系陡山沱组为黑色薄层碳质泥岩与灰色厚层粉晶白云岩互层,震旦系灯影组为灰色厚层粉晶—细晶白云岩。寒武系在本区出露最广,下寒武统牛蹄塘组为黑色薄层含碳泥岩,石牌组为灰色薄—中厚层状粉砂质泥岩、粉砂岩夹岩屑细砂岩,清虚洞组下部为灰色中厚层状藻灰岩、泥质灰岩、泥晶灰岩,上部为浅灰色、灰白色中厚层状白云质灰岩,高台组为灰白色薄—中层状粉细晶白云岩,娄山关组为灰白色厚层至块状粉细晶白云岩(段其发等,2014a)。

1. 下寒武统清虚洞组($\epsilon_1 q$)

清虚洞组在矿区内分布广泛,为区内主要的容矿地层,十分发育,主要位于北东向的狮子山背斜轴部地段。该组据其岩性特征可分为下段灰岩段和上段白云岩段(表 3-1)。

(1)灰岩段($\epsilon_1 q^1$),含 4 个岩性亚段。

第一亚段($\epsilon_1 q^{1-1}$):岩性主要为深灰色薄层含陆屑云质灰岩与薄层泥晶灰岩互层,单层厚度一般为 1～5cm,具水平层理,俗称"间隔灰岩",厚度大于 30m。

第二亚段($\epsilon_1 q^{1-2}$):岩性主要为深灰色薄—中厚层含泥质粉—细砂屑灰岩(段其发,2014a),具台地边缘浅滩风暴水流所形成的波状水平层理、丘状交错层理构造。顶部为深灰色粗砂屑灰岩,砂砾屑灰岩,含鲕粒、核形石砂屑灰岩等,具斜层理构造。本亚段上部网纹状白云岩形状似豹皮,俗称"豹皮灰岩",厚 50～190m。该亚段在藻礁相范围内厚度一般为 50～70m,而在礁前相或礁后相则迅速增厚,一般大于 100m。

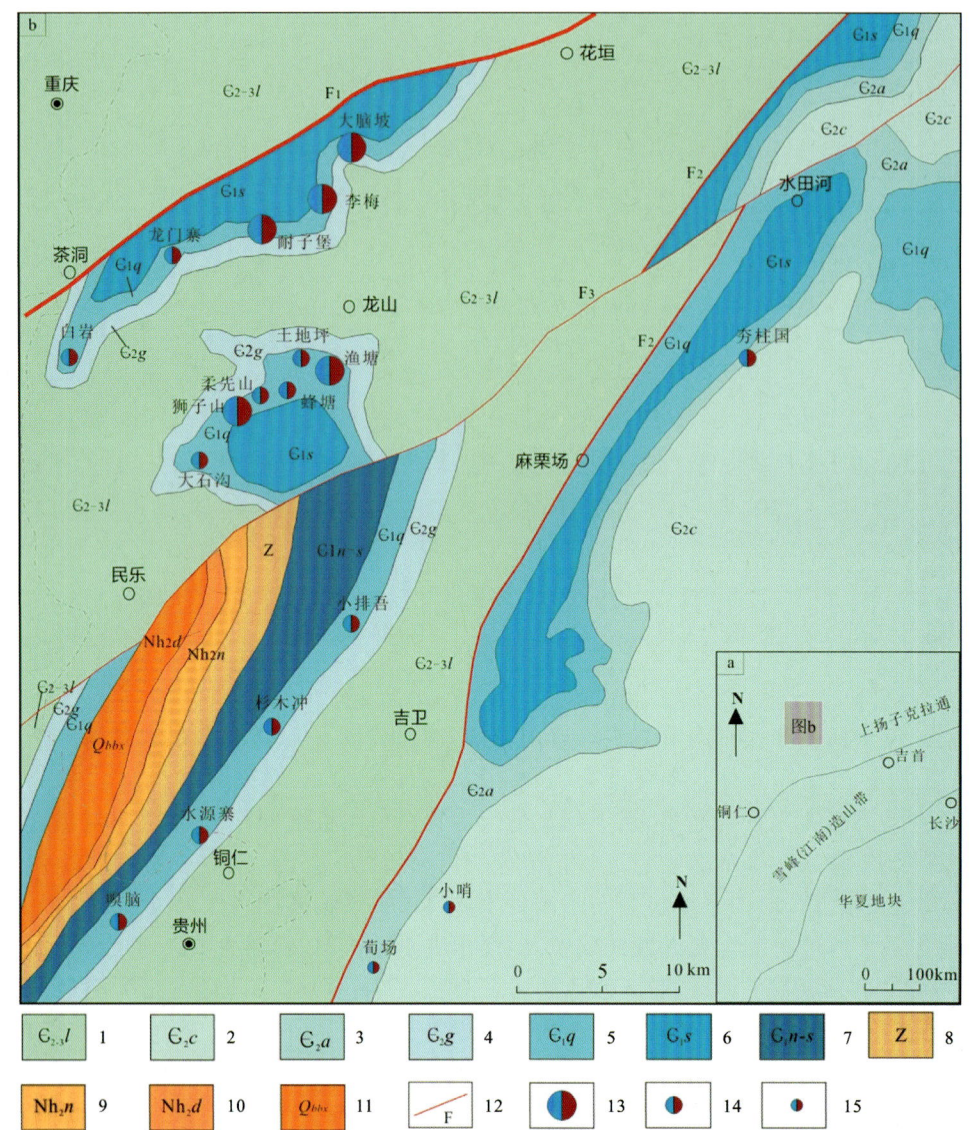

1.地层界线;2.断裂及编号;3.铅锌矿床;4.本书研究的铅锌矿床;Qbbx.青白口系板溪群;Nh₂d.南华系大塘坡组;Nh₂n.南华系南沱组;Z.震旦系;$\epsilon_1 n-s$.下寒武统牛蹄塘组—石牌组;$\epsilon_1 s$.下寒武统石牌组;$\epsilon_1 q$.下寒武清虚洞组;$\epsilon_2 g/\epsilon_2 a/\epsilon_2 c$.中寒武统高台组/敖溪组/车夫组;$\epsilon_{2-3} l$.中—上寒武统娄山关组;O.奥陶系;$F_1$.花垣-张家界断裂;$F_2$.麻栗场断裂;$F_3$.两河-长乐断裂

图 3-1　花垣矿集区地质矿产简图(据杨绍祥等,2009,修编)

表 3-1　湖南花垣地区清虚洞组划分一览表(据杨绍祥等,2009)

组	段	花垣地区		
清虚洞组	上段（白云岩段）	上亚段	$\epsilon_1 q^{2-2}$	
		下亚段	$\epsilon_1 q^{2-1}$	
	下段（灰岩段）	第四亚段	$\epsilon_1 q^{1-4}$	$\epsilon_1 q^{3+4}$（局部）
		第三亚段	$\epsilon_1 q^{1-3}$	
		第二亚段	$\epsilon_1 q^{1-2}$	
		第一亚段	$\epsilon_1 q^{1-1}$	

第三亚段($\epsilon_1 q^{1-3}$)：又称藻礁灰岩亚段，为矿区铅锌矿的主要容矿层位。岩性主要为灰色厚层藻屑灰岩、藻(丘)灰岩(图3-2A、B、C)。该亚段岩层厚12.15～237.12m。藻灰岩孔隙发育，具有质纯、性脆的特点。偏光镜下观察薄片可见藻灰岩中含大量的树枝状藻类(图3-2D)、藻鲕粒(图3-2E)，这些藻类腐烂后，结晶方解石充填在孔洞中形成藻腐孔构造(蔡应雄等，2014)。这些藻腐孔中的结晶方解石形成斑脉状方解石，闪锌矿多分布于斑脉状方解石边缘，形成斑脉状构造矿石(图3-2F)。

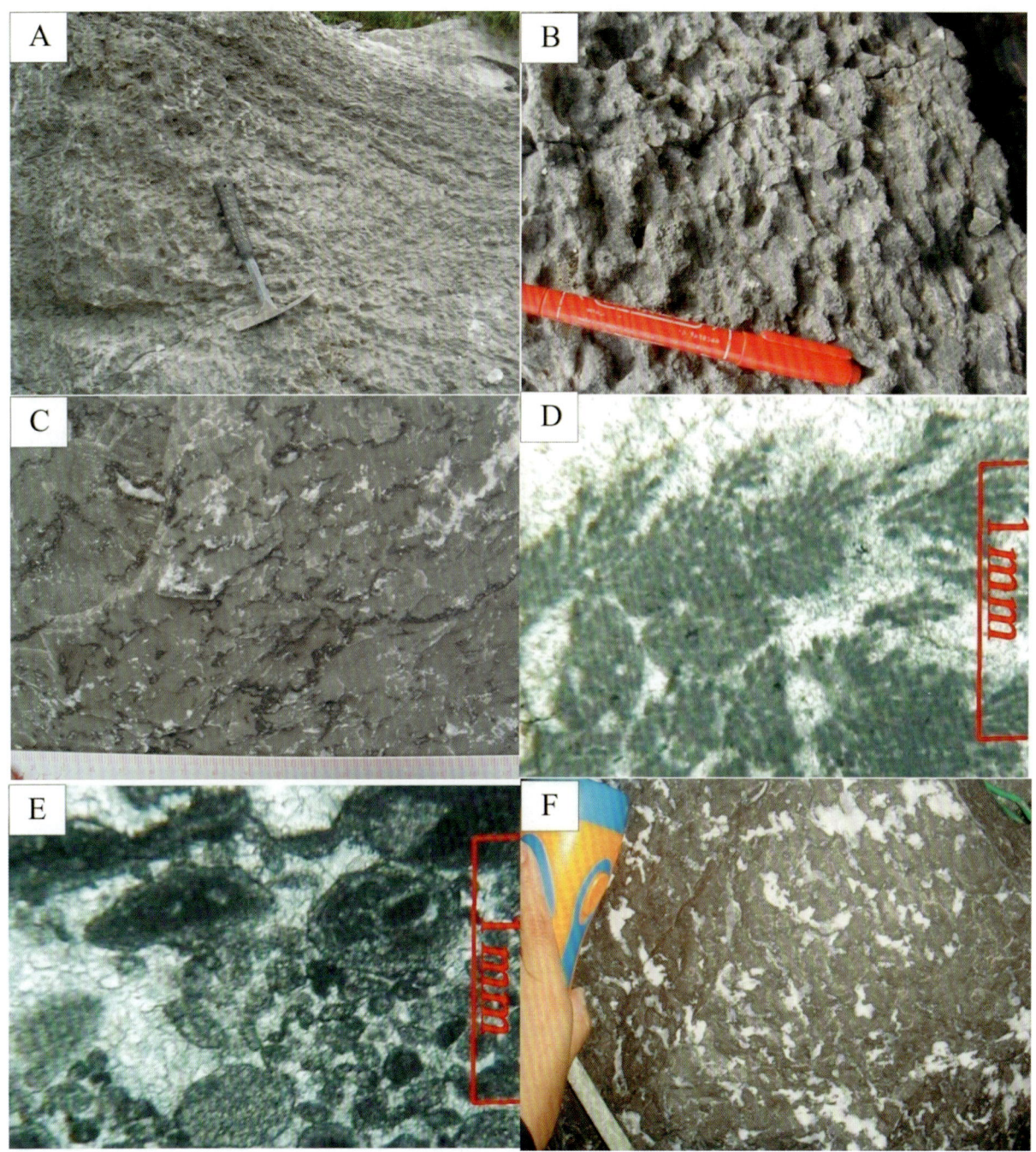

图3-2 花垣矿集区下寒武统清虚洞组岩石照片
A、B. 藻(丘)灰岩；C. 藻灰岩；D. 藻灰岩中的树枝状藻类；
E. 藻灰岩中的藻鲕粒；F. 斑脉状构造铅锌矿石，闪锌矿分布于方解石斑脉边缘

藻灰岩的另一显著特征是厚度变化较大。藻灰岩层在下洞里一带 F_4 断裂南东侧迅速减薄相变为 $\epsilon_1 q^{1-2}$ 条带状、豹皮状深灰色中厚层白云岩化粉晶灰岩。在摆科村寨东侧附近藻灰岩层也有迅速变薄，直至尖灭的特征。成矿的必要条件之一是藻灰岩具有一定的厚度，该矿区藻灰岩层厚度一般为 100~200m，藻灰岩层厚具有由东而西增厚、由北而南增厚的变化特征。矿区内大部分矿体位于清虚洞组第三亚段藻灰岩地层中(杨霆等，2016)。

第四亚段($\epsilon_1 q^{1-4}$)：为矿区次要容矿层位。岩性为浅灰色—灰色厚层斑块状白云岩化砂屑灰岩、藻灰岩。该亚段顶、底部均有一层亮晶含鲕粒(核形石)、砂(砾)屑灰岩层分布，是良好的分层标志，在矿区内发育较稳定。地层厚度一般为 40~60m，最薄 19.41m，最厚 112.95m。

(2)白云岩段($\epsilon_1 q^2$)，含两个岩性亚段。

第一亚段($\epsilon_1 q^{2-1}$)：灰色厚层粉晶白云岩夹砂屑白云岩，层纹平直或波状弯曲，形态清晰。厚 23.20~75.40m。

第二亚段($\epsilon_1 q^{2-2}$)：米黄色层纹石白云岩、灰色薄—中厚层粉晶白云岩夹砂屑白云岩(段其发等，2014a)，厚 66.50~85.90m。该亚段底部分布一层厚 1~2m 的米黄色含白云母片、石英粉砂的纹层状泥质白云岩，为与 $\epsilon_1 q^{2-1}$ 地层分界的标志，在矿区内发育稳定。

2. 中寒武统高台组($\epsilon_2 g$)

下部为浅灰—深灰色中厚层斑块状含泥质云岩，又名"姜状云岩"。上部为灰色—灰黄色薄—中厚层泥粉晶白云岩。该组底部有时可见一层厚 1~2m 的深灰色假鲕粒白云岩，作为与 $\epsilon_1 q^{2-2}$ 地层的分界标志，在矿区内发育不太稳定。地层厚 27.17~34.70m。

3. 中—上寒武统娄山关组($\epsilon_{2-3} ls$)

在花垣矿集区分为上、中、下 3 个岩性段，其下段进一步划分为两个岩性亚段。

下段第一亚段($\epsilon_{2-3} ls^{1-1}$)：下部为灰色—浅灰色中厚层细—粉晶白云岩夹残余砂、砾屑白云岩；中部为灰色—浅灰色厚层亮晶砂、砾屑白云岩夹薄层白云岩，层纹石白云岩；上部为灰色—浅灰色厚层细—粉晶白云岩夹砂屑白云岩。厚 47.16~76.40m。

下段第二亚段($\epsilon_{2-3} ls^{1-2}$)：灰色厚层细—粉晶白云岩。底部有一层厚 2~4m 的深灰色薄层条带状泥质白云岩分布，风化后呈浅黄色、页片状，含白云母碎片，作为与 $\epsilon_{2-3} ls^{1-1}$ 地层的分界标志，在矿区内分布稳定。厚度大于 48.04m。

4. 第四系(Q)

在矿区内地势低洼的沟、谷处呈不规则的带状分布，面积较大。岩性为黏土、亚黏土及碎石土。厚度一般为 1~5m，最大厚度可达 14.03m(杨绍祥等，2009)。

二、构造

花垣铅锌矿集区内断裂构造和褶皱构造较发育，断裂主要有花垣-保靖-张家界深大断裂、两河-长乐断裂和麻栗场断裂(保靖-铜仁-玉屏深大断裂北东段)。褶皱构造主要为宽缓的背(向)斜构造。较大规模的Ⅰ级褶皱为摩天岭背斜，其北西翼Ⅱ级褶皱较发育，主要有狮子山背斜、太阳山向斜、团结背斜；南东翼Ⅱ级褶皱不发育，仅见麻栗场倒转背斜(图3-3)。

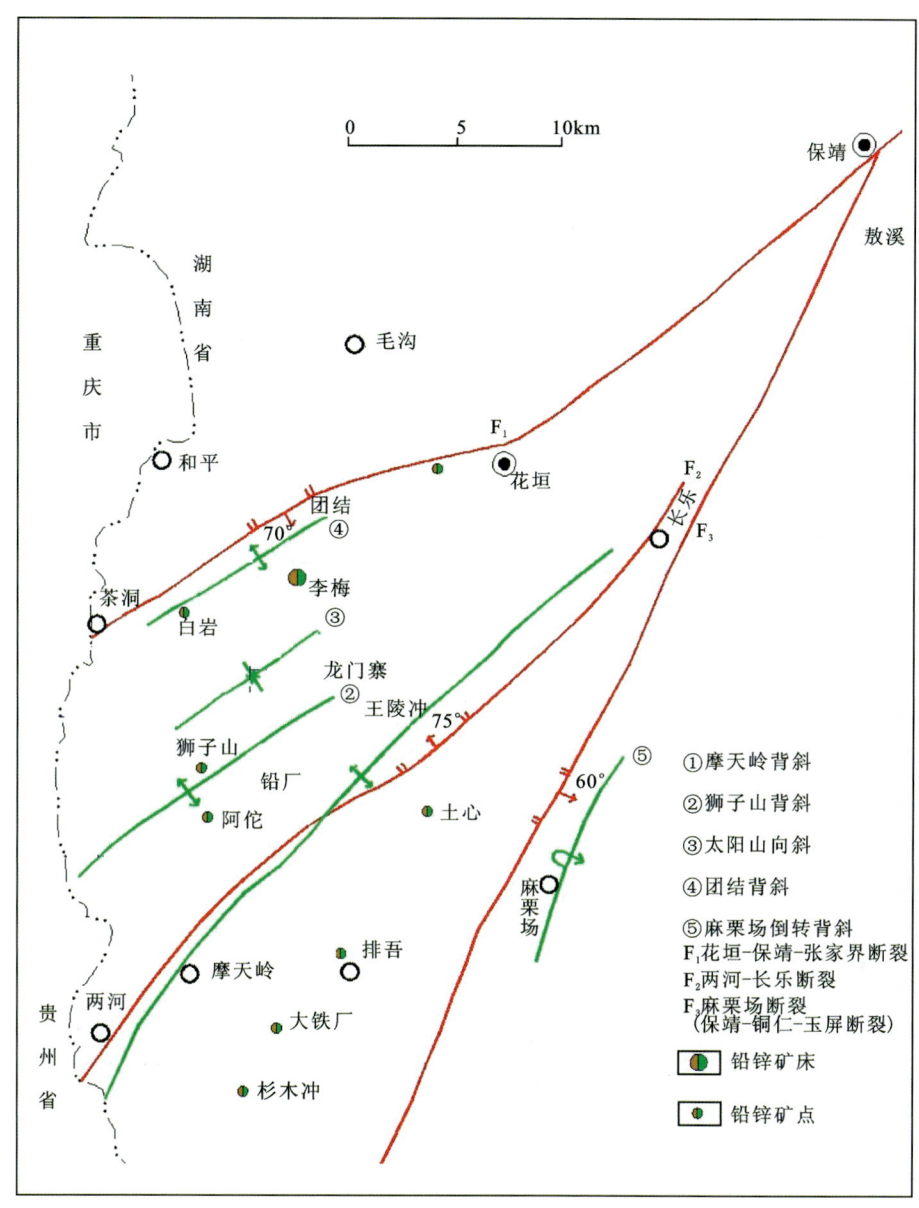

图 3-3 花垣矿集区构造纲要图（据杨绍祥等，2009）

野外实际观察构造形迹较复杂，多期次构造改造特征明显，在北东向花垣-保靖-张家界断裂带和两河-长乐断裂带露头，可见早期遭受严重挤压变形的褶皱被后期较宽大的走滑正断层破坏。在北北东向摩天岭背斜、麻栗场断裂一带可见明显的逆冲、挤压特征，沿断裂常发育破碎带及劈理（高伟利等，2020）。

控制花垣矿集区内地层和矿产分布的 3 条主要区域性断裂构造地质特征如下。

花垣-保靖-张家界断裂：位于区域北西部，由 5 条规模较大的断层组成。呈弧形弯曲，为张扭性断裂带。主断面倾向北西，倾角 60°～70°，破碎带宽 10～100m，地层断距大于 100m。具多期活动特征，为一震旦纪控相、寒武纪控矿的区域性深大断裂。沿断裂带有热泉、地裂、地震等新构造活动迹象，推测它与花垣铅锌矿集区成矿作用关系密切。

两河-长乐断裂：位于区域中部，由 4 条规模较大的张性断层组成，走向自南西往北东由北北东向北东—北东东方向弧形弯曲，主断面倾向北西，倾角 60°～75°，破碎带宽 10～30m，地层断距 2000～3000m，属张扭性断裂。断裂中有汞矿化点分布，为一控矿控岩相断层，与区域铅锌矿成矿关系密切。

麻栗场断裂构造地质特征见第二章第四节，此处不再赘述。

第二节 矿床地质特征

一、矿体产状和规模

矿集区内铅锌矿主要赋存于清虚洞组下段第三亚段（$\epsilon_1 q^{1-3}$）地层藻灰岩中。矿体具有多层性，形态简单，以层状、似层状矿体为主，次为脉状。在矿区容矿层$\epsilon_1 q^{1-3}$藻灰岩与$\epsilon_1 q^{1-4}$含藻砂屑灰岩地层中，似层状矿体产状与围岩产状大致相同，均顺层产出，走向以北东为主，次为北北东向，倾向以北西为主（图3-4）。

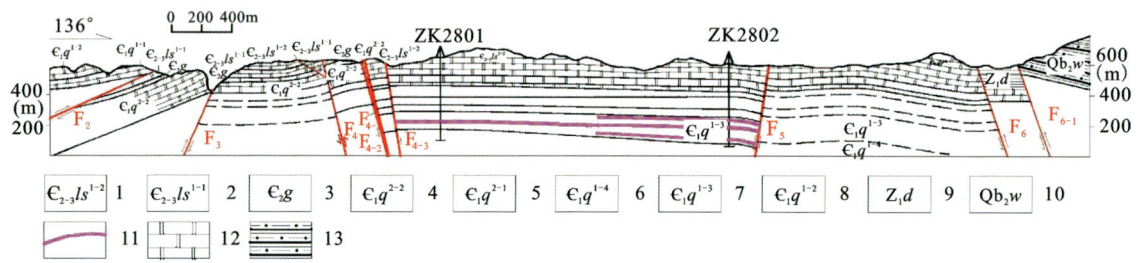

1. 中—上寒武统娄山关组下段第二亚段；2. 中—上寒武统娄山关组下段第一亚段；3. 中寒武统高台组；4. 下寒武统清虚洞组上段第二亚段；5. 下寒武统清虚洞组上段第一亚段；6. 下寒武统清虚洞组下段第四亚段；7. 下寒武统清虚洞组下段第三亚段；8. 下寒武统清虚洞组下段第二亚段；9. 下震旦统陡山沱组；10. 上青白口统五强溪组；11. 铅锌矿体；12. 白云岩；13. 砂质板岩

图3-4 花垣狮子山矿区28号勘探线剖面图（据杨绍祥等，2011）

在矿区共圈定矿体107个。大型矿体长度大于800m，延伸或宽大于500m（面积大于40万m²）；中型矿体长300~800m，延伸或宽200~500m（面积6万~40万m²）；小型矿体长度小于300m，延伸或宽小于200m（面积小于6万m²）。矿区大型规模矿体有5个，中型规模矿体有31个，小型规模矿体有71个。矿体平均厚度一般为1.50~5.49m，最厚可达11.20m。矿区单工程矿体品位Pb为0.02%~3.24%，Zn为0.04%~6.07%，Pb+Zn为0.74%~8.17%，Pb+Zn平均品位为3.57%，多为隐伏矿体（杨绍祥等，2011）。整个花垣矿集区探明铅锌储量超过1000万t。

二、矿石特征

1. 矿物组合

矿石矿物成分简单。野外地质调查及室内镜下岩矿鉴定结果显示，主要的矿石矿物为闪锌矿，次为方铅矿、黄铁矿；脉石矿物主要为方解石，次为重晶石，少量的石英和萤石。矿石矿物特征描述如下。

（1）闪锌矿：主要呈浅黄色、黄棕色、黄绿色，次为棕灰色、深灰色，片状晶形，具金属光泽。结晶颗粒较粗大，具半自形或他形晶粒状结构，粒径一般为0.5~2mm，最小粒径为0.05mm，最大粒径可达6mm，以粒状或脉状集合体形式分布于矿石中（图3-5A），脉状闪锌矿多分布于与灰岩接触的方解石脉体边缘（图3-5B），常被方解石交代，闪锌矿的结晶早于方铅矿、方解石和重晶石，而后被方铅矿及脉石矿物沿晶隙及裂隙充填穿插。

图 3-5 花垣地区铅锌矿床矿石矿物特征

A. 粗粒闪锌矿呈团块状分布于灰岩中;B. 脉状闪锌矿分布于与灰岩接触的方解石脉体边缘;C. 方铅矿与闪锌矿呈不规则粒状分布于灰岩中;D. 方铅矿呈团块状分布于方解石脉中;E. 早期粗粒半自形晶—他形晶形的黄铁矿,反射光;F. 主成矿期细粒黄铁分布于闪锌矿-方解石脉体边缘;G. 主成矿期细粒黄铁矿分布于闪锌矿-方解石脉体边缘,透射光;H. 晚期自形粗粒状黄铁矿;Sp.闪锌矿;Gn.方铅矿;Py.黄铁矿;Cal.方解石

(2)方铅矿：铅灰色，晶形为立方体，具明显的金属光泽。结晶颗粒一般较细，颗粒大小为 0.01～0.2mm，具半自形晶—他形晶粒状结构。矿石中的方铅矿分布不均匀，可集中分布于个别裂缝中，在脉石矿物和闪锌矿的裂隙中主要呈不规则粒状及细脉状分布（图 3-5C），有时可呈粗大团块状（图 3-5D）。铅锌矿石中方铅矿的形成在一般情况下晚于黄铁矿和闪锌矿，经常交代黄铁矿和闪锌矿，但早于方解石和重晶石。

(3)黄铁矿：金黄色，具金属光泽，具半自形晶—他形晶粒状结构。区内黄铁矿主要分为 3 期。早期阶段的黄铁矿为草莓状或自形中—粗粒状，立方体、五角十二面体晶形，呈浸染状，在灰岩、脉石矿物和闪锌矿中均有分布，常被脉石矿物、闪锌矿和方铅矿交代（图 3-5E）；草莓状黄铁矿形态像莓球，由细粒黄铁矿经生物化学沉积作用形成；中期阶段的黄铁矿在铅锌主成矿期形成，自形细粒状，与闪锌矿、方铅矿共生，多分布于矿化方解石脉与围岩的接触带（图 3-5F、G）；晚期的黄铁矿仅在土地坪矿床分布，自形粗粒状，集合体呈粗大块状（图 3-5H），与晚期方解石为同期产物，交代穿插闪锌矿。

2. 矿石结构构造

1) 结构

区内铅锌矿石的结构主要包括自形晶—他形晶粒状结构、穿插交代结构和草莓状结构。矿石构造主要有斑脉状构造、致密块状构造、浸染状构造、角砾状构造、细脉状构造、网脉状构造及蜂窝状构造（段其发等，2014a）。

自形晶—他形晶粒状结构：这是花垣矿集区内最主要的矿石结构，闪锌矿、方铅矿和黄铁矿均多呈自形晶—他形晶粒状集合体（图 3-6A、B）沿赋矿围岩藻灰岩中的藻腐孔、缝合线、藻屑粒间孔隙、斑脉状方解石中或边缘呈块状、不规则斑脉状、斑点状、稠密浸染状、环带状分布。

交代结构：较常见，闪锌矿常被方铅矿和方解石沿晶隙及裂缝进行充填交代，如方铅矿交代闪锌矿形成交代反应边结构（图 3-6C），闪锌矿被脉石矿物和方铅矿充填交代形成交代填隙结构（图 3-6D、E）。而黄铁矿又常被闪锌矿、方铅矿、脉石矿物交代形成交代骸晶结构或交代残余结构（图 3-6F、G）。

草莓状结构：草莓状黄铁矿由生物化学沉积作用形成，其集合体呈莓球状浸染分布于闪锌矿中（图 3-6H）。

2) 构造

区内主要的矿石构造主要有斑脉状构造、浸染状构造、网脉状构造、角砾状构造、致密块状构造、细脉状构造、蜂窝状构造。

斑脉状构造：闪锌矿和方铅矿呈团块状、斑点状、环带状集合体沿白色团块状或花斑状方解石脉边缘分布，即为斑脉状构造，这种构造分布非常普遍而常见，是区内中—低品位矿石的主要构造（图 3-7A）。

浸染状构造：闪锌矿、方铅矿、黄铁矿在铅锌矿中较均匀地浸染分布于灰岩中或脉石边缘则形成浸染状构造（图 3-7B、D），按照金属矿物分布的稀疏与密集程度，分为稀疏浸染状构造和稠密浸染状构造，为区内低品位矿石普遍常见的矿石构造。

网脉状构造：闪锌矿呈斑点状和细脉状集合体密集浸染分布于网状方解石脉体边缘而形成网脉状构造（图 3-7C），这种构造分布普遍，是区内高、中品位铅锌矿石的主要构造类型。

角砾状构造：闪锌矿、方铅矿等金属矿物呈斑块状、环带状沿着灰岩角砾边缘分布，形成角砾状构造（图 3-7E）。这种构造在脉状矿体中多见，但分布比较局限，是区内中、高品位矿石构造之一。

致密块状构造：方铅矿、闪锌矿以不规则状集合体、角砾状、团块状密集分布于铅锌矿石中，从而形成致密块状构造（图 3-7F）。这种构造分布局限而零星，是区内高品位矿石的主要构造之一。

细脉状构造：闪锌矿、方铅矿呈不规则状、浸染状、条带状分布于细脉状方解石脉体边缘，形成细脉状构造（图 3-7G）。

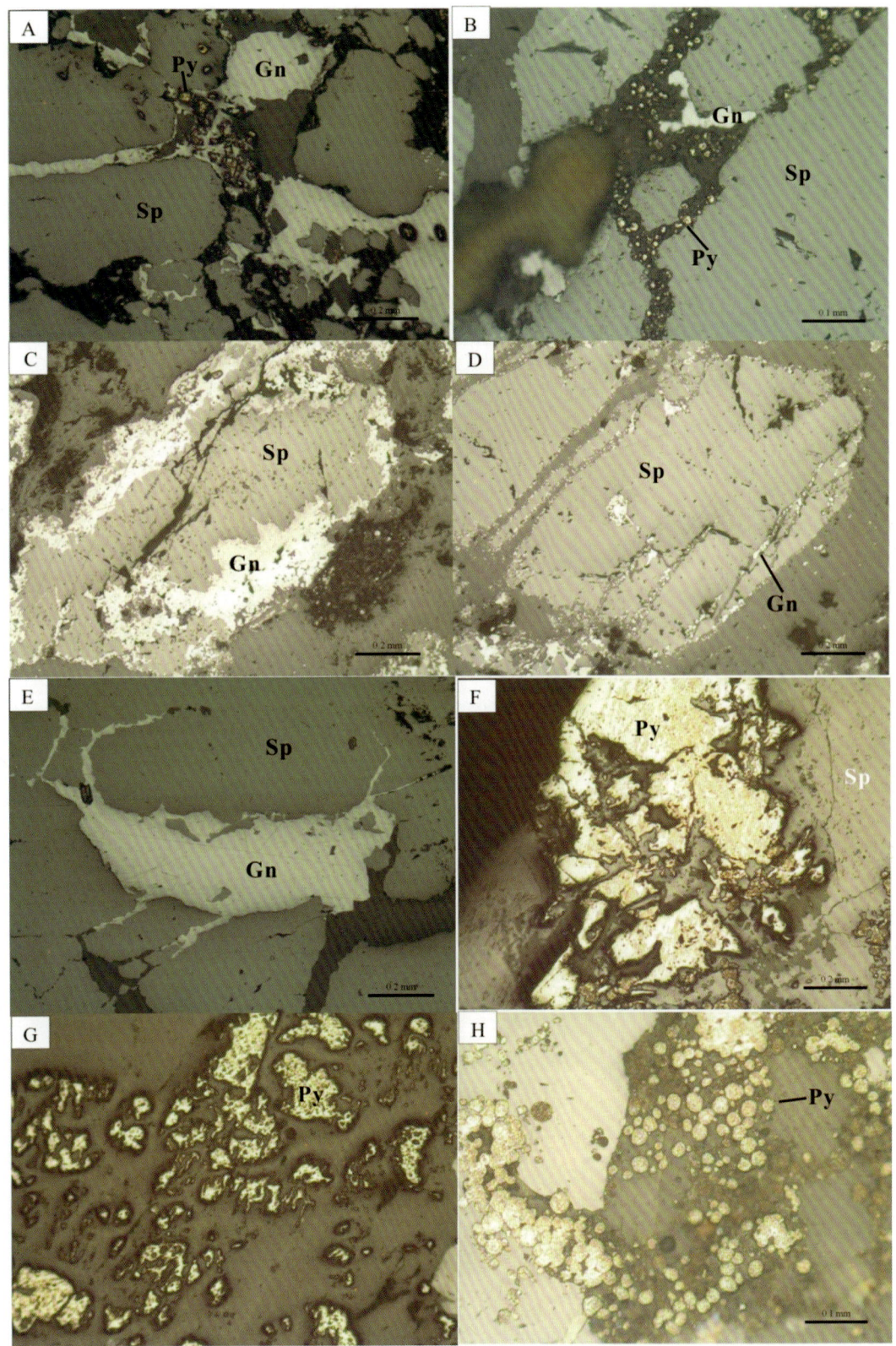

图 3-6 花垣地区铅锌矿床矿石矿物结构特征

A、B. 自形晶—他形晶粒状闪锌矿、方铅矿、黄铁矿，反射光；C. 方铅矿交代闪锌矿形成交代反应边结构，反射光；D. 方铅矿充填闪锌矿裂隙形成交代填隙结构，反射光；E. 方铅矿交代充填闪锌矿，反射光；F. 早期自形黄铁矿被闪锌矿交代形成交代骸晶结构，反射光；G. 早期自形黄铁矿被脉石矿物交代形成交代残余结构，反射光；H. 草莓状结构的黄铁矿，反射光；Sp. 闪锌矿；Gn. 方铅矿；Py. 黄铁矿

图 3-7 花垣地区铅锌矿床矿石构造特征

A.闪锌矿的斑脉状构造;B.闪锌矿的浸染状构造;C.网脉状构造;D.黄铁矿的浸染状构造(反射光); E.方铅矿的角砾状构造;F.方铅矿的致密块状构造;G.细脉状构造;H.蜂窝状构造;Sp.闪锌矿;Gn.方铅矿;Py.黄铁矿;Cal.方解石

蜂窝状构造：矿化灰岩在风化溶蚀作用的影响下，部分钙质流失，形成较多蜂窝状溶蚀空洞，常见有皮壳状、土状菱锌矿分布于洞壁上，即为蜂窝状构造（图3-7H）。氧化矿石分布局限而零星，多为原地形成，是重要的找矿标志，为区内中、低品位氧化矿石的主要构造。

三、围岩蚀变

围岩蚀变在矿区内广为发育，主要的蚀变类型有方解石化、黄铁矿化、重晶石化、萤石化、沥青化、褪色化等，与区内成矿关系最为密切的是方解石化、黄铁矿化和重晶石化，可以作为找矿标志之一。

（1）方解石化：区内最重要的一种蚀变类型，方解石也是矿区范围内分布最广的脉石矿物，在各个矿床中均大量分布，遍布成矿各个阶段。方解石划分为两期，即与成矿关系密切的主成矿期方解石脉与成矿后方解石脉。主成矿期方解石脉呈网脉状、斑脉状、斑块状集合体产出（图3-8A），铅锌矿化常分布于

图3-8 花垣地区铅锌矿床围岩蚀变特征

A. 斑脉状方解石化；B. 细粒黄铁矿沿闪锌矿与围岩接触带发育；C. 重晶石脉体，闪锌矿化呈环带产于重晶石脉边缘；D. 紫色-白色萤石与黄棕色闪锌矿共生；E. 沥青化灰岩；F. 褪色化灰岩。Sp.闪锌矿；Py.黄铁矿；Cal.方解石；Bar.重晶石；Flu.萤石

方解石脉体边缘。部分呈高角度含矿方解石细脉,常相互交叉,成组出现,分布于张性断裂破碎带或张节理中;部分方解石脉不含矿,脉体较细,常切割含矿脉石。

(2)黄铁矿化:在矿区内分布较普遍,可大致分为3期。第一期为沉积期形成的黄铁矿,为细粒结构,多浸染分布于围岩中;第二期为成矿期形成的黄铁矿,为细—中晶粒状结构,常与闪锌矿、方铅矿共生(图3-8B),斑脉状铅锌矿石中常见这种黄铁矿的分布,花垣矿集区各个矿床中均有分布;第三期为成矿期后形成的黄铁矿,为中粗晶粒状结构,块状构造,呈厚大脉体产出,仅在土地坪矿床分布。

(3)重晶石化:多呈网脉状与团块状分布,晶形呈粗大板状,常与方解石脉共生,与矿化关系密切(图3-8C),重晶石化发育的地方往往是铅锌矿发育的位置。重晶石化主要在团结矿床分布,在其他矿床内分布较局限。

(4)萤石化:颜色为无色或紫色,团块状产出,常与方解石脉共生,与矿化关系密切(图3-8D),萤石化发育的地段一般铅锌矿品位相对较高。萤石的发育在某种程度上暗示成矿物质可能部分来自下伏地层。萤石在矿区内分布局限,仅在李梅矿区和耐子堡矿区有发现。

(5)沥青化:常呈不规则团块状及黑色斑点状分布(图3-8E),在整个花垣矿区范围内分布较普遍,在缝合线微裂隙、藻腐孔内多见,与矿化关系不明显。沥青化仅在李梅矿区有发现,且分布于矿化较弱的围岩中。

(6)褪色化:深灰色的藻灰岩蚀变褪色后呈浅灰色即为褪色化(图3-8F)。褪色化在矿区内分布很普遍,与铅锌矿化关系不明显。褪色化灰岩有的矿化发育,有的不发育,但是在一般情况下,铅锌矿化发育的岩石多为褪色化藻灰岩,多分布于李梅矿区和耐子堡矿区。

第四章　微量元素及稀土元素地球化学

第一节　微量元素特征

在矿床的矿化作用中,控制微量元素分配的因素主要是元素的地球化学性质、成矿溶液中元素的比例和成矿地质地球化学环境。因此,研究矿物中微量元素的地球化学特征以及某些地质单元地质条件下的地球化学特征,如分布分配特征、组合特征、匹配元素比等,对解决地质问题、判断矿床成因等具有重要意义(张先容,1993)。本章选择花垣地区铅锌矿床中37件主要的硫化物单矿物和16件方解石单矿物进行微量元素分析,开展地球化学特征的研究。其中,闪锌矿单矿物26件,黄铁矿单矿物3件,方铅矿单矿物8件,每件硫化物分析26种元素,方解石单矿物仅进行Sr元素含量的分析。

首先将样品粉碎至40目,在双目镜下挑纯闪锌矿、方铅矿和黄铁矿的单矿物,确保单矿物纯度高于98%,用去离子水清洗挑纯的硫化物单矿物,低温干燥后,用玛瑙研钵研磨至200目,分装测试。硫化物单矿物的微量元素分析由武汉地质调查中心岩矿测试实验室完成,每件硫化物分析26种元素,Zn、Cu、Mn、Sr、S共5种元素采用等离子发射光谱法(ICAP6300)分析,检测限为1.0×10^{-6};Fe、Ni、Ba、Ag、Mo、As、Sb、Bi、Sn、Se共10种元素采用日立Hitachi Z-2700石墨炉原子吸收分析;Pb、Co、Cd、Hg、Ga、Ge、In、Te、Th、Tl、Ti共11种元素在X SeriesⅡ等离子体质谱仪上(ICP-MS)测定,检测限最低达0.01×10^{-6},分析误差小于5%。

一、微量元素分析结果及地球化学特征

1. 微量元素分析结果

花垣矿集区铅锌矿床中闪锌矿、方铅矿及黄铁矿单矿物的微量元素分析结果列于表4-1,矿床中闪锌矿、方铅矿和黄铁矿单矿物具有不同的微量元素组成。

1)闪锌矿

Fe在闪锌矿中的含量较高,变化范围大,$w(Fe)$为$978\times10^{-6}\sim14\,172\times10^{-6}$,平均值为$4\,544.03\times10^{-6}$($n=26$),推测黄铁矿可能以显微包裹体的形式赋存于闪锌矿矿物中。

Pb在闪锌矿中较为富集,$w(Pb)$为$83.55\times10^{-6}\sim911.5\times10^{-6}$,平均值为$353.79\times10^{-6}$($n=26$),暗示方铅矿可能以显微包裹体的形式赋存于闪锌矿矿物中。Cu含量变化大,范围为$19.78\times10^{-6}\sim118.1\times10^{-6}$,平均值为$51.99\times10^{-6}$($n=26$)。

表 4-1 花垣地区铅锌矿床矿物微量元素含量(周云等,2022)

序号	矿床名称	样品编号	矿物	S/%	Zn/%	Cu/($\times 10^{-6}$)	Fe/($\times 10^{-6}$)	Mn/($\times 10^{-6}$)	Ni/($\times 10^{-6}$)	Pb/($\times 10^{-6}$)	Sr/($\times 10^{-6}$)	Co/($\times 10^{-6}$)	Cd/($\times 10^{-6}$)	Mo/($\times 10^{-6}$)	As/($\times 10^{-6}$)	Sb/($\times 10^{-6}$)
1	团结	13TJ-B10	闪锌矿	32.42	64.76	43.35	14 172	32.22	2.70	360.1	6.53	0.067	5651	1.94	0.047	0.49
2		13TJ-B12	闪锌矿	32.74	65.12	47.80	9057	58.76	1.46	348.3	8.72	0.044	6358	0.53	0.043	0.71
3		13TJ-B13	闪锌矿	32.50	65.15	33.64	10 815	49.47	1.44	476.9	13.85	0.056	7771	0.46	0.034	0.43
4		13TJ-B14	闪锌矿	32.74	65.58	19.78	1375	14.21	1.28	83.6	7.82	0.024	7828	0.37	0.031	0.39
5		13TJ-B15	闪锌矿	32.19	63.95	51.78	9668	78.04	1.18	741.2	19.38	0.038	9833	0.50	0.017	0.46
6		13TJ-B16	闪锌矿	32.76	64.61	24.30	12 458	35.28	1.09	437.9	11.46	0.076	7472	0.15	0.36	0.51
7		13TJ-B19	闪锌矿	32.66	65.32	113.70	1689	5.65	1.10	619.2	4.01	0.031	8893	1.01	0.021	0.44
8	耐子堡	13NZB-B3	闪锌矿	32.25	65.11	49.65	2898	25.93	1.09	105.6	9.80	0.120	10 026	0.11	0.042	0.48
9		13NZB-B7	闪锌矿	32.41	64.42	22.01	2914	20.83	1.25	136.9	286.70	0.039	9291	0.27	0.200	1.18
10		13NZB-B26	闪锌矿	32.47	64.75	36.12	3576	17.35	1.14	144.2	36.52	0.062	9340	0.22	0.056	0.39
11	李梅	13LM-B13	闪锌矿	32.35	64.35	118.10	3643	18.41	1.64	303.3	23.96	0.039	12 167	0.80	0.400	0.55
12		13LM-B11	闪锌矿	32.15	63.68	114.50	4042	19.27	2.06	294.0	50.72	0.110	12 260	1.97	0.310	0.36
13		13HYC-B1	闪锌矿	32.03	64.42	67.02	9704	58.03	1.38	911.5	13.66	0.021	10 450	0.44	0.150	0.29
14		13HYC-B2	闪锌矿	31.95	64.6	35.29	9634	50.00	1.86	442.5	14.94	0.061	7477	0.35	3.770	0.41
15		13HYC-B11	闪锌矿	32.05	64.55	87.76	9424	104.30	2.13	374.5	17.25	0.200	8716	7.24	0.910	0.51
16	峰塘	13FT-B9	闪锌矿	31.69	64.26	43.07	1313	13.50	0.81	304.3	9.26	0.053	5724	0.10	0.039	1.40
17		13FT-B20	闪锌矿	32.18	64.84	37.98	1072	15.09	1.33	391.2	6.41	0.053	5333	0.13	0.040	0.51
18		13FT-B23	闪锌矿	32.04	65.77	31.40	978	13.26	1.52	140.2	3.41	0.037	5553	0.23	0.039	0.13
19		13FT-B24	闪锌矿	32.16	65.52	30.86	1045	7.39	1.38	105.5	2.63	0.023	5525	0.06	0.029	0.23
20		13FT-2B26	闪锌矿	32.34	65.53	44.43	1117	10.33	1.33	139.2	3.44	0.025	5840	0.21	0.035	0.30
21		13FT-B27	闪锌矿	32.52	65.38	39.89	1038	11.28	1.06	113.3	3.46	0.036	5754	0.29	0.035	0.32
22		13FT-B26	闪锌矿	32.25	65.79	42.13	2063	24.02	1.19	225.1	3.54	0.025	6205	0.032	0.043	0.09

续表 4-1

序号	矿床名称	样品编号	矿物	S/%	Zn/%	Cu/($\times 10^{-6}$)	Fe/($\times 10^{-6}$)	Mn/($\times 10^{-6}$)	Ni/($\times 10^{-6}$)	Pb/($\times 10^{-6}$)	Sr/($\times 10^{-6}$)	Co/($\times 10^{-6}$)	Cd/($\times 10^{-6}$)	Mo/($\times 10^{-6}$)	As/($\times 10^{-6}$)	Sb/($\times 10^{-6}$)
23	大石沟	13DSG-B1-1	闪锌矿	31.88	63.21	36.80	1060	18.90	0.70	540.0	9.10	0.040	6377	0.081	0.039	0.89
24	大石沟	13DSG-B3	闪锌矿	31.12	61.83	53.60	1340	22.00	0.60	490.0	12.30	0.079	6205	7.950	0.040	1.21
25	大石沟	13DSG-B7	闪锌矿	31.05	62.97	80.50	1010	15.60	<0.50	450.0	8.10	0.100	5684	0.230	0.022	27.70
26	大石沟	13DSG-B9	闪锌矿	32.18	64.41	46.20	1040	10.40	1.60	520.0	5.30	0.038	6145	0.082	0.047	0.75
27	土地坪	13TDP-B3	黄铁矿	52.52	0.09	<1.00	465 000	<1	1.20	860.0	<2.00	0.082	3	0.470	20.300	0.99
28	土地坪	13TDP-B4	黄铁矿	51.04	0.38	<1.00	454 000	<1	2.80	970.0	9.20	0.200	16	0.390	33.100	0.61
29	李梅	13HYC-B6	方铅矿	13.00	0.03	<1.00	<0.002	<1	<0.50	866 200.0	<2.00	<0.020	12	<0.020	0.039	7.06
30	李梅	12HLD-B1	方铅矿	12.85	0.04	3.57	137	1.52	1.41	86.6	3.98	<0.020	35	0.120	0.038	0.91
31	李梅	12HLD-B2	方铅矿	12.98	0.02	4.49	969	1.79	0.97	86.6	1.97	<0.020	34	<0.020	0.048	1.14
32	大石沟	13DSG-B4	方铅矿	13.12	0.03	2.35	<0.002	<1	0.70	866 200.0	4.10	<0.020	18	<0.020	0.250	6.70
33	大石沟	13DSG-B5	方铅矿	13.06	0.03	1.00	<0.002	<1	0.50	865 800.0	10.40	<0.020	19	<0.020	1.330	5.92
34	大石沟	13DSG-B1-2	方铅矿	13.06	0.02	1.41	<0.002	<1	0.50	865 800.0	<2.00	<0.020	8	<0.020	0.041	4.45
35	大石沟	13DSG-B10	方铅矿	12.89	0.02	5.80	<0.002	<1	0.50	866 200.0	<2.00	<0.020	6	<0.020	0.044	2.32
36	大石沟	11SZS-B5	方铅矿	12.97	0.01	5.80	99	5.56	1.85	86.6	31.55	<0.020	22	<0.020	0.042	1.59

序号	矿床名称	样品编号	矿物	Bi/($\times 10^{-6}$)	Hg/($\times 10^{-6}$)	Ba/($\times 10^{-6}$)	Ga/($\times 10^{-6}$)	Sn/($\times 10^{-6}$)	Ge/($\times 10^{-6}$)	In/($\times 10^{-6}$)	Tl/($\times 10^{-6}$)	Se/($\times 10^{-6}$)	Te/($\times 10^{-6}$)	Ag/($\times 10^{-6}$)	Th/($\times 10^{-6}$)	Ti/($\times 10^{-6}$)
1	团结	13TJ-B10	闪锌矿	0.018	0.12	2.68	3.54	0.46	102.0	0.013	1.34	0.052	0.110	2.71	<0.02	/
2	团结	13TJ-B12	闪锌矿	<0.001	0.61	7.22	7.54	0.88	64.1	0.030	1.29	0.089	0.062	0.57	<0.02	/
3	团结	13TJ-B13	闪锌矿	<0.001	0.22	12.70	5.93	1.00	80.9	0.029	1.93	0.089	0.210	0.63	<0.02	/
4	团结	13TJ-B14	闪锌矿	<0.001	0.25	4.29	6.22	0.57	12.6	0.017	0.37	0.027	0.034	3.36	<0.02	/
5	团结	13TJ-B15	闪锌矿	<0.001	0.26	6.37	6.19	0.82	85.5	0.032	2.50	0.058	0.090	3.83	<0.02	/
6	团结	13TJ-B16	闪锌矿	<0.001	0.32	100.00	3.67	0.45	65.8	0.017	2.02	0.088	0.088	1.33	<0.02	/
7	团结	13TJ-B19	闪锌矿	<0.001	0.62	8.78	47.9	0.44	6.8	0.019	0.31	0.037	0.120	11.20	<0.02	/
8	耐子堡	13NZB-B3	闪锌矿	0.028	0.25	134.00	15.90	0.75	20.6	0.027	0.42	0.068	0.091	0.26	<0.02	/
9	耐子堡	13NZB-B7	闪锌矿	0.024	0.07	4 360.00	7.36	4.21	22.6	0.022	0.57	0.040	0.058	0.54	<0.02	/
10	耐子堡	13NZB-B26	闪锌矿	<0.001	0.42	364.00	11.80	0.80	31.4	0.025	0.64	0.068	0.080	0.52	<0.02	/

续表 4-1

序号	矿床名称	样品编号	矿物	Bi/($\times 10^{-6}$)	Hg/($\times 10^{-6}$)	Ba/($\times 10^{-6}$)	Ga/($\times 10^{-6}$)	Sn/($\times 10^{-6}$)	Ge/($\times 10^{-6}$)	In/($\times 10^{-6}$)	Tl/($\times 10^{-6}$)	Se/($\times 10^{-6}$)	Te/($\times 10^{-6}$)	Ag/($\times 10^{-6}$)	Th/($\times 10^{-6}$)	Ti/($\times 10^{-6}$)
11	李梅	13LM-B13	闪锌矿	0.018	1.96	584.00	12.60	0.54	20.3	0.027	1.09	0.070	0.094	2.90	<0.02	/
12		13LM-B11	闪锌矿	<0.001	1.46	1 000.00	12.50	0.50	16.9	0.027	1.01	0.084	0.190	2.27	<0.02	/
13		13HYC-B1	闪锌矿	<0.001	0.87	126.00	5.24	0.80	78.5	0.028	2.13	0.140	0.160	0.98	<0.02	/
14		13HYC-B2	闪锌矿	0.008 1	0.11	348.00	4.89	0.51	79.8	0.019	1.63	0.078	0.130	1.23	<0.02	/
15		13HYC-B11	闪锌矿	0.017	2.80	325.00	10.60	1.02	59.0	0.029	1.16	0.046	0.200	0.92	0.044	/
16		13FT-B9	闪锌矿	<0.001	5.54	4.41	16.80	0.52	25.3	0.014	0.46	0.028	<0.010	0.23	<0.02	/
17	峰塘	13FT-B20	闪锌矿	<0.001	3.45	26.60	10.10	0.53	19.3	0.013	0.44	0.029	0.150	0.46	0.03	/
18		13FT-B23	闪锌矿	0.068	2.66	1.86	11.20	0.47	18.7	0.013	0.42	<0.010	0.011	0.41	<0.02	/
19		13FT-B24	闪锌矿	0.045	3.44	2.34	9.01	0.65	18.9	0.013	0.48	0.016	0.020	0.35	<0.02	/
20		13FT-2B26	闪锌矿	0.053	3.99	2.15	11.20	0.46	25.6	0.013	0.48	0.025	0.180	0.29	<0.02	/
21		13FT-B27	闪锌矿	0.053	3.01	1.87	7.95	0.49	15.60	0.013	0.55	0.022	0.097	0.570	0.027	/
22		13FT-B26	闪锌矿	<0.001	1.94	2.31	11.50	0.61	44.90	0.120	1.23	0.019	0.100	0.190	<0.02	/
23		13DSG-B1-1	闪锌矿	0.120	3.84	2.26	3.78	1.09	6.02	0.024	0.45	0.042	0.031	0.96	<0.02	/
24	大石沟	13DSG-B3	闪锌矿	118.000	6.13	4.83	4.44	1.35	7.45	0.053	0.52	0.039	0.790	1.880	0.054	20.0
25		13DSG-B7	闪锌矿	1.490	1.97	2.72	5.89	0.53	11.30	0.016	0.45	0.021	0.018	0.620	0.12	21.8
26		13DSG-B9	闪锌矿	0.350	1.49	3.30	4.95	1.12	4.59	0.024	0.54	0.065	0.120	2.850	<0.02	/
27	土地坪	13TDP-B3	黄铁矿	0.380	/	4.06	0.26	/	18.20	<0.010	0.07	0.360	0.031	0.051	/	/
28		13TDP-B4	黄铁矿	0.061	/	7.85	0.42	/	18.30	<0.010	0.13	0.230	0.067	0.093	/	/
29		13HYC-B6	方铅矿	1.690	/	2.77	<0.10	/	<0.10	<0.010	1.05	3.890	0.015	9.050	/	/
30	李梅	12HLD-B1	方铅矿	1.690	/	237.00	<0.10	/	<0.10	<0.010	0.84	4.570	<0.010	13.000	/	/
31		12HLD-B2	方铅矿	1.690	/	45.30	<0.10	/	<0.10	<0.010	0.87	5.440	0.013	<0.002	/	/
32		13DSG-B4	方铅矿	1.690	/	3.00	<0.10	/	<0.10	<0.010	0.78	5.080	0.015	8.220	/	/
33	大石沟	13DSG-B5	方铅矿	1.760	/	7.14	<0.10	/	<0.10	<0.010	0.90	4.320	0.053	5.660	/	/
34		13DSG-B1-2	方铅矿	1.720	/	1.37	<0.10	/	<0.10	<0.010	1.19	5.430	0.015	3.410	/	/
35		13DSG-B10	方铅矿	1.680	/	1.26	<0.10	/	<0.10	<0.010	0.95	4.320	0.011	4.630	/	/
36		11SZS-B5	方铅矿	1.670	/	3.29	<0.10	/	<0.10	<0.010	1.03	4.680	<0.01	4.820	/	/

注:"/"代表低于检出限。

Mn 含量稍富,$w(Mn)$ 为 $5.65×10^{-6}$~$104.3×10^{-6}$,平均值为 $28.83×10^{-6}$($n=26$),与牛角塘 MVT 型铅锌矿床(均值 $30.3×10^{-6}$)较相似,略低于会泽铅锌矿床(均值 $90×10^{-6}$)(张茂富等,2016)和勐兴铅锌矿床(均值 $160.55×10^{-6}$)(Ye et al.,2011),但相对于岩浆热液型、VMS 型、SEDEX 型和矽卡岩型矿床来说贫 Mn。

Cd 在闪锌矿中较为富集,$w(Cd)$ 为 $5333×10^{-6}$~$12\ 260×10^{-6}$,平均值为 $7\ 610.69×10^{-6}$($n=26$),其含量相对高于核桃坪($3991×10^{-6}$~$6995×10^{-6}$)和鲁子园($1688×10^{-6}$~$2393×10^{-6}$)等矽卡岩型铅锌矿床闪锌矿,与勐兴铅锌矿床闪锌矿的 Cd 含量范围($7048×10^{-6}$~$16\ 560×10^{-6}$)相对接近。

贫 Ga,Ge 相对富集,$w(Ga)$ 为 $3.54×10^{-6}$~$47.9×10^{-6}$,平均值为 $9.95×10^{-6}$($n=26$);$w(Ge)$ 为 $4.59×10^{-6}$~$102×10^{-6}$,平均值为 $36.32×10^{-6}$($n=26$),Ge 的含量明显高于岩浆热液型[如中鱼库 $w(Ge)$ 均值为 $3.55×10^{-6}$、扎西康 $w(Ge)$ 小于 0.05](张政等,2016;曹华文等,2014)、VMS 型[老厂 $w(Ge)$ 均值为 $3.55×10^{-6}$](叶霖等,2012)、SEDEX 型[白牛厂 $w(Ge)$ 均值 $4.4×10^{-6}$、大宝山 $w(Ge)$ 均值 $3.3×10^{-6}$]和矽卡岩型矿床[如核桃坪 $w(Ge)$ 均值为 $2.8×10^{-6}$、鲁子园 $w(Ge)$ 均值为 $3×10^{-6}$](Ye et al.,2011)。贫 In,$w(In)$ 为 $0.013×10^{-6}$~$0.12×10^{-6}$,平均值为 $0.03×10^{-6}$($n=26$),与会泽铅锌矿[0.05~$2.07×10^{-6}$,均值 $0.62×10^{-6}$](张茂富等,2016)和牛角塘矿床[$(0$~$0.75)×10^{-6}$,均值 $0.09×10^{-6}$]接近(金灿海等,2014)。

Sn、Ag、Se 含量较低,变化范围小。$w(Sn)$ 为 $0.44×10^{-6}$~$4.21×10^{-6}$,平均值为 $0.83×10^{-6}$($n=26$)。Ag 含量较低,$w(Ag)$ 为 $0.19×10^{-6}$~$11.2×10^{-6}$,平均值为 $1.62×10^{-6}$($n=26$)。$w(Se)$ 为 $0.016×10^{-6}$~$0.14×10^{-6}$,平均值为 $0.05×10^{-6}$($n=26$)。Tl 含量相对稍富,$w(Tl)$ 为 $0.31×10^{-6}$~$2.5×10^{-6}$,平均值为 $0.94×10^{-6}$($n=26$)。

由此可见,花垣矿集区铅锌矿床闪锌矿以富集 Fe、Cd、Pb、Cu、Ge、Tl 等元素为特征,Fe、Cd、Mn 等元素含量相对稳定,Pb、Cu 等元素含量变化幅度较大。

2)方铅矿

方铅矿中 Sb、Ag 元素相对富集。$w(Sb)$ 为 $0.91×10^{-6}$~$7.06×10^{-6}$,平均值为 $1.62×10^{-6}$($n=8$)。$w(Ag)$ 为 $3.41×10^{-6}$~$13×10^{-6}$,平均值为 $6.97×10^{-6}$($n=8$)。

3)黄铁矿

黄铁矿中的 Co、As 元素相对富集。$w(Co)$ 为 $0.082×10^{-6}$~$0.2×10^{-6}$,平均值为 $0.14×10^{-6}$($n=2$)。$w(As)$ 为 $20.3×10^{-6}$~$33.1×10^{-6}$,平均值为 $26.7×10^{-6}$($n=2$)(周云等,2022)。

2. 地球化学特征

1)对成矿温度的指示

总的来说,花垣矿集区铅锌矿床闪锌矿中 Cu、Pb、Cd、Ga、Ge 和 Tl 元素相对富集,方铅矿中 Sb、Ag 元素相对富集,黄铁矿中的 Co、As 元素相对富集,这一富集趋势充分显示矿物本身微量元素含量特征。闪锌矿单矿物适合与小半径锌族元素和类似元素发生置换,富集的亲硫元素与四面体配位时的共价半径关系密切,如 Hg^{2+} 和 Cd^{2+} 等,电价相同,可以类质同象替换,但 Ga^{3+} 和 Ge^{4+} 等与 Zn^{2+} 的电价不相同,若能够相互以类质同象形式存在,则只能以 $M^{+}+N^{3+}=2Zn^{2+}$ 进行电价补偿,以电价补偿的形式取代 Zn^{2+} 进入闪锌矿晶格。因此,闪锌矿中极易富集 Gd、Cu、Hg、Ga、Ge、In 元素。方铅矿矿物是六次配位的一种单硫化物,在还原条件下,Sb^{3+} 和 Ag^{+} 易以类质同象的形式进入方铅矿晶格中。为达到电价均衡,Sb^{3+} 结合 Ag^{+},以 $Sb^{3+}+Ag^{+}\rightarrow 2Pb^{2+}$ 的形式置换方铅矿中的 Pb^{2+},富集于方铅矿中。黄铁矿是一种六次配位体的对硫化物,由于Co元素对对硫[$(S_2)^{2-}$]的亲和力远远大于对单硫(S^{2-})的亲和力,Co元素更容易以类质同象形式进入黄铁矿的晶格,从而提高了Co元素在黄铁矿中的含量。As在富硫的含矿热液中,非常容易形成$(AsS)^{2-}$,其性质及结构式与$(S_2)^{2-}$非常相近,富硫含矿热液中如果有一定量的Co元素和As元素的离子存在,这些离子首先会进入对硫化物的晶格,类质同象置换黄铁矿中的Fe^{2+},造成黄铁矿中富含元素Co、As(张先容等,1993)。

闪锌矿的微量元素对其形成温度也具有良好的指示意义(朱赖民等,1995),通常高温条件下形成的闪锌矿颜色较深,富集Fe、Mn、In、Se、Te等元素,并以较低的Ga/In值为特征;而低温条件下形成的闪锌矿颜色较浅,相对富集Cd、Ga和Ge等元素,并具有较高的Ga/In值特征(张政等,2016)。花垣矿集区铅锌矿床闪锌矿多为黄绿色、黄褐色或棕灰色,Fe含量为0.98%~1.42%;Mn含量仅为$5.65×10^{-6}$~$104.3×10^{-6}$;Cd含量相对较高,为0.53%~1.23%;Ge含量为$4.59×10^{-6}$~$102×10^{-6}$,平均值为$36.32×10^{-6}$。闪锌矿的Ga/In值为83~2521,平均值高达382,反映了花垣矿集区铅锌矿床中的闪锌矿为中—低温条件下的产物。闪锌矿的Zn/Cd值也可用作测温,Zn/Cd>500指示高温,Zn/Cd≈250指示中温,Zn/Cd<100指示低温(朱赖民等,1995)。花垣矿集区铅锌矿床中闪锌矿的Zn/Cd值为52~122,显示为中—低温条件下形成。

闪锌矿中Ga/Ge值与成矿流体的形成温度在某种程度上也具有一定的对应关系,利用闪锌矿中元素含量的lg(Ga/Ge)-t图解,能够较好地限定成矿温度(胡鹏等,2014)。在lg(Ga/Ge)-t图解中(图4-1),花垣矿集区铅锌矿床闪锌矿测点lg(Ga/Ge)值为-1.45~0.85,对应的闪锌矿形成温度为140~225℃,与流体包裹体显微测温获得的温度(150~220℃)非常接近(周云等,2018)。

因此,花垣矿集区铅锌矿床中闪锌矿的Cd、Ge含量及Ga/In、Zn/Cd值均显示出该矿床形成于中—低温环境(100~250℃),通过闪锌矿Ga/Ge值估算的成矿温度与流体包裹体均一温度非常吻合,这与花垣矿集区已有的流体包裹体研究结果一致(周云等,2018,2022)。

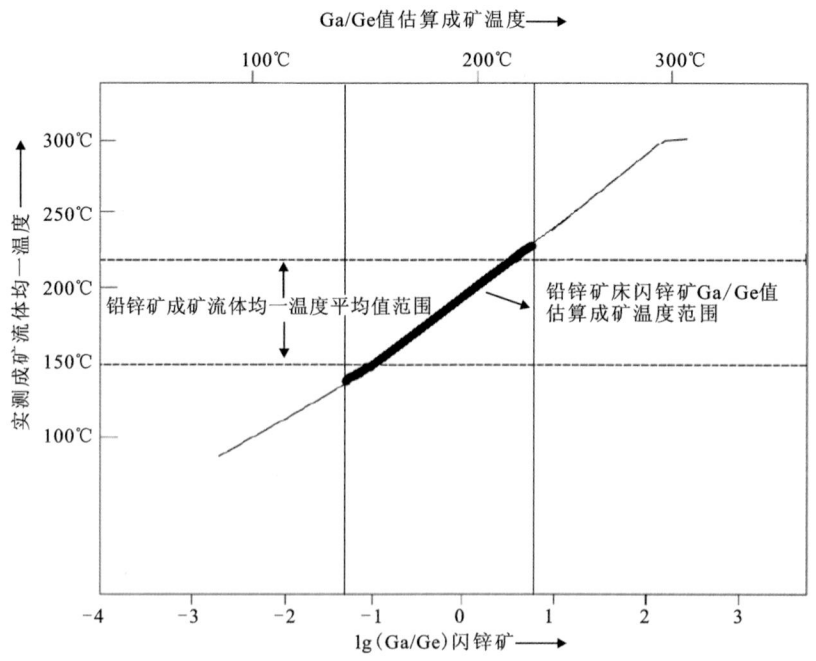

图4-1 花垣矿集区铅锌矿床成矿温度的闪锌矿lg(Ga/Ge)-t图解(据周云等,2022)

2)对矿床成因的指示

闪锌矿等单矿物的微量元素不仅可指示成矿温度,对矿床成因也有良好的判别意义,不同成因类型的铅锌矿床中闪锌矿、方铅矿、黄铁矿等单矿物中微量元素的含量及特征值不同,因此,可以通过单矿物的微量元素地球化学特征来研究铅锌矿床的成因,获得矿床成因类型方面的信息(张相训,1995)。

国内地质学家将铅锌矿床的矿床类型主要分为岩浆热液型、MVT 型、SEDEX 型、VMS 型或 VHMS 型、矽卡岩型及沉积改造型。将花垣矿集区铅锌矿床闪锌矿微量元素含量与不同成因类型铅锌矿相比(表 4-2),可以发现,岩浆热液型(大厂、中鱼库、骆驼山、扎西康等)、VMS 型(老厂)、SEDEX 型(白牛厂、大宝山、铅硐山、二里河等)及矽卡岩型(核桃坪、鲁子园)铅锌矿床闪锌矿中 Fe、Mn 含量明显偏高,岩浆热液型(大厂、中鱼库、骆驼山、扎西康等)、VMS 型(老厂)、SEDEX 型(白牛厂、大宝山、铅硐山、二里河等)铅锌矿床闪锌矿中 In、Sn、Ag 含量明显偏高,矽卡岩型(核桃坪、鲁子园)与沉积改造型(凡口、乐昌、富乐等)铅锌矿床闪锌矿中 Se 含量明显偏高,沉积改造型(凡口、乐昌、富乐等)铅锌矿床闪锌矿中 Ga、Ge 含量异常偏高。与 MVT 型(牛角塘、勐兴、马元等)铅锌矿床相比,花垣矿集区铅锌矿床闪锌矿中 Fe、Mn、Pb、Cd、Ga、Ge、In 等元素含量则基本在同一种数量级范围内,微量元素含量较为接近,暗示花垣矿集区铅锌矿床应为与盆地卤水有关的似 MVT 型铅锌矿床。

大量铅锌矿床地质研究和测试数据统计资料显示,碳酸盐岩型(MVT 型)铅锌矿床内黄铁矿中 Se 元素和 Te 元素的含量明显低于岩浆热液型铅锌矿床。沉积成因黄铁矿中 Se 元素的含量较低(一般为 $0.5\times10^{-6}\sim2\times10^{-6}$),S/Se 值一般大于 3×10^{4}。岩浆成因矿物中 Se 元素含量较高,Se 元素在岩浆热液演化过程中逐步富集于岩浆残余热液,从而导致黄铁矿的 S/Se 值较小(通常低于 1.5×10^{4},Se 元素的含量一般大于 20×10^{-6})(张先容等,1993)。花垣矿集区铅锌矿床黄铁矿 S/Se 值为 1.76×10^{6},表现出沉积成因的特点(表 4-3)。

MVT 型铅锌矿床中的闪锌矿一般相对富集 Ga 和 Ge,而岩浆热液型铅锌矿床中的闪锌矿则通常相对富集 In 和 Fe,与盆地卤水有关的中低温碳酸盐岩型矿床中的闪锌矿则富 Ge 贫 In,而在与岩浆或火山活动有关的铅锌矿床中,闪锌矿一般具有高 In 低 Ge 的特点(曹华文等,2014)。岩浆热液型矿床中闪锌矿的 Ge/In 值远远低于与盆地卤水有关的碳酸盐岩型铅锌矿床(张先容等,1993)。从表 4-3 不难看出,花垣矿集区铅锌矿床富 Ge 贫 In,与碳酸盐岩型铅锌矿床的特征一致。

另外,根据张乾(1987)利用国内一些典型铅锌矿床闪锌矿特征元素的研究结果总结出来的不同成因类型闪锌矿和方铅矿的判别图解,将花垣矿集区铅锌矿床闪锌矿和方铅矿的特征元素含量、比值投到相应的图解上(图 4-2、图 4-3),以便确定花垣矿集区铅锌矿床的成因。在闪锌矿的 lnGa-lnIn 图解与 Zn/Cd-Se/Te-Ga/In 图解上(图 4-2A、B),本矿床绝大多数闪锌矿样品投影点落在碳酸盐岩型成因范围内。在方铅矿的 Pb-lnAg 图解和 lnBi-lnSb 图解上(图 4-3A、B),本矿床所有的方铅矿样品投影点也落在碳酸盐岩型成因范围内。另外,根据对花垣矿集区铅锌矿床的流体包裹体的研究,判别出该区成矿流体具有低温度、中高盐度、高密度的特点,是以钠和钙的氯化物为主的热卤水性质的含矿热水溶液(周云等,2018)。综合以上几点,初步判断本区闪锌矿和方铅矿为与盆地卤水有关的中—低温热液成因(周云等,2022)。

表 4-2 不同成因类型矿床铅锌矿微量元素含量

序号	铅锌矿床类型	矿床名称	Fe/% 范围	Fe/% 均值	Mn/(×10⁻⁶) 范围	Mn/(×10⁻⁶) 均值	Pb/(×10⁻⁶) 范围	Pb/(×10⁻⁶) 均值	Cd/(×10⁻⁶) 范围	Cd/(×10⁻⁶) 均值	Ga/(×10⁻⁶) 范围	Ga/(×10⁻⁶) 均值	Ge/(×10⁻⁶) 范围	Ge/(×10⁻⁶) 均值	参考文献
1	岩浆热液型	大厂	6.16~13.10	11.05	1200~6000	2840	0.026	0.026	8300~11 300	9860	15.00~110.00	52.20			李迪恩等, 1989
2		中鱼库			4950~7546	6330	7.72~686.47	67.51	1877~2501	2293	4.90~8.02	6.27	3.21~4.71	3.55	曹华文等, 2014
3		骆驼山							1232~1381	1304	6.69~14.40	10.14			裴秋明等, 2015
4		扎西康	3.73~8.92	7.11	507~2905	1610	3.43~21.50	10.67	1635~2506	1879	2.39~4.18	3.27	<0.05		张政等, 2016
5	VMS型	老厂	12.20~15.40	13.10	2626~4111	3060	27.36~4 490.00	961.40	8306~9600	8739	2.30~117.00	23.00	2.11~15.10	4.15	叶霖等, 2012
6		白牛厂	11.92~17.15	14.44	2439~6537	3914	0.3~556.0	26.0	5255~8564	6882	2.20~24.30	10.85	2.0~20.8	4.4	Ye et al., 2011
7	SEDEX型	大宝山	10.29~12.54	11.70	675~2642	2178			4659~5951	5611	8.00~91.70	28.40	2.6~4.2	3.3	Ye et al., 2011
8		铅硐山			21.7~149.0	68.6			2305~3837	2920	6.32~59.60	32.96			李厚民等, 2009
9		二里河			6.9~52.3	30.2			1162~1884	1455	14.70~73.40	33.81			李厚民等, 2009
10	矽卡岩型	核桃坪	2.03~11.45	5.28	1241~5766	3073			3991~6995	4737	0.06~1.80	0.53	2.5~3.3	2.8	Ye et al., 2011
11		鲁子园	4.30~10.59	6.68	601~2143	1070			1688~2393	2147	0.11~1.00	0.33	2.7~3.7	3.0	Ye et al., 2011
12	沉积改造型	凡口	0.11~2.43	1.51	100~200	166			1400~2000	1700	700~2500	1500	200~700	460	李迪恩等, 1989
13		乐昌	0.04~8.77	3.41	3~1300	550	0.08~0.54	0.31	2300~7400	4150	15~1700	520	10~900	640	李迪恩等, 1989
14		富乐							7658~30 610	16 183	4.80~357.60	85.70	89.6~195.0	134.6	司荣军等, 2006

续表 4-2

序号	铅锌矿床类型	矿床名称	Fe/% 范围	Fe/% 均值	Mn/(×10⁻⁶) 范围	Mn/(×10⁻⁶) 均值	Pb/(×10⁻⁶) 范围	Pb/(×10⁻⁶) 均值	Cd/(×10⁻⁶) 范围	Cd/(×10⁻⁶) 均值	Ga/(×10⁻⁶) 范围	Ga/(×10⁻⁶) 均值	Ge/(×10⁻⁶) 范围	Ge/(×10⁻⁶) 均值	参考文献
15	MVT型	牛角塘	0.10~7.72	1.17	0.63~225.00	30.3			956~26 998	9997	0.02~64.50	11.20	2.15~546.00	85.30	Ye et al., 2011
16	MVT型	勐兴	0.01~1.48	0.45	6.9~1 451.0	160.6			7048~16 560	12 469	0.22~7.10	2.07	2.3~56.7	14.8	Ye et al., 2011
17	MVT型	马元			40.87~81.86	59.76	110.50~2 153.00	744.44	1296~5023	3140	8.29~54.20	26.26			李厚民等, 2007
18	MVT型	会泽	0.09~3.90	2.11	80~100	90	142~35 900	9973	1195~1640	1360	1.80~7.10	4.08	1.40~107.50	31.58	张茂富等, 2016
19	MVT型	花垣	0.09~1.42	0.45	5.65~104.30	28.83	83.55~911.50	353.79	5333~12 260	7611	3.54~47.9	9.95	4.59~102.00	36.32	周云, 2017

序号	铅锌矿床类型	矿床名称	In/(×10⁻⁶) 范围	In/(×10⁻⁶) 均值	Sn/(×10⁻⁶) 范围	Sn/(×10⁻⁶) 均值	Ag/(×10⁻⁶) 范围	Ag/(×10⁻⁶) 均值	Se/(×10⁻⁶) 范围	Se/(×10⁻⁶) 均值	Te/(×10⁻⁶) 范围	Te/(×10⁻⁶) 均值	Tl/(×10⁻⁶) 范围	Tl/(×10⁻⁶) 均值	参考文献
1	岩浆热液型	大厂	0.14~0.40	0.228	0~2200	1620	20~200	95					1400~4000	2280	李迪恩等, 1989
2	岩浆热液型	中鱼库	273.20~373.20	317.92									0.010~0.170	0.049	曹华文等, 2014
3	岩浆热液型	骆驼山	384.00~613.00	513.50									0.015~0.080	0.046	裴秋明等, 2015
4	岩浆热液型	扎西康	4.16~149.78	46.31	13.85~1 099.00	313.59	10.37~78.54	26.86	0.33~0.43	0.36	0.02~0.19	0.07	0.01~0.08	0.04	张政等, 2016
5	VMS型	老厂	66~566	200	2.23~38.00	7.01	4.80~10.10	6.79	0.27~3.98	1.85	0.03~0.49	0.18	0.002~2.570	0.370	叶霖等, 2012
6	VMS型	白牛厂	3.50~262.00	65.95	8.3~3 097.0	894.5	9.00~188.00	66.95	<13.9		<0.58		<0.03		Ye et al., 2011
7	SEDEX型	大宝山	111~415	236	1.40~46.80	12.53	9.30~198.00	35.93	<0.05		<0.14				Ye et al., 2011
8	SEDEX型	铅硐山	0.11~1.17	0.51	3.04~108.00	27.4			<0.05				0.010~0.080	0.036	李厚民等, 2009
9	SEDEX型	二里河	0.05~0.58	0.20	1.35~2.55	1.94							0.010~0.090	0.034	李厚民等, 2009

续表 4-2

序号	铅锌矿床类型	矿床名称	In/(×10⁻⁶) 范围	In/(×10⁻⁶) 均值	Sn/(×10⁻⁶) 范围	Sn/(×10⁻⁶) 均值	Ag/(×10⁻⁶) 范围	Ag/(×10⁻⁶) 均值	Se/(×10⁻⁶) 范围	Se/(×10⁻⁶) 均值	Te/(×10⁻⁶) 范围	Te/(×10⁻⁶) 均值	Tl/(×10⁻⁶) 范围	Tl/(×10⁻⁶) 均值	参考文献
10	矽卡岩型	核桃坪	0.001~0.180	0.050	0.09~0.13	0.11	4.40~25.20	8.27	7.7~85.9	31.4			<0.08		Ye et al., 2011
11		鲁子园	0.005~0.120	0.060	0.03~9.10	1.08	3.80~17.20	5.97	1.10~136.00	44.87			<0.23		Ye et al., 2011
12	沉积改造型	凡口	0	0	0.010~0.070	0.047	0~0.020	0.006							李迪恩等, 1989
13		乐昌	0.012	0.012	0.003~0.046	0.02	0.013~0.021	0.017							李迪恩等, 1989
14		富乐	<0.77	0.25					127.0~177.4	163.4	0.08~1.39	0.31	0.08~1.00	0.31	司荣军等, 2006
15	MVT型	牛角塘	0~0.75	0.09	0.09~12.30	1.58	3.50~75.40	10.33	0.16~1.20	0.49			0.06~43.60	4.37	Ye et al., 2011
16		勐兴	<0.04		0.090~0.460	0.195	3.80~5.10	4.25	<1.10		<1.10		3.60~18.10	8.7	Ye et al., 2011
17		马元	0.452~1.550	0.890	0.79~9.51	3.51			0.033~0.048	0.042			1.95~9.58	4.29	李厚民等, 2007
18		会泽	0.05~2.07	0.62	~		10.20~106.50	57.03	2.11~5.26	3.43	0.10~0.15	0.13	0.06	0.06	张茂富等, 2016
19		花垣	0.013~0.12	0.03	0.44~4.21	0.83	0.19~11.20	1.62	0.016~0.140	0.050	0.011~0.790	0.130	0.31~2.50	0.94	周云, 2017

表 4-3 不同成因的铅锌矿床地球化学特征对比(据张先容,1993)

矿床成因类型	FeS 中元素含量($\times 10^{-6}$)及比值			ZnS 中元素含量($\times 10^{-6}$)及比值						资料来源
	Se	Te	S/Se	Ga	Ge	In	Fe/($\times 10^{-2}$)	Ga/In	Ge/In	
岩浆热液型	>10	>10	<40 000	<40	<5	>30	>5	<1	<0.1	张先容,1993
MVT 型	<10	<5	>150 000	>30	>10	<20	<5	>1	>1	
花垣矿集区铅锌矿(均值)	0.295	0.049	1 760 000	11.61	49.23	0.02	0.69	502	2130	周云等,2022

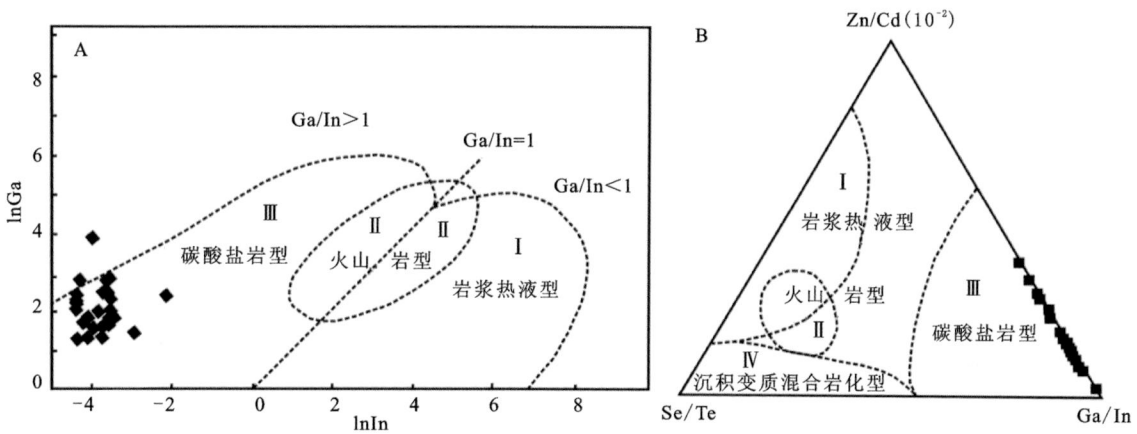

Ⅰ区.岩浆热液型成因;Ⅱ区.火山岩型成因;Ⅲ区.碳酸盐岩型成因;Ⅳ区.沉积变质混合岩化成因

图 4-2 花垣矿集区铅锌矿床闪锌矿特征元素图解(据周云等,2022)

A.闪锌矿的 lnGa-lnIn 特征元素图解;B.闪锌矿的 Zn/Cd-Se/Te-Ga/In 特征元素图解

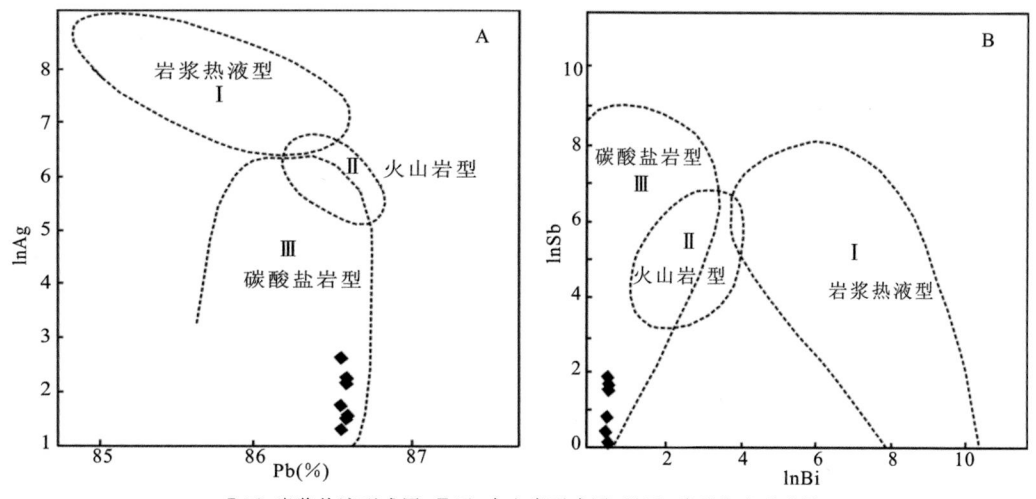

Ⅰ区.岩浆热液型成因;Ⅱ区.火山岩型成因;Ⅲ区.碳酸盐岩型成因

图 4-3 花垣矿集区铅锌矿床方铅矿特征元素图解(据周云等,2022)

A.方铅矿的 Pb-lnAg 特征元素图解;B.方铅矿的 lnBi-lnSb 特征元素图解

陈含涛等(2021)将花垣矿集区铅锌矿床闪锌矿痕量元素分析结果投影在痕量元素关系图(图4-4)中,投影点均落于MVT型铅锌矿床区域内,与矽卡岩型和块状硫化物型矿床有明显差别。依据闪锌矿(Ga + Ge)-(In+Se+Te)-Ag三角图解(图4-5),花垣矿集区铅锌矿床闪锌矿投点范围明显不同于SEDEX型、VMS型与矽卡岩型矿床,而与MVT型矿床有很大范围的重叠(张沛等,2021)。

由以上矿石硫化物的微量元素地球化学特征可知,花垣矿集区铅锌矿床属于MVT型铅锌矿床。

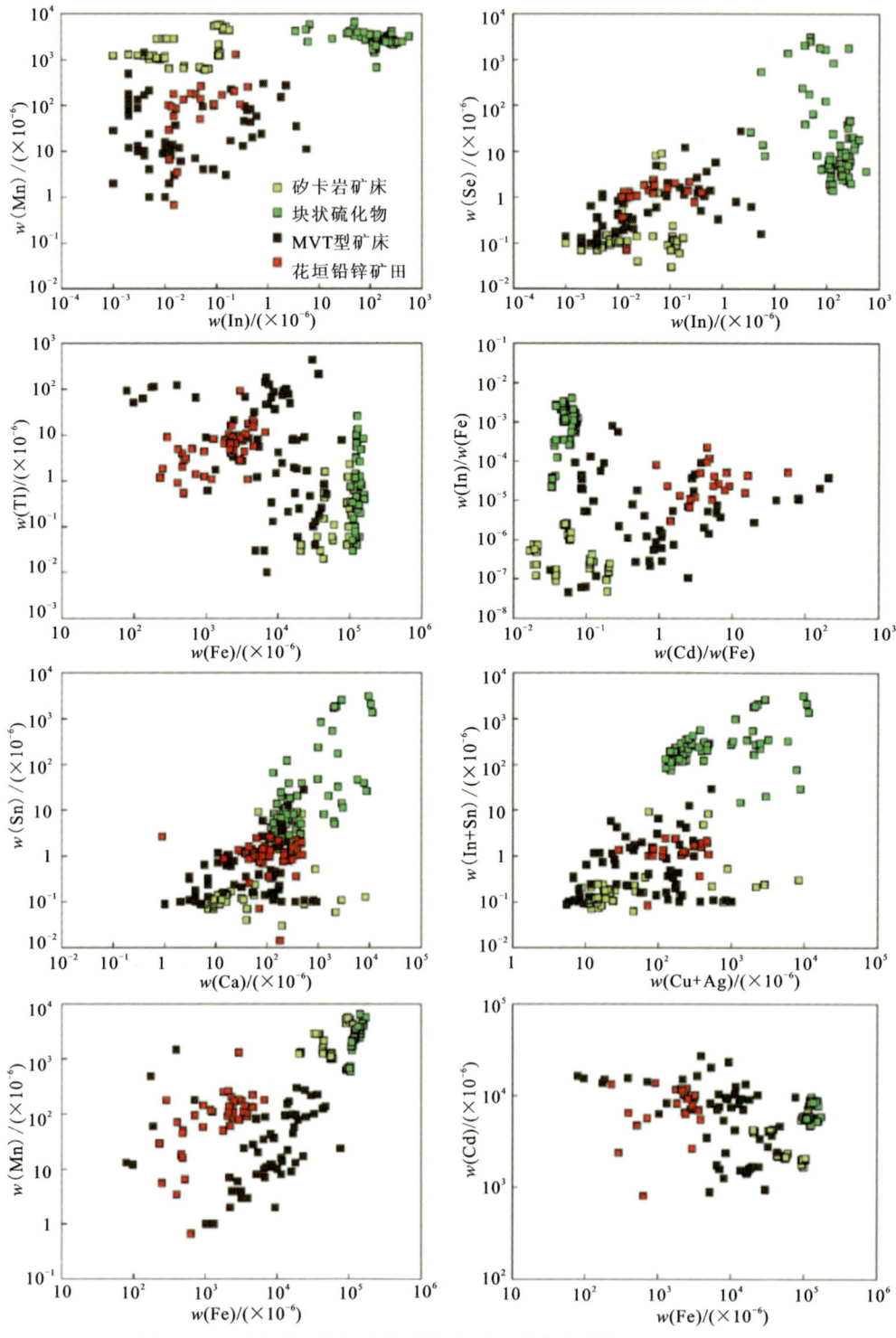

图4-4 花垣矿集区铅锌矿床闪锌矿痕量元素关系图(据陈含涛,2021)

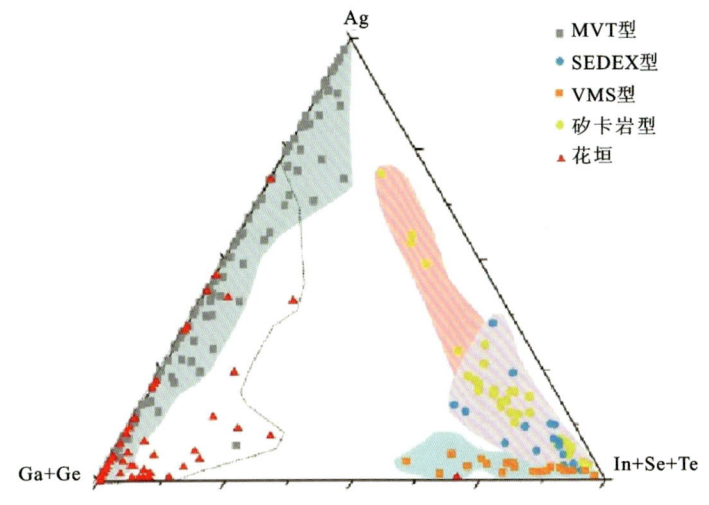

图 4-5　闪锌矿(Ga+Ge)-(In+Se+Te)-Ag 三角图解(据张沛等,2021)

二、分散元素富集规律

分散元素通常是指镉(Cd)、镓(Ga)、铟(In)、铊(Tl)、锗(Ge)、硒(Se)、碲(Te)和铼(Re)8 种元素。花垣矿集区铅锌矿床闪锌矿、黄铁矿、方铅矿 3 种硫化物中镓(Ga)、锗(Ge)、硒(Se)、镉(Cd)、铟(In)、碲(Te)、铊(Tl)这 7 种分散元素表现出以下特征。

Cd 是典型的亲铜元素,位于周期表的第五周期ⅡB族(锌副族)。Cd 元素与 Zn 元素在自然界中有着普遍相同的地球化学行为,因为它们具有许多相似的属性。地壳中的镉不易形成独立矿物,其含量较低且高度分散,在早期的地质作用中不可能形成独立矿物,但在后期热液阶段可以产生一定程度的富集。镉常以类质同象形式置换闪锌矿中其他性质相似的离子而进入闪锌矿晶格,镉的含量通常在 0.1%～0.5%之间,最高可达 1.85%(李发源,2003)。成矿流体的成矿温度、pH 值、硫离子活度和 Cd/Zn 值等物理化学条件会制约 Cd 元素富集程度,不同物理化学条件的成矿流体作用形成不同标型特征的闪锌矿,Cd 元素在不同阶段的闪锌矿中的富集规律能示踪成矿流体性质的演化,为矿床成因提供信息(王乾等,2006)。花垣矿集区铅锌矿床的硫化物中 Cd 元素含量最为丰富,尤其是闪锌矿中的 Cd 含量较高,范围为 0.53%～1.23%,深色闪锌矿和棕色闪锌矿中的 Cd 含量高于米黄色闪锌矿中的 Cd 含量。方铅矿和黄铁矿中 Cd 元素含量大幅降低。随着成矿作用的推进,成矿流体向成矿温度、硫离子活度和 Cd/Zn 值逐渐降低的趋势演化。

Ga 元素在闪锌矿中最为富集,在方铅矿和黄铁矿中含量较低;从方铅矿→黄铁矿→闪锌矿,Ge 含量依次升高;在方铅矿与黄铁矿中 In 含量低于 1×10^{-8} g,闪锌矿中 In 含量稍高;Se 主要富集在方铅矿中,其次为黄铁矿,再次是闪锌矿;闪锌矿、黄铁矿、方铅矿中 Fe 含量与 Se 含量呈负相关趋势。Te 和 Tl 元素在闪锌矿、黄铁矿、方铅矿中的含量基本相当,无明显差异。Ga、Cd、Se、Fe 和 Zn 具有相似的晶体地球化学参数和地球化学行为,Ga、Cd 可能以类质同象形式置换闪锌矿中的 Zn 并占据其晶格位置,Se 以类质同象形式置换闪锌矿、黄铁矿中的 Fe 并占据其晶格位置。

样品中 Fe 和 Cd 含量具负相关关系,相关系数 $R=0.5977$(图 4-6A),指示了闪锌矿中 Fe、Cd 主要以 Fe^{2+}、Cd^{2+} 的形式直接取代 Zn^{2+}(张沛等,2021)。Ge 通常有 Ge^{2+} 和 Ge^{4+} 两种氧化态,Nigel 等(2009)认为 Ge 可能以 Ge^{2+} 的形式取代 Zn^{2+} 进入闪锌矿。叶霖等(2016)依据 Zn^{2+}、Cu^{2+} 和 Ge^{2+} 具有相近的四面体共价半径,认为它们之间的置换方式为 $(n+1)Zn^{2+} \longleftrightarrow Ge^{2+}+Cu^{2+}$。微束 X 射线近边吸收结构分析($\mu$-XANES)则表明 Ge 和 Cu 在闪锌矿中主要以 Ge^{4+} 和 Cu^+ 的氧化态出现,而并非+2

价(Nigel et al.,2009;Rémi et al.,2016)。研究显示很多矿床闪锌矿中 Ge 与 Cu^+(Ag^+)有强烈的相关性,指示了 $3Zn^{2+} \longleftrightarrow Ge^{4+} + 2(Cu^+,Ag^+)$ 的替代机制(Rémi et al.,2016);而对于 Ge 与 Cu(Ag)无相关关系的闪锌矿,则可能主要为 $2Zn^{2+} \longleftrightarrow Ge^{4+} + \square$(晶体空位)的替代方式(Nigel et al.,2009;Rémi et al.,2016)。花垣矿集区铅锌矿床闪锌矿中 Cu、Ge 之间具有较强的相关性(图 4-6B),指示了该矿床闪锌矿中 Ge 的替代方式可能主要为 $3Zn^{2+} \longleftrightarrow Ge^{4+} + 2Cu^+$。此外,Fe 与 Ge 元素也有较强的相关性(图 4-6C),可能存在 $4Zn^{2+} \longleftrightarrow Ge^{4+} + 2Fe^{2+} + \square$ 的置换关系。Ga 通常以 Ga^{2+}、Ga^{3+} 形式存在,而 Ga^{3+} 最普遍,并且 Ga 与 Fe 具有正相关关系(图 4-6D),推测可能存在 $5Zn^{2+} \longleftrightarrow 2Fe^{2+} + 2Ga^{3+}$ 的替代关系(张沛等,2021)。

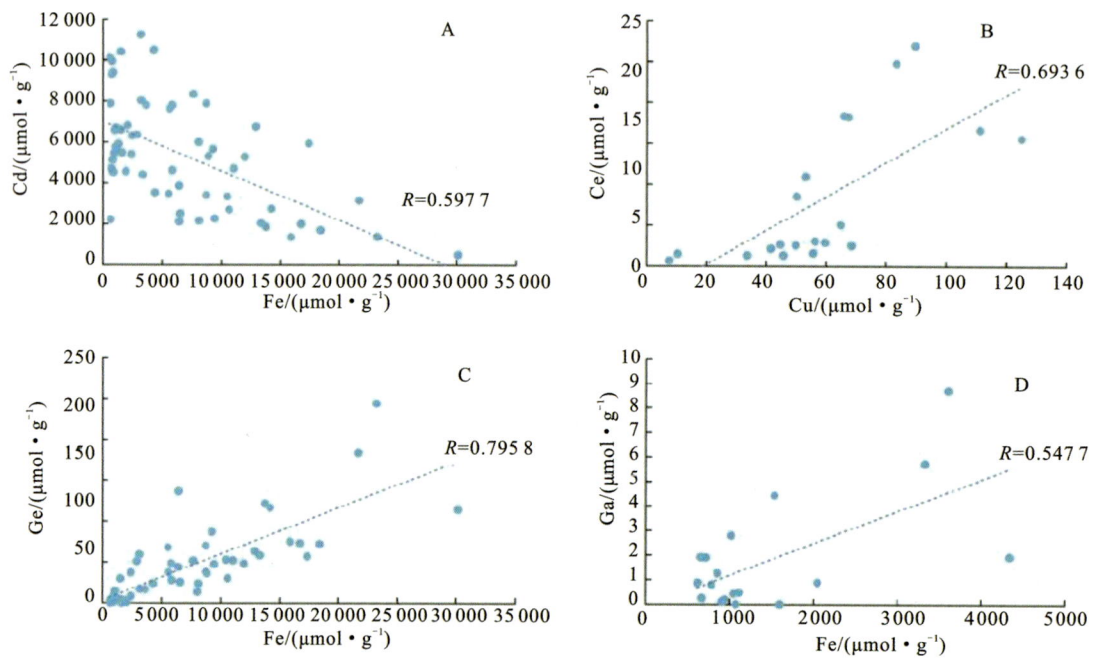

图 4-6 花垣矿集区铅锌矿床闪锌矿中微量元素关系图(据张沛等,2021)

镉、锗、镓等分散元素广泛应用于通信、机械、电子、军工、宇航、原子能等领域。随着科学技术的飞速发展,特别是新材料技术的飞速发展,镉、锗、镓等分散元素的需求量日益增加,应用范围不断扩大(李发源,2003)。镉、锗、镓等元素的分布是十分稀少和分散的,很难形成高度富集的独立矿物。我国镉、锗、镓资源相对缺乏,故应加强铅锌矿床中镉、锗、镓的综合利用。其因效益显著而引起国家有关部门和各矿山、冶炼厂的重视,花垣矿集区铅锌矿床矿石中伴生的镉矿可达大型规模,可以借此建设湖南省镉资源开发基地,将资源优势转化为经济优势,镉的开发利用必将拉动当地国民经济的快速增长。

由于镉、镓、锗等分散元素主要是以类质同象形式赋存于闪锌矿和方铅矿矿物中,为了能够更好地综合利用,矿山只需要增加少量生产成本,简单改变部分工艺流程,且镉、镓、锗的价值较高,每吨金属的经济价值相当于数吨甚至数百吨铅锌金属的经济价值,综合利用的经济效益明显(李发源,2003)。因此,花垣矿集区铅锌矿床矿石中的镉、镓、锗等分散元素完全能够而且应该充分综合利用,为矿山带来更好的经济效益。

另外,镉具有很强的毒性(剧毒),且镉的淋滤作用较强,谷团等(1998)测得贵州牛角塘铅锌矿床的 3 个水样中镉的含量分别为 $0.23×10^{-9}$、$0.41×10^{-9}$、$2.06×10^{-9}$,分别是内陆水体中镉背景值的 10 倍、20 倍和 103 倍,显示出镉具有非常强烈的淋滤作用。花垣矿集区铅锌矿床闪锌矿矿物高度富镉,乃该地区环境的一大隐患,不合理开发可能会导致矿区周围环境遭受严重污染。因而,研究分散元素镉在该区的地球化学行为,有利于合理治理镉所带来的环境污染,有着重大现实意义。

三、方解石中的锶元素

一般情况下,方解石本身具有较低的锶含量,但花垣矿集区铅锌矿床中斑脉状方解石具有非常高的锶含量(最高达 2780×10^{-6}),该数值明显高于作为沉积组分围岩藻灰岩的锶含量,这显然是一种异常值。硫酸盐还原作用可以大幅度提高流体的锶含量,与之有关的成岩矿物可以具有较高的锶含量。因此,具有非常高锶含量的斑脉状方解石可能与硫酸盐还原作用有关,其所占据的空间应该是原石膏结核的位置(黄思静,2010)。花垣矿集区铅锌矿床中方解石具有较高的流体包裹体均一温度,平均值约为 140℃,表明硫酸盐还原作用为高温条件下的 TSR。从活跃的循环海水中沉淀的低镁方解石的锶含量大约只有 500×10^{-6}(黄思静,2010),花垣矿集区铅锌矿床中高达 2780×10^{-6} 的锶含量的方解石应为沉淀于锶含量极高的孔隙流体中的产物(表4-4)。

表 4-4　花垣矿集区铅锌矿床不同产状方解石的锶含量(据周云,2017a)

方解石产状	样品编号	Sr 含量/($\times10^{-6}$)	方解石产状	样品编号	Sr 含量/($\times10^{-6}$)
斑脉状	13LM-B2	2780	粗脉状	13TJ-B10	374
斑脉状	13LM-B1	2640	粗脉状	13 LM-B13	301
斑脉状	13LM-B9	1050	粗脉状	13TDP-B3	276
斑脉状	12LM-B5	900	粗脉状	13TDP-2B3	266
斑脉状	12LM-B3	800	粗脉状	13DSG-B6	211
斑脉状	13TJ-B13	738	粗脉状	13DSG-B1	197
斑脉状	13NZB-B26	625	不规则脉状	13DSG-B3	260
斑脉状	13TJ-B18-1	534	不规则脉状	13DSG-B7	122

第二节　稀土元素特征

稀土元素近年来广泛应用于成矿流体的研究,是探讨成矿物质来源的重要途径之一。方解石和闪锌矿是花垣矿集区铅锌矿床中最重要的脉石矿物和矿石矿物,其形成贯穿整个成矿过程。

本研究分析了花垣铅锌矿集区 54 件原生矿石中的闪锌矿、方铅矿、黄铁矿硫化物、方解石、重晶石和围岩灰岩的稀土元素含量,包括 23 件方解石单矿物样品、7 件重晶石单矿物样品、8 件闪锌矿单矿物样品、7 件方铅矿单矿物样品、2 件黄铁矿单矿物样品和 7 件赋矿围岩下寒武统清虚洞组下段灰岩样品。采集的闪锌矿、黄铁矿、方铅矿样品分别来自花垣由北而南依次分布的团结、李梅、土地坪、蜂塘、大石沟铅锌矿床,方解石、重晶石均形成于主成矿期,与矿石矿物闪锌矿、方铅矿紧密共生,呈块状、粗脉状或斑脉状,闪锌矿和方铅矿、黄铁矿多沿脉石矿物方解石边缘分布,或呈团块状、斑状、浸染粒状分布于方解石脉体中或其边缘。

首先将样品粉碎至 40 目,在双目镜下挑纯闪锌矿、方铅矿、黄铁矿、重晶石和方解石的单矿物,确保单矿物纯度高于 98%,用去离子水清洗挑纯的硫化物单矿物,低温干燥后,用玛瑙研钵研磨至 200 目置于容器中备用。稀土元素含量分析由武汉地质调查中心岩矿测试实验室完成,采用电感耦合等离子体质谱(ICP-MS)方法测试,分析精度一般优于 5%,检测下限为 0.1×10^{-9}。分析结果列于表4-5、表4-6,显示如下特征。

表 4-5 湘西花垣地区铅锌矿床单矿物与灰岩稀土元素含量表($\times 10^{-6}$)(据周云等,2017b)

矿床	样品号	样品名称	La	Ce	Pr	Nd	Sm	Eu	Gd	Tb	Dy	Ho	Er	Tm	Yb	Lu	Y
团结	13TJ-B10	粗脉状方解石	0.65	1.22	0.15	0.6	0.14	0.024	0.12	0.022	0.13	0.027	0.071	0.012	0.072	0.01	0.91
	13TJ-B13	粗脉状方解石	0.56	0.84	0.11	0.43	0.089	0.024	0.087	0.016	0.092	0.022	0.055	0.009 7	0.048	0.007 8	0.86
	13TJ-B18-1	斑脉状方解石	0.59	1.15	0.15	0.59	0.12	0.035	0.11	0.016	0.097	0.021	0.052	0.007 8	0.041	0.006 5	0.76
	11TJ-1B11	粗脉状方解石	0.93	1.44	0.19	0.77	0.16	0.039	0.16	0.027	0.17	0.037	0.1	0.014	0.084	0.011	1.57
	11TJ-1B12	粗脉状方解石	1.83	2.76	0.35	1.46	0.3	0.078	0.32	0.055	0.37	0.081	0.22	0.032	0.18	0.024	3.28
	11TJ-1B14	粗脉状方解石	0.61	1.09	0.13	0.57	0.12	0.032	0.13	0.022	0.14	0.031	0.083	0.012	0.072	0.009 9	1.39
	13TJ-B1	粗脉状方解石	0.12	0.22	0.024	0.1	0.021	0.008 9	0.022	0.003 3	0.023	0.005	0.014	0.001 8	0.012	0.001 4	0.2
癞子堡	13NZB-B26	斑脉状方解石	3.45	7.31	0.64	2.11	0.31	0.06	0.29	0.038	0.19	0.036	0.09	0.013	0.075	0.011	1.13
	11NZB-B4	斑脉状方解石	0.33	2.73	0.12	0.51	0.11	0.04	0.11	0.018	0.1	0.022	0.056	0.009 1	0.052	0.008 3	0.66
	11NZB-B6	斑脉状方解石	0.43	1.21	0.12	0.5	0.11	0.025	0.096	0.016	0.09	0.019	0.047	0.007 4	0.043	0.007 7	0.57
李梅	13LM-B2	斑脉状方解石	0.34	0.92	0.13	0.52	0.1	0.03	0.093	0.013	0.072	0.014	0.034	0.005 3	0.029	0.004 8	0.46
	11LM-B9	斑脉状方解石	0.45	0.83	0.09	0.34	0.07	0.052	0.07	0.01	0.056	0.012	0.03	0.005 5	0.029	0.005 3	0.42
	13LM-B13	粗脉状方解石	0.68	1.24	0.14	0.55	0.11	0.038	0.1	0.016	0.098	0.02	0.052	0.009 2	0.050	0.008 7	0.68
	13LM-B11	斑脉状方解石	0.39	0.73	0.092	0.35	0.068	0.023	0.065	0.01	0.06	0.012	0.036	0.006 3	0.029	0.005 5	0.43
	13LM-B31	粗脉状方解石	0.57	1.25	0.15	0.61	0.12	0.032	0.12	0.017	0.12	0.024	0.062	0.009 7	0.055	0.009 3	0.8
河堰冲	13HYC-B5	斑脉状方解石	1.04	2.63	0.3	1.19	0.22	0.053	0.21	0.031	0.18	0.038	0.098	0.015	0.096	0.014	1.22
	13HYC-B7	粗脉状方解石	1.01	2.39	0.31	1.24	0.23	0.072	0.22	0.033	0.19	0.04	0.1	0.015	0.089	0.012	1.43
	13HYC-B11	粗脉状方解石	0.81	2.22	0.32	1.43	0.32	0.081	0.3	0.051	0.33	0.068	0.19	0.03	0.180	0.023	2.47
土地坪	13TDP-B3	粗脉状方解石	0.78	1.39	0.14	0.54	0.096	0.032	0.096	0.013	0.077	0.016	0.042	0.006 8	0.036	0.005 8	0.56
	13TDP-2B3	粗脉状方解石	1.85	2.88	0.29	1.04	0.18	0.028	0.18	0.024	0.12	0.026	0.062	0.008 6	0.041	0.005 8	1.03
大石沟	13DSG-B3	斑脉状方解石	4.62	6.08	0.48	1.58	0.22	0.062	0.25	0.025	0.1	0.019	0.043	0.005 5	0.031	0.006 2	0.76
	13DSG-B6-1	粗脉状方解石	4.61	7.16	0.48	1.64	0.23	0.087	0.23	0.027	0.11	0.019	0.043	0.005 5	0.031	0.006 5	1
	13DSG-B7	斑脉状方解石	2.33	3.01	0.34	1.22	0.17	0.046	0.18	0.02	0.087	0.016	0.04	0.005 3	0.029	0.005 9	0.56
癞子堡	11NZB-B2-2	重晶石	0.1	0.39	0.037	0.17	0.046	0.15	0.045	0.006 9	0.036	0.008 4	0.022	0.007 6	0.12	0.039	0.23
	11NZB-B2-1	重晶石	5.44	6.66	0.41	1.01	0.13	0.16	0.16	0.014	0.056	0.011	0.028	0.007 5	0.100	0.034	0.26
	11LM-yB1l	重晶石	0.077	0.25	0.014	0.055	0.018	0.15	0.021	0.002 3	0.008 7	0.002 6	0.005 9	0.005 4	0.100	0.037	0.043

续表 4-5

矿床	样品号	样品名称	La	Ce	Pr	Nd	Sm	Eu	Gd	Tb	Dy	Ho	Er	Tm	Yb	Lu	Y
李梅	13LM-B8	重晶石	0.16	0.36	0.021	0.077	0.022	0.15	0.025	0.0028	0.011	0.0033	0.0084	0.0068	0.13	0.047	0.061
	13LM-B11	重晶石	0.057	0.21	0.013	0.053	0.019	0.15	0.021	0.0025	0.01	0.0031	0.0076	0.0063	0.12	0.043	0.061
	13LM-B13	重晶石	0.066	0.61	0.014	0.054	0.018	0.12	0.022	0.0026	0.01	0.0029	0.0069	0.0057	0.11	0.038	0.055
	13LM-B31	重晶石	0.1	0.31	0.021	0.083	0.026	0.16	0.029	0.0035	0.016	0.0042	0.01	0.0063	0.12	0.041	0.096
	11TJ-1B9-1	闪锌矿	0.42	0.62	0.07	0.28	0.054	0.018	0.06	0.008 6	0.055	0.012	0.031	0.004	0.025	0.003 4	0.54
团结	13TJ-B10	闪锌矿	0.035	0.13	0.013	0.05	0.018	0.007 8	0.009 3	0.002 2	0.009 1	0.002 8	0.013	0.001 7	0.006 3	0.002	0.036
	13TJ-B16	闪锌矿	0.041	0.13	0.014	0.06	0.019	0.013	0.01	0.002 4	0.009 7	0.002 8	0.01	0.001 8	0.008 9	0.002 7	0.039
	13NZB-B2	闪锌矿	0.004 6	0.081	0.008 6	0.039	0.021	0.014	0.007 2	0.001 9	0.007 7	0.002 5	0.021	0.001 7	0.007 8	0.002 6	0.027
癞子堡	13NZB-B4	闪锌矿	0.002 4	0.043	0.008 4	0.038	0.019	0.012	0.007 4	0.002	0.008 1	0.002 5	0.008	0.001 6	0.007 3	0.002 4	0.029
	13NZB-B5	闪锌矿	0.002 4	0.035	0.008 4	0.04	0.02	0.013	0.007 4	0.002	0.008 2	0.002 5	0.008 3	0.001 6	0.007 5	0.002 6	0.028
	13NZB-B31	闪锌矿	0.024	0.096	0.011	0.046	0.019	0.009 2	0.008 6	0.002 1	0.009	0.002 7	0.008 9	0.001 7	0.007 1	0.002 2	0.039
蜂塘	13FT-B26	闪锌矿	0.014	0.079	0.009	0.038	0.017	0.007 8	0.006 6	0.001 9	0.007 1	0.002 4	0.007 9	0.001 6	0.005 9	0.002	0.024
河堰冲	13HYC-B4	方铅矿	0.084	0.6	0.022	0.088	0.016	0.005 8	0.018	0.003 4	0.014	0.003 4	0.009 8	0.002	0.007 8	0.001 9	0.16
	13HYC-B6	方铅矿	14.4	19.7	1.08	2.46	0.27	0.036	0.34	0.026	0.086	0.014	0.036	0.004 3	0.023	0.006 9	0.24
蜂塘	13FT-B5	方铅矿	0.21	0.93	0.027	0.099	0.017	0.006 6	0.02	0.003 4	0.013	0.003 2	0.009 7	0.001 9	0.009 1	0.002 6	0.057
大石沟	13DSG-B4	方铅矿	0.18	0.76	0.027	0.098	0.017	0.005 5	0.02	0.003 3	0.014	0.003 5	0.009 7	0.002 1	0.011	0.003	0.081
	13DSG-B5	方铅矿	0.39	1.27	0.045	0.15	0.029	0.009 4	0.032	0.004 4	0.017	0.003 7	0.011	0.002	0.009 6	0.002 4	0.064
	13DSG-B6-2	方铅矿	0.34	1.14	0.053	0.19	0.036	0.011	0.037	0.005 1	0.019	0.004 1	0.011	0.002	0.009 4	0.002 6	0.091
	13DSG-B10	方铅矿	2.46	3.06	0.18	0.46	0.056	0.011	0.062	0.005 8	0.017	0.003 6	0.014	0.001 8	0.008 8	0.002 8	0.056
土地坪	13TDP-B4-1	黄铁矿	0.082	0.2	0.02	0.073	0.015	0.005 1	0.015	0.003 1	0.014	0.003 6	0.012	0.002	0.008 5	0.002 1	0.069
	13TDP-B4-2	黄铁矿	0.084	0.22	0.021	0.078	0.018	0.006 6	0.017	0.003 5	0.015	0.003 6	0.012	0.002	0.007 7	0.001 9	0.071
李梅	13LM-B23	灰岩	0.88	1.27	0.16	0.7	0.14	0.034	0.13	0.023	0.15	0.03	0.086	0.013	0.076	0.006 1	1.11
	13LM-B28	灰岩	1.13	2.05	0.23	0.94	0.18	0.061	0.18	0.028	0.18	0.034	0.097	0.014	0.084	0.008	1.27
	13LM-B30	灰岩	0.48	1.2	0.12	0.52	0.1	0.037	0.094	0.015	0.091	0.017	0.052	0.005 9	0.033	0.001	0.65
癞子堡	13NZB-B17	灰岩	0.94	1.37	0.17	0.75	0.14	0.048	0.16	0.027	0.16	0.041	0.1	0.014	0.091	0.009	1.42
	13NZB-B21	灰岩	1.52	3.73	0.5	2.41	0.62	0.14	0.56	0.1	0.69	0.14	0.38	0.067	0.41	0.052	3.62
河堰冲	13HYC-B21	灰岩	1.64	2.58	0.34	1.48	0.32	0.068	0.33	0.052	0.39	0.084	0.24	0.035	0.22	0.027	3.06
	13HYC-B22	灰岩	1.26	1.79	0.22	1	0.2	0.052	0.22	0.036	0.26	0.057	0.16	0.023	0.13	0.017	2.2

测试单位:武汉地质调查中心岩矿测试实验室。

表4-6 湘西花垣地区铅锌矿床单矿物与灰岩稀土元素特征参数表（据周云等，2017b）

矿床	样品号	样品名称	ΣREE /($\times 10^{-6}$)	ΣLREE /($\times 10^{-6}$)	ΣHREE /($\times 10^{-6}$)	ΣLREE/ΣHREE	$(La/Yb)_N$	δEu	δCe	t1	t3	t4	TE1,3	TE3,4
团结	13TJ-B10	粗脉状方解石	3.2480	2.7840	0.4640	6.0000	6.4756	0.5521	0.9226	0.9451	1.0396	1.0863	0.9912	1.0627
	13TJ-B13	粗脉状方解石	2.3905	2.0530	0.3375	6.0830	8.3685	0.8234	0.7797	0.8547	0.9704	1.0259	0.9107	0.9978
	13TJ-B18-1	斑脉状方解石	2.9863	2.6350	0.3513	7.5007	10.3221	0.9146	0.9237	0.9713	0.9070	0.9570	0.9386	0.9321
	11TJ-1B11	粗脉状方解石	4.1320	3.5290	0.6030	5.8524	7.9415	0.7372	0.7944	0.8528	0.9743	1.0182	0.9116	0.9960
	11TJ-1B12	粗脉状方解石	8.0600	6.7780	1.2820	5.2871	7.2925	0.7645	0.7908	0.8296	0.9805	1.0285	0.9019	1.0042
	11TJ-1B14	粗脉状方解石	3.0519	2.5520	0.4999	5.1059	6.0771	0.7788	0.9036	0.8808	0.9674	1.0093	0.9231	0.9883
	13TJ-B1	粗脉状方解石	0.5764	0.4939	0.0825	5.9867	7.1730	1.2562	0.9473	0.9152	0.9191	1.0338	0.9172	0.9748
癞子堡	13NZB-B26	斑脉状方解石	14.6230	13.8800	0.7430	18.6810	32.9958	0.6019	1.1219	1.1061	0.9202	0.9777	1.0089	0.9483
	11NZB-B4	斑脉状方解石	4.2154	3.8400	0.3754	10.2291	4.5521	1.0997	3.3596	1.9253	0.9543	0.9934	1.3554	0.9738
	11NZB-B6	斑脉状方解石	2.7211	2.3950	0.3261	7.3444	7.1730	0.7268	1.2849	1.1339	0.9832	0.9234	1.0558	0.9528
李梅	13LM-B2	斑脉状方解石	2.3051	2.0400	0.2651	7.6952	8.4097	0.9352	1.0726	1.1348	0.9382	0.9558	1.0318	0.9469
	13LM-B9	斑脉状方解石	2.0498	1.8320	0.2178	8.4114	11.1305	2.2466	0.9530	0.9641	0.9035	0.9861	0.9333	0.9441
	13LM-B13	粗脉状方解石	3.1119	2.7580	0.3539	7.7932	9.7553	1.0869	0.9331	0.9400	0.9798	0.9930	0.9597	0.9863
	13LM-B11	斑脉状方解石	1.8768	1.6530	0.2238	7.3861	9.6464	1.0425	0.9126	0.9678	0.9705	0.9458	0.9691	0.9581
	13LM-B31	粗脉状方解石	3.1490	2.7320	0.4170	6.5516	7.4338	0.8065	1.0253	1.0132	0.9313	0.9473	0.9714	0.9392
河堰冲	13HYC-B5	斑脉状方解石	6.1150	5.4330	0.6820	7.9663	7.7707	0.7430	1.1396	1.1016	0.9253	1.0088	1.0096	0.9660
	13HYC-B7	斑脉状方解石	5.9510	5.2520	0.6990	7.5136	8.1401	0.9646	1.0380	1.0612	0.9340	1.0387	0.9956	0.9849
	13HYC-B11	斑脉状方解石	6.3530	5.1810	1.1720	4.4206	3.2278	0.7865	1.0691	1.0805	1.0051	1.0947	1.0421	1.0489
土地坪	13TDP-B3	粗脉状方解石	3.2706	2.9780	0.2926	10.1777	15.5415	1.0081	0.9533	0.9378	0.8933	0.9878	0.9153	0.9390
	13TDP-2B3	粗脉状方解石	6.7354	6.2680	0.4674	13.4104	32.3660	0.4704	0.8668	0.9091	0.8680	0.9751	0.8883	0.9200
大石沟	13DSG-B3	斑脉状方解石	13.5217	13.0420	0.4797	27.1878	106.9008	0.8054	0.8095	0.8724	0.8028	0.7874	0.8369	0.7951
	13DSG-B6-1	粗脉状方解石	14.7288	14.2070	0.5218	27.2269	106.6694	1.0468	0.9549	0.9303	0.8261	0.7557	0.8770	0.7901
	13DSG-B7	斑脉状方解石	7.4992	7.1160	0.3832	18.5699	57.6313	0.7983	0.7335	0.8270	0.8601	0.7940	0.8437	0.8267
癞子堡	11NZB-B2-2	重晶石	1.1779	0.8930	0.2849	3.1344	0.5977	9.9540	1.5707	1.2712	0.8970	1.0153	1.0671	0.9543
	11NZB-B2-1	重晶石	14.2205	13.8100	0.4105	33.6419	39.0211	3.3884	0.7981	0.9727	0.7385	0.8745	0.8478	0.8034
	11LM-yB11	重晶石	0.7469	0.5640	0.1829	3.0837	0.5523	23.5284	1.7300	1.2543	0.6699	1.5488	0.9166	1.0186

续表 4-6

矿床	样品号	样品名称	ΣREE /(×10⁻⁶)	ΣLREE /(×10⁻⁶)	ΣHREE /(×10⁻⁶)	ΣLREE/ΣHREE	(La/Yb)$_N$	δEu	δCe	t1	t3	t4	TE1,3	TE3,4
李梅	13LM-B8	重晶石	1.024 3	0.790 0	0.234 3	3.371 7	0.882 8	19.485 8	1.312 8	1.080 8	0.676 1	1.473 5	0.854 8	0.998 1
	13LM-B11	重晶石	0.715 5	0.502 0	0.213 5	2.351 3	0.340 7	22.849 1	1.818 7	1.311 6	0.685 7	1.497 8	0.948 4	1.013 4
	13LM-B13	重晶石	1.080 1	0.882 0	0.198 1	4.452 3	0.430 4	18.415 1	4.681 1	2.135 8	0.706 4	1.522 8	1.228 3	1.037 1
	13LM-B31	重晶石	0.930 0	0.700 0	0.230 0	3.043 5	0.597 7	17.737 3	1.575 6	1.221 9	0.750 3	1.337 2	0.957 5	1.001 6
团结	11TJ-1B9-1	闪锌矿	1.661 0	1.462 0	0.199 0	7.346 7	12.050 6	0.962 4	0.807 6	0.838 2	0.896 9	0.959 2	0.867 0	0.927 5
	13TJ-B10	闪锌矿	0.300 2	0.253 8	0.046 4	5.469 8	3.985 0	1.651 1	1.493 2	1.355 9	0.970 2	0.632 1	1.147 0	0.783 1
	13TJ-B16	闪锌矿	0.325 3	0.277 0	0.048 3	5.735 0	3.304 4	2.593 5	1.326 1	1.186 8	1.009 0	0.758 5	1.094 3	0.874 8
癞子堡	13NZB-B2	闪锌矿	0.220 6	0.168 2	0.052 4	3.209 9	0.423 0	2.802 0	2.407 8	2.718 8	0.997 6	0.485 3	1.646 9	0.695 8
	13NZB-B4	闪锌矿	0.162 1	0.122 8	0.039 3	3.124 7	0.235 8	2.583 1	1.425 9	2.745 8	1.035 5	0.768 1	1.686 2	0.891 8
	13NZB-B5	闪锌矿	0.158 9	0.118 8	0.040 1	2.962 6	0.229 5	2.688 7	1.160 6	2.414 5	1.041 8	0.734 3	1.586 0	0.874 7
	13NZB-B31	闪锌矿	0.247 5	0.205 2	0.042 3	4.851 1	2.424 7	1.910 7	1.445 4	1.349 4	0.998 3	0.773 2	1.160 7	0.878 5
蜂塘	13FT-B26	闪锌矿	0.200 2	0.164 8	0.035 4	4.655 4	1.702 1	1.877 9	1.678 5	1.595 0	1.021 2	0.761 2	1.276 2	0.881 6
河堰冲	13HYC-B4	方铅矿	0.876 1	0.815 8	0.060 3	13.529 0	7.724 8	1.040 8	3.346 0	1.843 7	0.975 9	0.901 4	1.341 4	0.937 9
	13HYC-B6	方铅矿	38.482 2	37.946 0	0.536 2	70.768 4	449.091 9	0.363 1	0.892 6	1.069 3	0.758 4	0.621 4	0.900 5	0.686 5
蜂塘	13FT-B5	方铅矿	1.352 5	1.289 6	0.062 9	20.502 4	16.553 1	1.091 9	2.597 0	1.516 3	0.919 6	0.815 8	1.180 8	0.865 9
大石沟	13DSG-B4	方铅矿	1.154 1	1.087 5	0.066 6	16.328 8	11.737 6	0.909 9	2.379 7	1.488 1	0.898 9	0.877 4	1.156 6	0.888 1
	13DSG-B5	方铅矿	1.975 5	1.893 4	0.082 1	23.062 1	29.140 3	0.938 8	1.958 4	1.363 7	0.879 5	0.839 8	1.095 2	0.859 4
	13DSG-B6-2	方铅矿	1.860 2	1.770 0	0.090 2	19.623 1	25.944 9	0.913 2	1.869 8	1.334 3	0.884 4	0.798 4	1.086 3	0.840 3
	13DSG-B10	方铅矿	6.342 8	6.227 0	0.115 8	53.773 7	200.517 8	0.568 1	0.814 7	0.962 6	0.735 4	0.626 0	0.841 4	0.678 5
土地坪	13TDP-B4-1	黄铁矿	0.455 4	0.395 1	0.060 3	6.552 2	6.919 8	1.028 2	1.174 4	1.127 9	0.992 0	0.808 8	1.057 8	0.895 7
	13TDP-B4-2	黄铁矿	0.490 3	0.427 6	0.062 7	6.819 8	7.825 1	1.135 8	1.249 3	1.158 6	1.024 9	0.809 3	1.089 7	0.910 7
	13LM-B23	灰岩	3.698 1	3.184 0	0.514 1	6.193 3	8.305 6	0.757 6	0.769 0	0.792 4	1.040 7	1.351 4	0.908 1	1.185 9
李梅	13LM-B28	灰岩	5.216 0	4.591 0	0.625 0	7.345 6	9.649 4	1.024 9	0.931 9	0.919 2	1.004 2	1.212 3	0.960 8	1.103 3
	13LM-B30	灰岩	2.765 9	2.457 0	0.308 9	7.954 0	10.433 4	1.148 4	1.192 5	1.048 0	1.022 7	1.905 3	1.035 3	1.396 0
癞子堡	13NZB-B17	灰岩	4.020 0	3.418 0	0.602 0	5.677 7	7.409 5	0.977 3	0.777 9	0.793 0	0.897 9	1.171 6	0.843 9	1.025 7
	13NZB-B21	灰岩	11.319 0	8.920 0	2.399 0	3.718 2	2.659 3	0.712 3	1.043 9	0.984 5	1.038 1	1.161 1	1.010 9	1.097 8
河堰冲	13HYC-B21	灰岩	7.806 0	6.428 0	1.378 0	4.664 7	5.347 1	0.634 2	0.803 1	0.829 5	0.946 5	1.073 4	0.886 0	1.008 0
	13HYC-B22	灰岩	5.425 0	4.522 0	0.903 0	5.007 8	6.952 3	0.754 1	0.766 4	0.771 3	0.956 0	1.032 5	0.858 7	0.993 5

测试单位:武汉地质调查中心岩矿测试实验室。

(1)热液方解石的 ΣREE 变化范围为 $0.5764\times10^{-6}\sim14.7288\times10^{-6}$,平均值为 5.3336×10^{-6};$\Sigma LREE$ 变化范围为 $0.4939\times10^{-6}\sim14.2070\times10^{-6}$,$\Sigma HREE$ 变化范围为 $0.0825\times10^{-6}\sim1.2820\times10^{-6}$,轻重稀土元素比值 $\Sigma LREE/\Sigma HREE$ 变化范围为 $4.4206\sim27.2269$,相对富集轻稀土;$(La/Yb)_N=3.2278\sim106.9008$,平均为 20.9998;δEu 值 $0.4704\sim2.2466$,平均为 0.9129,存在中等程度的负 Eu 异常和弱的正 Eu 异常;δCe 值变化范围为 $0.4704\sim3.3596$,平均为 1.0560,存在弱负 Ce 异常和弱正 Ce 异常。以球粒陨石为标准的稀土元素分布模式图显示稀土元素模式曲线为右倾型。

(2)重晶石的 ΣREE 变化范围为 $0.7155\times10^{-6}\sim14.2205\times10^{-6}$,平均值为 2.8422×10^{-6};$\Sigma LREE$ 变化范围为 $0.5020\times10^{-6}\sim13.8100\times10^{-6}$,$\Sigma HREE$ 变化范围为 $0.1829\times10^{-6}\sim0.4105\times10^{-6}$,轻重稀土元素比值 $\Sigma LREE/\Sigma HREE$ 变化范围为 $2.3513\sim33.6419$,相对富集轻稀土;$(La/Yb)_N=0.3407\sim39.0211$,平均为 6.0604;δEu 值 $3.3884\sim23.5284$,平均为 6.0604,具有非常明显的正 Eu 异常;δCe 值变化范围为 $0.7981\sim4.6811$,平均为 1.9267,具有 Ce 正异常的特征。以球粒陨石为标准的稀土元素分布模式图显示稀土元素模式曲线为右倾型。

(3)闪锌矿的 ΣREE 变化范围为 $0.1589\times10^{-6}\sim1.6610\times10^{-6}$,平均值为 0.4095×10^{-6};$\Sigma LREE$ 变化范围为 $0.1188\times10^{-6}\sim1.4620\times10^{-6}$,$\Sigma HREE$ 变化范围为 $0.0354\times10^{-6}\sim0.1990\times10^{-6}$,轻重稀土元素比值 $\Sigma LREE/\Sigma HREE$ 变化范围为 $2.9626\sim7.3467$,相对富集轻稀土;$(La/Yb)_N=0.2295\sim12.0506$,平均为 3.0444;δEu 值 $0.9624\sim2.8020$,平均为 2.1337,存在中等程度的正 Eu 异常;δCe 值变化范围为 $0.8076\sim2.4078$,平均为 1.4681,具有弱的 Ce 正异常。以球粒陨石为标准的稀土元素分布模式图显示稀土元素模式曲线为右倾型。

(4)方铅矿的 ΣREE 变化范围为 $0.8761\times10^{-6}\sim38.4822\times10^{-6}$,平均值为 7.4348×10^{-6};$\Sigma LREE$ 变化范围为 $0.8158\times10^{-6}\sim37.9460\times10^{-6}$,$\Sigma HREE$ 变化范围为 $0.0603\times10^{-6}\sim0.5362\times10^{-6}$,轻重稀土元素比值 $\Sigma LREE/\Sigma HREE$ 变化范围为 $13.5290\sim70.7684$,相对富集轻稀土;$(La/Yb)_N=7.7248\sim449.0919$,平均为 105.8158;δEu 值 $0.3631\sim1.0919$,平均为 0.8322,存在弱的负 Eu 异常;δCe 值变化范围为 $0.8147\sim3.3460$,平均为 1.9797,具有 Ce 正异常特征。以球粒陨石为标准的稀土元素分布模式图显示稀土元素模式曲线为右倾型。

(5)黄铁矿的 ΣREE 变化范围为 $0.4554\times10^{-6}\sim0.4903\times10^{-6}$,平均值为 0.4729×10^{-6};$\Sigma LREE$ 变化范围为 $0.3951\times10^{-6}\sim0.4276\times10^{-6}$,$\Sigma HREE$ 变化范围为 $0.0603\times10^{-6}\sim0.0627\times10^{-6}$,轻重稀土元素比值 $\Sigma LREE/\Sigma HREE$ 变化范围为 $6.5522\sim6.8198$,相对富集轻稀土;$(La/Yb)_N=6.9198\sim7.8251$,平均为 7.3725;δEu 值 $1.0282\sim1.1358$,平均为 1.0820,存在弱的正 Eu 异常;δCe 值变化范围为 $1.1744\sim1.2493$,平均为 1.2119,具有弱的 Ce 正异常。以球粒陨石为标准的稀土元素分布模式图显示稀土元素模式曲线为右倾型。

(6)围岩灰岩的 ΣREE 为 $3.6981\times10^{-6}\sim11.3190\times10^{-6}$,平均值为 6.25×10^{-6};$\Sigma LREE$ 变化范围为 $3.18\times10^{-6}\sim8.92\times10^{-6}$,$\Sigma HREE$ 变化范围为 $0.5141\times10^{-6}\sim2.399\times10^{-6}$,轻重稀土元素比值 $\Sigma LREE/\Sigma HREE$ 变化范围为 $3.7182\sim7.3456$,相对富集轻稀土;$(La/Yb)_N=2.51\sim9.09$,平均为 6.33,大于 1;δEu 值 $0.63\sim1.03$,平均为 0.81,存在中等程度的负 Eu 异常和弱的 Ce 负异常;δCe 值变化范围为 $0.74\sim1.00$,平均为 0.82。以球粒陨石为标准的稀土元素分布模式图显示稀土元素模式曲线为右倾型。

矿石及脉石矿物的稀土地球化学特征可以代表成矿流体的稀土特征,其变化规律记录了成矿流体的来源及演化等方面的重要信息。

在水岩反应过程中,相对氧化条件下生成的矿物常出现负 Eu 异常、高 ΣREE 含量和低的 $\Sigma LREE/\Sigma HREE$ 值,相对还原条件下生成的矿物则出现正 Eu 异常、低 ΣREE 含量和高的 $\Sigma LREE/\Sigma HREE$ 值,这就是稀土元素地球化学演化的氧化还原模式(周家喜等,2010)。花垣矿集区内的矿石矿物主要为闪锌矿、方铅矿和黄铁矿,含矿热液中富含高活动性的 S^{2-},ΣREE 含量低,具有高的 $\Sigma LREE/\Sigma HREE$ 值,成矿流体为还原性流体。斑脉状与粗脉状方解石的球粒陨石稀土配分模式相同,重叠性好,表明热液方解石具有相同的稀土来源,不同产状的方解石是同一成矿流体不同阶段演化的产物(周家喜等,2012)。

3种硫化物闪锌矿、方铅矿、黄铁矿的稀土元素球粒陨石标准化配分模式重叠性相对较好,反映了3种硫化物的同源性。热液方解石、重晶石、矿石硫化物与近矿围岩灰岩的稀土元素球粒陨石标准化配分模式各不相同,虽均具有富轻稀土元素组成的特点,均向右倾斜,但不同矿物的稀土元素配分曲线多无重叠性,尤其是重晶石、硫化物与围岩灰岩完全无重叠性(图4-7A、B、D)。热液方解石与围岩灰岩部分重叠,但热液方解石更偏轻稀土富集型,右倾更加明显(图4-7C、D)。矿石矿物与围岩的稀土元素组成具有较大的差异性,前者稀土元素总量明显低于后者,δEu和δCe均呈现不同程度的正异常或负异常,表明成矿流体中的稀土并非继承含矿层位碳酸盐岩,揭示成矿物质不是来源于赋矿围岩层位本身(周云等,2017b)。

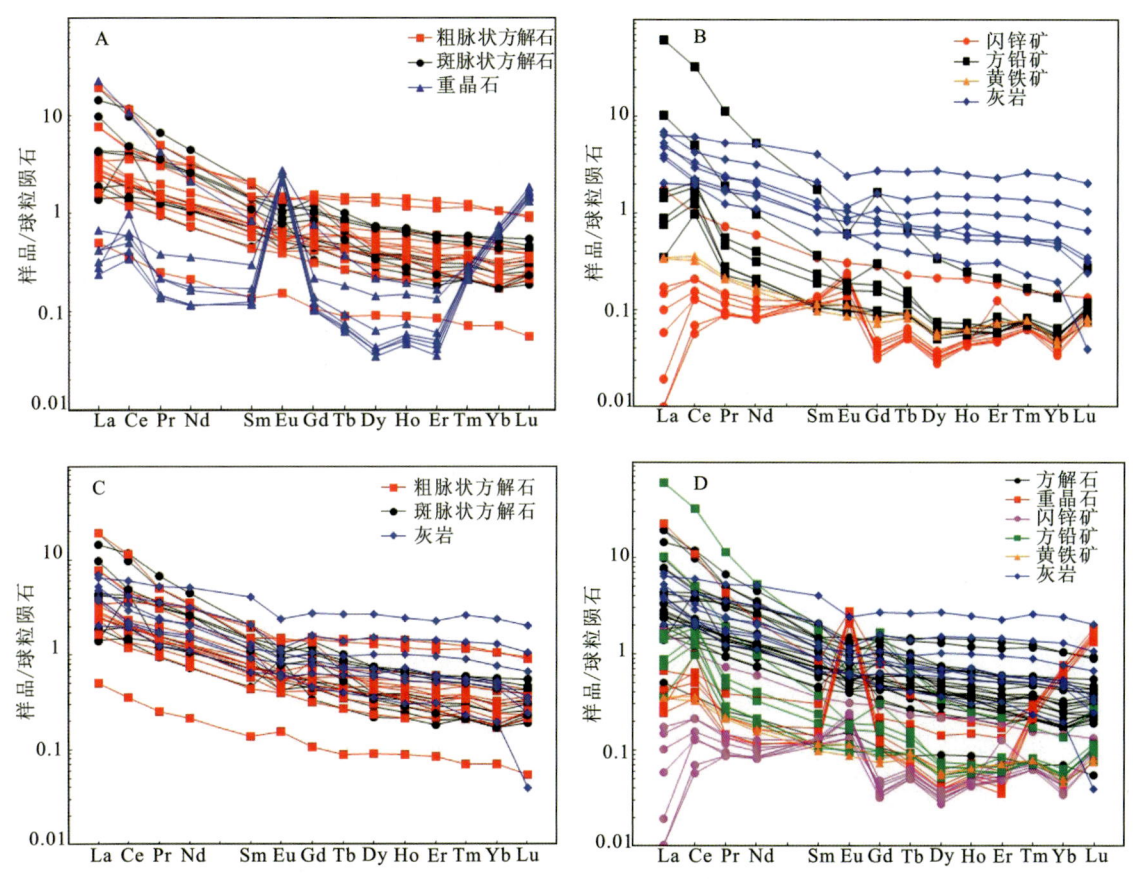

图4-7　花垣矿集区铅锌矿床单矿物与灰岩稀土配分模式图(据周云等,2017b)

A.不同产状方解石与重晶石的稀土元素球粒陨石标准化配分模式图;

B.矿石硫化物与围岩灰岩的稀土元素球粒陨石标准化配分模式图;

C.不同产状方解石与围岩灰岩的稀土元素球粒陨石标准化配分模式图;

D.所有矿物与赋矿围岩灰岩的稀土元素球粒陨石标准化配分模式图

第五章 同位素地球化学

第一节 硫铅同位素特征

一、硫同位素制约

本书对花垣铅锌矿集区的闪锌矿、方铅矿、黄铁矿、重晶石矿物分别进行了硫同位素测定(表5-1)。S同位素组成由武汉地质调查中心同位素地球化学实验室采用气体质谱仪MAT-251完成,将提纯后的硫化物单矿物与氧化铜粉末研磨至200目,在真空条件下加热生成二氧化硫,采用MAT-251对收集的二氧化硫气体进行$\delta^{34}S$分析。分析过程采用工作标准LTB-2和国际标样NBS127及重复样(数量为样品总数的30%)进行质量监控。其中,LTB-2的$\delta^{34}S=(1.84\pm0.11)‰$,与其推荐值$\delta^{34}S=1.84$一致;国际标样NBS127的测定值$\delta^{34}S=(20.3\pm0.06)‰$,与其证书值$\delta^{34}S=(20.3\pm0.4)‰$在误差范围内一致;重复样测定结果在误差范围内完全一致。

硫化物样品的$\delta^{34}S$值变化范围为24.93‰~34.66‰,极差为9.73‰,平均值为31.06‰,总体来说变化范围稍大。闪锌矿的$\delta^{34}S$为28.8‰~34.1‰,平均值为32.35‰;方铅矿的$\delta^{34}S$为24.93‰~27.6‰,平均值为26.63‰;黄铁矿的$\delta^{34}S$为30.91‰~34.66‰,平均值为32.84‰;重晶石的$\delta^{34}S$为32.78‰~34.22‰,平均值为33.51‰。硫化物的硫同位素组成具有塔式效应(图5-1),$\delta^{34}S$值集中分布在33.05‰~33.38‰范围内,富集重硫,对应的主要是闪锌矿的$\delta^{34}S$值。

花垣矿集区铅锌矿床形成时其硫同位素分馏已基本达到平衡,43件矿石硫化物样品中6个矿物对都具有$\delta^{34}S_{黄铁矿}>\delta^{34}S_{闪锌矿}>\delta^{34}S_{方铅矿}$特征。矿物组合简单的矿床中矿物的$\delta^{34}S$平均值可代表成矿溶液的总硫值($\delta^{34}S_{\Sigma S}$)。在出现高氧逸度及重晶石的条件下,重晶石的$\delta^{34}S$值大致相当于或略大于成矿溶液的$\delta^{34}S$值,而硫化物的$\delta^{34}S$值显著低于成矿溶液的$\delta^{34}S_{\Sigma S}$值。因此,推测成矿溶液的总硫同位素组成应高于硫化物$\delta^{34}S$(平均为31.06‰),接近重晶石的$\delta^{34}S$值(33.51‰)。研究表明,早寒武世海相硫酸盐的$\delta^{34}S=30‰$(福尔,1983),因此,该区硫应来自早寒武世海相硫酸盐的还原,硫的来源为富含重硫的地层。

花垣矿集区下伏地层下寒武统牛蹄塘组普遍富含重硫,重晶石矿层$\delta^{34}S$值变化范围为33.04‰~41.02‰(曹亮等,2017),因此,该区硫应来自下伏地层牛蹄塘组海相硫酸盐的还原。矿集区内发育的沥青有机质作为还原剂还原来源于下伏地层的硫酸盐,发生热化学硫酸盐还原作用,生成H_2S,热化学硫酸盐还原作用生成的H_2S即可导致铅锌硫化物的沉淀成矿,同时产生同位素分馏效应,导致黄铁矿、闪锌矿、方铅矿3种矿石硫化物的硫同位素分馏达到平衡(周云等,2016)。

表 5-1 花垣矿集区铅锌矿硫化物的 S 同位素组成

矿床	样品编号	测试对象	$\delta^{34}S_{CDT}/‰$	数据来源	矿床	样品编号	测试对象	$\delta^{34}S_{CDT}/‰$	数据来源
狮子山	11SZS-B1	闪锌矿	33.39	周云,2016,2017a	李梅	11Lm-yB1	闪锌矿	33.13	周云,2016,2017a
	11SZS-B1	闪锌矿	33.32			11Lm-yB1	黄铁矿	34.66	
	11SZS-B1	方铅矿	24.93			11Lm-yB8	闪锌矿	32.89	
	11SZS-B4	闪锌矿	33.51			11Lm-yB11	闪锌矿	32.19	
	11SZS-B5	方铅矿	27.35			11Lm-yB11	闪锌矿	32.09	
	SZS-01	方铅矿	26.80	蔡应雄等,2014		13LM-B8-1	重晶石	33.10	
	SZS-02	闪锌矿	31.30			13LM-B8-2	重晶石	33.21	
	SZS-05	闪锌矿	31.70			13LM-B11-1	重晶石	34.22	
	SZS-08	闪锌矿	31.80			13LM-B11-2	重晶石	33.68	
	SZS-10	闪锌矿	34.10			13LM-B13	重晶石	32.78	
	SZS-15-2	黄铁矿	32.80			13LM-B31	重晶石	34.06	
	SZS-15-2	方铅矿	26.30			LM-02	闪锌矿	30.30	蔡应雄等,2014
	SZS-15-3	黄铁矿	33.00			LM-03	闪锌矿	32.40	
	SZS-16	闪锌矿	33.50			LM-05	闪锌矿	31.90	
	SZS-16	方铅矿	26.50			LM-10	闪锌矿	31.50	
	SZS-25	方铅矿	27.20			LM-13	闪锌矿	28.80	
	SZS-26	闪锌矿	33.40			LM-14	闪锌矿	29.30	
	SZS-26	方铅矿	27.60			LM-15	闪锌矿	30.90	
	SZS-27	闪锌矿	31.80		团结	11Tj-1B5	闪锌矿	33.65	周云,2016,2017a
	SZS-27	方铅矿	27.20			11Tj-1B6	闪锌矿	33.37	
黄莲洞	11HLD-B1	方铅矿	26.40	周云,2016,2017a		11Tj-1B7	闪锌矿	33.05	
	11HLD-B2	方铅矿	25.99			11Tj-1B7	闪锌矿	33.10	
	11HLD-B9	闪锌矿	33.37		癞子堡	11NZB-B2	黄铁矿	30.91	
	11HLD-B11	闪锌矿	33.88			11NZB-B3	闪锌矿	31.13	
						11NZB-B4	闪锌矿	33.36	

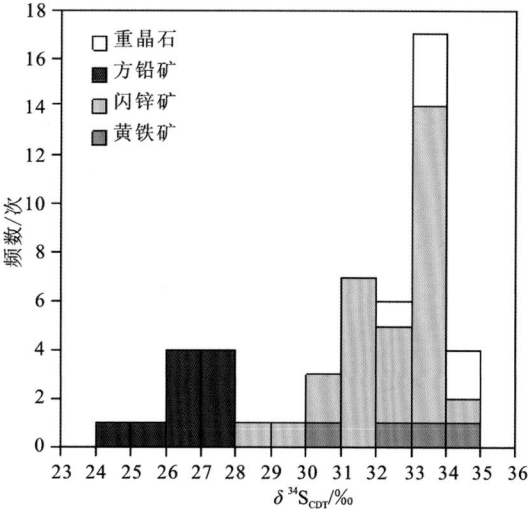

图 5-1 花垣矿集区铅锌矿硫化物的 S 同位素组成直方图(据周云等,2016)

二、铅同位素制约

对花垣矿集区各铅锌矿床中的闪锌矿、方铅矿、黄铁矿矿物分别进行了铅同位素测定(表5-2),测试的实验室为武汉地质调查中心同位素地球化学实验室,使用的仪器是热电离质谱仪 MAT-261。称取适量岩石样品置于聚四氟乙烯密封溶样罐,加入适量氢氟酸和硝酸,在180℃条件下密闭溶解样品。待样

表 5-2 花垣矿集区铅锌矿矿石硫化物的 Pb 同位素组成

矿床	样品编号	测试对象	$^{206}Pb/^{204}Pb$	$^{207}Pb/^{204}Pb$	$^{208}Pb/^{204}Pb$	t/Ma	μ	ω	$\Delta\alpha$	$\Delta\beta$	$\Delta\gamma$	Th/U	数据来源
狮子山	11SZS-B1	方铅矿	18.023	15.658	38.297	512	9.63	39.14	78.56	23.63	44.59	3.89	周云,2016,2017a
	11SZS-B/-1	闪锌矿	18.047	15.622	38.112	454	9.55	37.59	75.13	20.93	36.92	3.79	
	11SZS-B4	闪锌矿	18.014	15.632	38.242	489	9.58	38.52	76.08	21.79	42.05	3.87	
	11SZS-B5	方铅矿	18.099	15.670	38.224	473	9.64	38.54	79.82	24.18	40.83	3.82	
	SZS-01	方铅矿	18.110	15.667	38.178	462	9.63	38.22	79.54	23.91	39.08	3.80	蔡应雄等,2014
	SZS-06	方铅矿	18.098	15.659	38.165	461	9.62	38.13	78.77	23.39	38.69	3.80	
	SZS-16	闪锌矿	18.131	15.728	38.438	516	9.75	40.23	85.41	28.23	48.64	3.92	
	SZS-16	方铅矿	18.163	15.740	38.402	508	9.77	40.07	86.59	28.96	47.27	3.89	
	SZS-26	方铅矿	18.173	15.770	38.531	534	9.83	41.1	89.45	31.09	52.00	3.95	
	SZS-14	方铅矿	18.127	15.677	38.329	462	9.65	38.94	80.52	24.57	43.17	3.86	
渔塘	Pb1	方铅矿	18.212	15.761	38.446	498	9.81	40.3	88.65	30.27	48.00	3.88	付胜云等,2011
	Pb2	方铅矿	18.235	15.798	38.576	523	9.88	41.37	92.20	32.85	52.71	3.94	
	H6	方铅矿	18.150	15.720	38.222	494	9.73	39.04	84.66	27.57	41.75	3.81	
	H7	方铅矿	18.179	15.687	38.226	437	9.66	38.33	81.54	25.07	39.24	3.79	
黄莲洞	12HLD-B1	方铅矿	18.134	15.711	38.355	495	9.72	39.57	83.76	26.99	45.40	3.86	周云,2016,2017a
	12HLD-B2	方铅矿	18.133	15.707	38.342	492	9.71	39.45	83.45	26.71	44.91	3.86	
	11HLD-B9	闪锌矿	18.018	15.597	38.122	446	9.5	37.43	72.74	19.25	36.84	3.80	
	11HLD-B11	闪锌矿	18.159	15.727	38.508	496	9.75	40.38	85.34	28.04	49.61	3.92	
团结	11TJ-1B5	闪锌矿	18.828	15.638	38.128	-92	9.50	33.61	84.87	19.85	17.54	3.41	
	11TJ-1B6	闪锌矿	18.919	15.554	38.088	-276	9.43	31.85	90.12	14.37	16.48	3.84	
	11TJ-1B7	闪锌矿	18.014	15.621	38.241	476	9.55	38.37	75.00	20.99	41.43	3.86	
癞子堡	11NZB-B2	黄铁矿	18.115	15.687	38.350	481	9.67	39.29	81.44	25.33	44.62	9.87	
	11NZB-B3	闪锌矿	18.075	15.662	38.288	481	9.63	38.85	79.06	23.70	42.94	3.86	
	11NZB-B4	闪锌矿	18.054	15.630	38.255	459	9.57	38.31	75.96	21.48	41.04	3.85	
李梅	11LM-yB1	闪锌矿	17.999	15.584	38.147	444	9.48	37.42	71.44	18.39	37.43	3.82	
	11LM-yB1	黄铁矿	18.108	15.676	38.351	474	9.65	39.16	80.37	24.57	44.29	3.87	
	11LM-yB8	闪锌矿	18.037	15.607	38.184	444	9.52	37.73	73.7	19.89	38.44	3.82	
	11LM-yB11	闪锌矿	18.033	15.622	38.233	464	9.55	38.21	75.13	20.99	40.67	3.85	

品全溶后加入 6mol/L 盐酸溶解蒸干，加入适量 HBr(1mol/L)和 HCl(2mol/L)的混合酸，离心，将上层清液加入 AG-1×8 阴离子树脂柱，依次用 0.3mol/L 氢溴酸和 0.5mol/L 盐酸淋洗杂质。最后用 6mL 的 6mol/L 盐酸解吸铅，蒸干后上热电离质谱仪 MAT-261 作分析。质量监控使用标准物质 SRM981 监控仪器状态，获得 $^{207}Pb/^{206}Pb$ 值的平均值为(0.914 55±0.000 20)，与推荐值(0.914 64±0.000 33)在误差范围内一致，Pb 的全流程空白为 $1×10^{-9}$。

表 5-2 中同时列出了蔡应雄等(2014)和付胜云等(2011)报道的 10 件狮子山矿床和渔塘矿床矿石矿物的铅同位素数据，参数据路远发(2004)Geokit 软件测算。表中所列结果显示，矿石金属硫化物的 $^{206}Pb/^{204}Pb$ 的变化范围为 17.999~18.919，平均值为 18.157，极差为 0.920；$^{207}Pb/^{204}Pb$ 的变化范围为 15.554~15.798，平均值为 15.672，极差为 0.244；$^{208}Pb/^{204}Pb$ 的主要变化范围为 38.088~38.576，平均值为 38.285，极差为 0.488。μ 值较高，变化范围为 9.43~9.88，具上地壳和地幔混合来源铅特征。铅同位素比值较稳定，变化范围小。

将铅同位素数据投影于 Zartman 和 Doe(1981)提出的铅同位素构造模式图和构造环境判别图(图 5-2，图 5-3)，在 $^{207}Pb/^{204}Pb$-$^{206}Pb/^{204}Pb$ 构造模式图上(图 5-2 左)，样品大部分落于上地壳铅附近及其上方，少部分落于上地壳铅与造山带铅之间，清楚地显示出上地壳和造山带环境的物质来源组成特点。$^{208}Pb/^{204}Pb$-$^{206}Pb/^{204}Pb$ 构造模式图(图 5-2 右)显示样品也位于造山带和上地壳演化线上，且主要靠近造山带演化线一侧。在 $^{208}Pb/^{204}Pb$-$^{206}Pb/^{204}Pb$ 构造环境判别图(图 5-3)中，样品主要落于造山带区域。

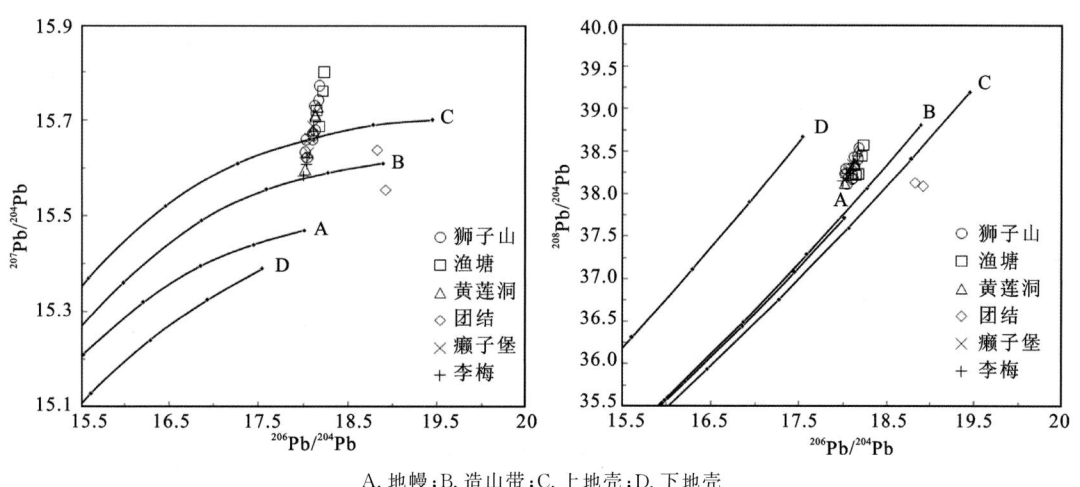

A. 地幔；B. 造山带；C. 上地壳；D. 下地壳

图 5-2　花垣矿集区矿石硫化物铅同位素构造模式图(据 Zartman and Doe,1981)

朱炳泉等(1998)认为：$^{207}Pb/^{204}Pb$ 和 $^{208}Pb/^{204}Pb$ 的变化能够反映源区变化，$^{206}Pb/^{204}Pb$ 能够灵敏地反映矿床的成矿时代。将特征值 $\Delta\gamma$、$\Delta\beta$ 值(表 5-2)投影于 $\Delta\gamma$-$\Delta\beta$ 成因分类图解上也可以提示花垣矿集区铅锌矿床矿石铅的可能来源。矿物铅同位素的 $\Delta\beta$-$\Delta\gamma$ 成因分类图解(图 5-4)显示样品主要落在上地壳铅和俯冲带铅区域，为俯冲造山带岩浆作用成因铅同位素源区。

因此，花垣矿集区铅锌矿床具有上地壳铅、造山带铅混合的特点，反映了源区物质混合的关系，成矿物质可能主要来自上地壳和造山带。然而，花垣矿集区铅锌矿床所在区域内岩浆岩出露较少，成矿流体的氢氧同位素数据也判别成矿流体主要来源于建造水和大气降水，因此，该区矿石铅可能由深部幔源流体带入，吸附有深部岩浆岩铅的深部流体，沿深大断裂带向上运移，与地层中的上地壳铅混合。区域迁移流体带入的铅可能主要是俯冲造山带岩浆作用成因铅(周云等,2016)。

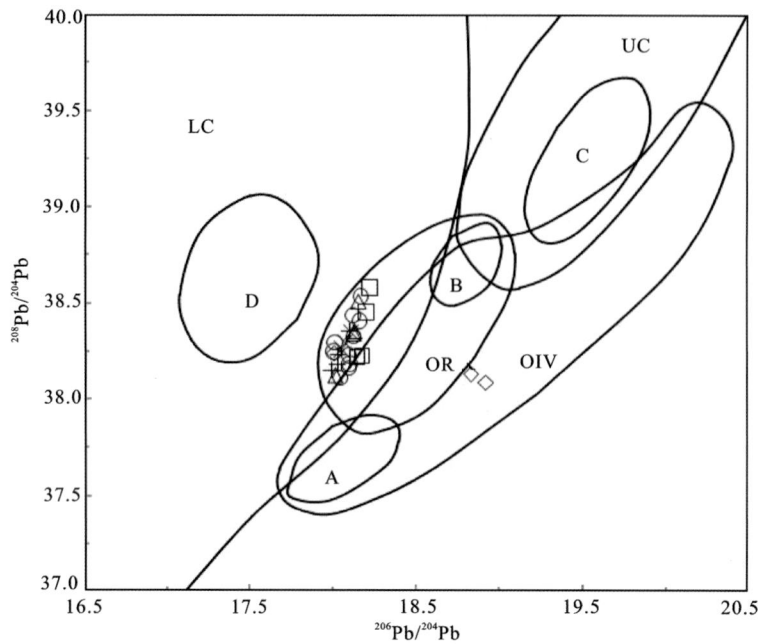

OR.造山带;UC.上地壳;LC.下地壳;OIV.洋岛火山岩;A,B,C,D.样品相对集中区域

图 5-3　花垣矿集区矿石硫化物铅同位素构造环境判别图解(据 Zartman and Doe,1981)

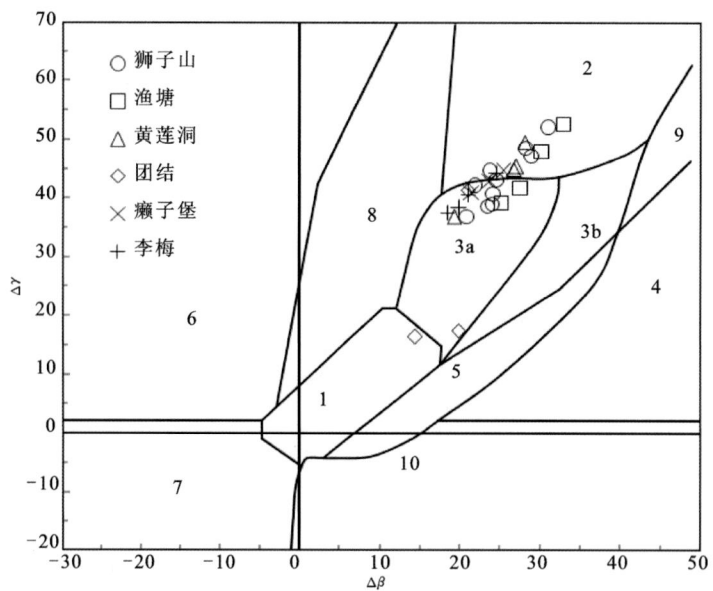

1.地幔源铅;2.上地壳铅;3.上地壳与地幔混合的俯冲带铅(3a.岩浆作用;3b.沉积作用);
4.化学沉积型铅;5.海底热水作用铅;6.中深变质作用铅;7.深变质下地壳铅;
8.造山带铅;9.古老页岩上地壳铅;10.退变质铅

图 5-4　花垣矿集区矿石硫化物铅同位素的 $\Delta\gamma\text{-}\Delta\beta$ 成因分类图解(据朱炳泉,1998)

区内绝大多数样品属单阶段演化的正常铅,铅同位素组成较均一。由表 5-2 可知,花垣矿集区铅锌矿床铅的模式年龄为 534～437Ma,代表了 U-Th 与铅脱离的时间,即 534—437Ma 为矿床铅从来源区分离出来的时间(刘淑文等,2012)。故可推测与模式年龄(534—437Ma)相应时代的寒武纪—奥陶纪为成矿提供了物质来源。

第二节 锶同位素特征

20世纪80年代以后,随着锶同位素分析技术和分析精度的提高,以及人们对海水锶同位素组成在碳酸盐岩中的保存条件和相应成岩作用的理解,锶同位素在海相碳酸盐领域得到了非常广泛的应用(黄思静,2010;Inoka et al.,2015;Amin et al.,2016)。锶同位素不像氧、碳同位素那样因为温度、压力等物理化学条件的变化和微生物作用而分馏(Machel,2004),不同的海相同生碳酸盐矿物的锶同位素组成相同,因为海相同生矿物形成时其锶同位素组成不会产生变化,锶同位素的组成($^{87}Sr/^{86}Sr$)是均一的,从而能够记录地质历史中原始海水的锶同位素组成(王文倩等,2013)。

全球范围内海洋锶同位素组成在任一地质时代基本上是相同的,因为海水的混合时间($10^3 a$)远远小于锶在海水中的滞留时间(2.5Ma)(McArthur et al.,1992)。地质历史中海水的$^{87}Sr/^{86}Sr$值是时间的函数,即海水中锶同位素$^{87}Sr/^{86}Sr$值是随着时间而变化的(Burke et al.,1982;胡古月等,2013)。这为人们进行沉积期后流体的示踪提供了一个非常有意义的背景值。由于锶同位素的质量数大,不同同位素分子的相对质量差较小,成矿过程中,成矿溶液的物理化学条件的变化对其锶同位素组成的影响可以忽略不计。加之成矿溶液与其循环岩石之间的锶同位素交换相当缓慢,因而在没有外来锶混染的情况下,矿脉中富锶矿物的$^{87}Sr/^{86}Sr$值可以指示其成矿物质来源(朱创业等,1998;Xu et al.,2016)。方解石等矿物含有较高的Sr含量及较低的Rb/Sr值,可以直接获得形成矿床成矿溶液的初始锶同位素比值。某一特定时期内海水中$^{87}Sr/^{86}Sr$值常被认为是稳定的,故利用锶同位素组成特征来判断成矿物质是否来源于围岩地层、研究矿床的成因、判断成矿流体起源及演化是一种非常重要的手段(刘家军等,2014)。

一、锶同位素组成

本次系统采取了花垣矿集区铅锌矿床中的18件与成矿密切相关的方解石样品、7件闪锌矿样品和8件下寒武统清虚洞组海相碳酸盐岩围岩样品,对这33件样品进行了$^{87}Sr/^{86}Sr$同位素组成分析,采集的方解石、闪锌矿样品分别来自花垣由北而南依次分布的团结、李梅、土地坪、蜂塘、大石沟铅锌矿床(图3-1),方解石均形成于主成矿期,与矿石矿物闪锌矿、方铅矿紧密共生,呈块状、粗脉状或斑脉状,闪锌矿多沿方解石脉体边缘分布,或呈斑状、浸染粒状分布于方解石脉体中。清虚洞组灰岩采集于新鲜露头中,未见蚀变及矿化。

单矿物及全岩的锶同位素的测试单位为武汉地质调查中心同位素地球化学实验室,测试仪器为热电离质谱仪MAT-261。方解石单矿物样品在实体双目镜下挑纯后,用玛瑙研钵磨碎至200目。清虚洞组泥晶灰岩、粉晶灰岩样品新鲜且未蚀变,用机械方法去除样品表层,用压缩空气和去离子水清除样品表面污物,干燥,经严格加工粉碎研磨至200目,装袋以备进行测试。测试时,将200目岩石样品置于80℃烘箱中干燥3h。为排除样品中硅酸盐及其他富含放射性成因Sr的矿物的影响,采用选择性分步溶解技术,称取适量样品,用醋酸或浓度较低的稀盐酸萃取碳酸盐组分,然后经超纯硝酸溶解,采用阳离子树脂(Dowex50×8)交换法分离和纯化锶。

闪锌矿单矿物样品粉碎至80~100目,人工在双目镜下挑纯达98%以上,用稀酸和超纯水在超声波清洗皿中清洗干净,在室温下晾干备用。准确称取50~100mg样品于聚四氟乙烯封闭溶样器中,加入适量$^{85}Rb+^{84}Sr$混合稀释剂,用适量王水溶解样品,采用阳离子树脂(Dowex50×8)交换技术分离和纯化铷、锶。用热电离质谱仪TRITON分析Sr同位素组成,在整个同位素分析过程中用标准物质

NSB-987、NSB-607 和 GBW04411 分别对分析流程和仪器的工作状态进行监控,分别对方解石和闪锌矿测试时,NSB-987 的 $^{87}Sr/^{86}Sr$ 同位素组成测定平均值为 $0.71024\pm0.00019(2\sigma)$ 和 $0.71031\pm0.00003(2\sigma)$,与证书值 $0.71024\pm0.00026(2\sigma)$ 在误差范围内一致;NSB-607 的 $^{87}Sr/^{86}Sr$ 同位素组成测定平均值为 $1.20025\pm0.00004(2\sigma)$ 和 $1.20050\pm0.00004(2\sigma)$,与证书值 $1.20039\pm0.00020(2\sigma)$ 在误差范围内一致;GBW04411 的 $^{87}Sr/^{86}Sr$ 同位素组成测定平均值为 $0.75981\pm0.00004(2\sigma)$ 和 $0.76005\pm0.00002(2\sigma)$,与证书值 $0.75999\pm0.00020(2\sigma)$ 在误差范围内一致。同位素分析样品制备的全过程均在超净化实验室内完成,全流程 Sr 空白本底均为 1×10^{-10} g,对所有样品均进行了本底校正。

海水的锶同位素组成主要受壳源和幔源两个来源锶的控制,壳源锶主要由大陆古老岩石风化提供,$^{87}Sr/^{86}Sr$ 的全球平均值为 0.7119(Palmer et al.,1989);幔源锶主要由洋中脊热液系统提供,$^{87}Sr/^{86}Sr$ 平均值为 0.7035(Palmer et al.,1985)。全球各种事件,如全球构造运动、风化、洋壳增生、洋中脊热液系统变化、造山、冰川活动、气候变化、全球海平面变化以及全球灾变等都会以不同方式改变海水中壳源锶和幔源锶的相对比值,因而它们是海水锶同位素组成与演化最为重要的控制因素。地质历史中未经成岩蚀变的、代表原始海水组成的海相碳酸盐(也包括硫酸盐、磷酸盐及其他一些可进行锶同位素分析的内源沉积物)的锶同位素组成及其演化是研究全球事件,并进行全球对比的重要手段(黄思静等,2001)。而且可以示踪其成岩/成矿物质或流体来源,成为探讨其形成机理的佐证(刘家军等,2014)。

在利用锶同位素资料解决地质问题时需要根据矿物中的 Rb 含量或 $^{87}Sr/^{86}Sr$ 值对矿物锶同位素测定值进行初始化校正,但由于晶体的化学习性,Rb 很难进入碳酸盐矿物晶格,纯碳酸盐中的 Rb 含量较低,对于纯碳酸盐矿物的锶同位素资料应用可免去这一校正过程(刘淑文等,2012)。本次碳酸盐矿物样品锶同位素测定结果没有校正,基本上代表了矿物形成时进入碳酸盐矿物的初始值,闪锌矿样品的锶同位素测定结果则进行了校正。

花垣矿集区铅锌矿床清虚洞组灰岩和热液矿物的锶同位素组成测试结果列于表 5-3 和表 5-4 中。样品的 Sr 同位素比值相对集中(图 5-5),数据的变化范围为 $^{87}Sr/^{86}Sr=0.70886\sim0.71114$,其中赋矿围岩下寒武统清虚洞组灰岩的 $^{87}Sr/^{86}Sr$ 值为 $0.70886\sim0.70921$,平均值为 0.70904,这与马志鑫等(2015)研究的黔东下寒武统清虚洞组鲕粒白云岩的 $^{87}Sr/^{86}Sr$ 值接近(表 5-3)。方解石矿物的 $^{87}Sr/^{86}Sr$ 值为 $0.70906\sim0.71022$,平均值为 0.70945;闪锌矿物的 $^{87}Sr/^{86}Sr$ 值为 $0.70915\sim0.71114$,平均值为 0.70971;花垣李梅矿床闪锌矿的 Sr 同位素初始值为 0.70938,花垣狮子山矿床的 Sr 同位素初始值为 $0.70912\sim0.70940$(段其发等,2014b)。从清虚洞组灰岩和闪锌矿、方解石 $^{87}Sr/^{86}Sr$ 值频率直方图(图 5-5)可以明显看出,热液矿物的 Sr 同位素比值均高于赋矿围岩清虚洞组灰岩(周云等,2017c)。

表 5-3　湘西-黔东下寒武统清虚洞组的锶同位素组成

序号	采样位置	样号	岩石	$^{87}Sr/^{86}Sr$	数据来源
1	花垣李梅	13LM-B23	泥晶灰岩	0.70905	周云,2017a,2017c
2	花垣李梅	13LM-B28	泥晶灰岩	0.70900	
3		13LM-B80	泥晶灰岩	0.70904	
4	花垣蜂塘	13FT-B30	泥晶灰岩	0.70919	
5		13FT-B33	泥晶灰岩	0.70902	
6	花垣大石沟	13DSG-B20	泥晶灰岩	0.70921	
7		13DSG-B21	泥晶灰岩	0.70894	
8		13DSG-B26	泥晶灰岩	0.70886	

续表 5-3

序号	采样位置	样号	岩石	$^{87}Sr/^{86}Sr$	数据来源
9	贵州麻江	PM01-9-1	鲕粒白云岩	0.709 2	马志鑫等，2015
10		PM01-9-2	鲕粒白云岩	0.709 0	
11		PM01-10-1	鲕粒白云岩	0.708 9	
12		PM01-10-2	鲕粒白云岩	0.709 3	
13		PM01-11-1	鲕粒白云岩	0.711 9	
14		PM01-12-1	鲕粒白云岩	0.709 6	
15		PM01-12-2	鲕粒白云岩	0.709 3	
16		PM01-12-3	鲕粒白云岩	0.709 1	
17		PM01-12-4	鲕粒白云岩	0.709 2	
18		PM01-12-5	鲕粒白云岩	0.709 2	
19		PM01-12-6	鲕粒白云岩	0.709 0	
20		PM01-12-7	鲕粒白云岩	0.709 1	
21		PM01-13-1	鲕粒白云岩	0.709 0	

表 5-4 湘西花垣矿集区铅锌矿床方解石、闪锌矿的锶同位素组成

序号	采样位置	样号	矿物	$^{87}Sr/^{86}Sr$	数据来源
1	团结	13TJ-B10	方解石	0.710 22	周云，2017a，2017c
2		13TJ-B13	方解石	0.709 35	
3		13TJ-B18	方解石	0.709 32	
4	李梅	13LM-B2	方解石	0.709 70	
5		13LM-B9	方解石	0.709 06	
6		13LM-B11	方解石	0.710 07	
7		13LM-B13	方解石	0.709 71	
8		13LM-B31	方解石	0.709 86	
9	土地坪	13TDP-B3	方解石	0.709 46	
10		13TDP-2B3	方解石	0.709 33	
11	蜂塘	13FT-B9	方解石	0.709 38	
12		13FT-B16	方解石	0.709 23	
13		13FT-B23	方解石	0.709 23	
14		13FT-B24	方解石	0.709 18	
15	大石沟	13DSG-B1	方解石	0.709 22	
16		13DSG-B3	方解石	0.709 22	
17		13DSG-B6	方解石	0.709 24	
18		13DSG-B7	方解石	0.709 29	

续表 5-4

序号	采样位置	样号	矿物	$^{87}Sr/^{86}Sr$	数据来源
19	李梅	13LM-B1	闪锌矿	0.709 59	周云,2017a,2017c
20		13LM-B2	闪锌矿	0.709 57	
21		13LM-B3	闪锌矿	0.709 56	
22		13LM-B4	闪锌矿	0.709 69	
23		13LM-B5	闪锌矿	0.709 77	
24		13LM-B8	闪锌矿	0.709 75	
25		13LM-B9	闪锌矿	0.711 14	
26	狮子山	SZ-5	闪锌矿	0.709 87	段其发等,2014b
27		SZ-6	闪锌矿	0.709 33	
28		SZ-7	闪锌矿	0.709 15	
29		SZ-8	闪锌矿	0.709 54	
30		SZ-9	闪锌矿	0.709 70	
31		SZ-12	闪锌矿	0.709 42	
32		SZ-13	闪锌矿	0.709 55	
33		SZ-5-1	闪锌矿	0.709 96	

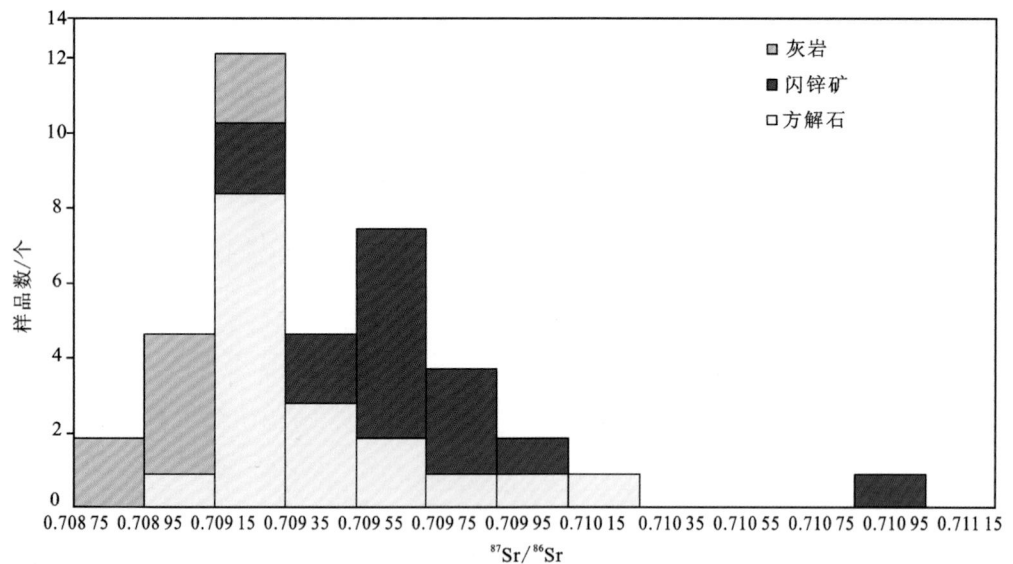

图 5-5　湘西花垣矿集区铅锌矿床清虚洞组灰岩和闪锌矿、方解石 $^{87}Sr/^{86}Sr$ 值频率直方图(据周云等,2017c)

二、锶同位素对成矿物质来源的制约

Sr 同位素组成是示踪成矿物质和成矿流体来源的有效途径之一,在研究碳酸盐沉积地层中各种矿物和流体之间的相互作用以及沉积-层控矿床形成机制等方面都具有十分重要的意义(黄思静,1997)。

Veizer 等(1999)在综合其研究团队的 2128 个样品和其他文献的分析数据的基础上,系统总结了显生宙以来海水的锶同位素演化,并首次在国际互联网上公布了一个系统、详细、完整的显生宙和前寒武纪海水同位素数据库(曲线)($^{87}Sr/^{86}Sr$值数据4082个)。该曲线具有更加详细、更少离散的数据,不同于早期公布的有关曲线(胡作维等,2015)。Prokoph等(2008)对Veizer等的数据库进行了拓展升级,修订完成了543Ma以来海水锶同位素演化图(图5-6),并在国际互联网上公布了一个数据多达55 000个的显生宙和前寒武纪海水同位素数据库($^{87}Sr/^{86}Sr$值数据5581个),并首次揭示了显生宙以来海水$^{87}Sr/^{86}Sr$值存在着一个60~70Ma的变化周期(胡作维等,2015)。显生宙以来海水锶同位素演化曲线与Vail等(1997)建立的显生宙以来海平面变化曲线之间存在一定的相关性,但不明显(图5-7)。该演化曲线成为海相沉积物定年与地层对比的有效工具之一,还可用于判断海相地层成矿与成岩流体来源。显生宙以来海水锶同位素演化图显示的锶同位素比值随年代变化的曲线表明,地质历史上海相碳酸盐岩的$^{87}Sr/^{86}Sr$值曾出现两个高峰期,即前寒武纪—寒武纪界线附近和现代,它们的$^{87}Sr/^{86}Sr$值都超过了0.709。海水的$^{87}Sr/^{86}Sr$值随年代变化的曲线是大地构造运动和陆壳风化程度的反映。晚震旦世—早寒武世开始了全球范围的海平面上升,以造海运动为主,地壳运动处于相对稳定时期,海水中的$^{87}Sr/^{86}Sr$值升高(王忠诚等,1993;周云等,2017c)。

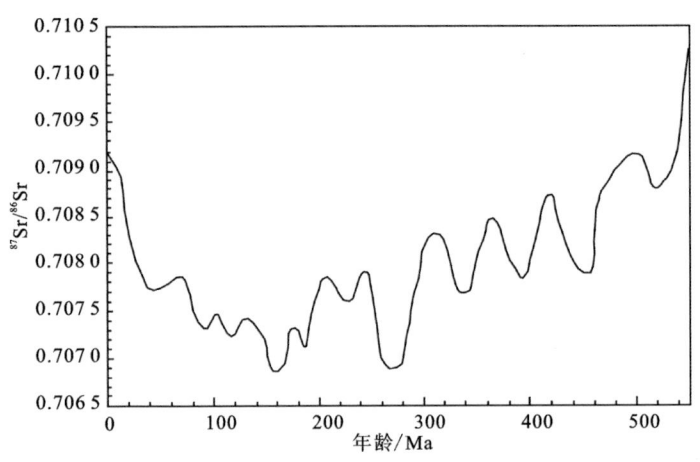

图5-6 543Ma以来海水锶同位素演化曲线图
(据Prokoph et al.,2008)

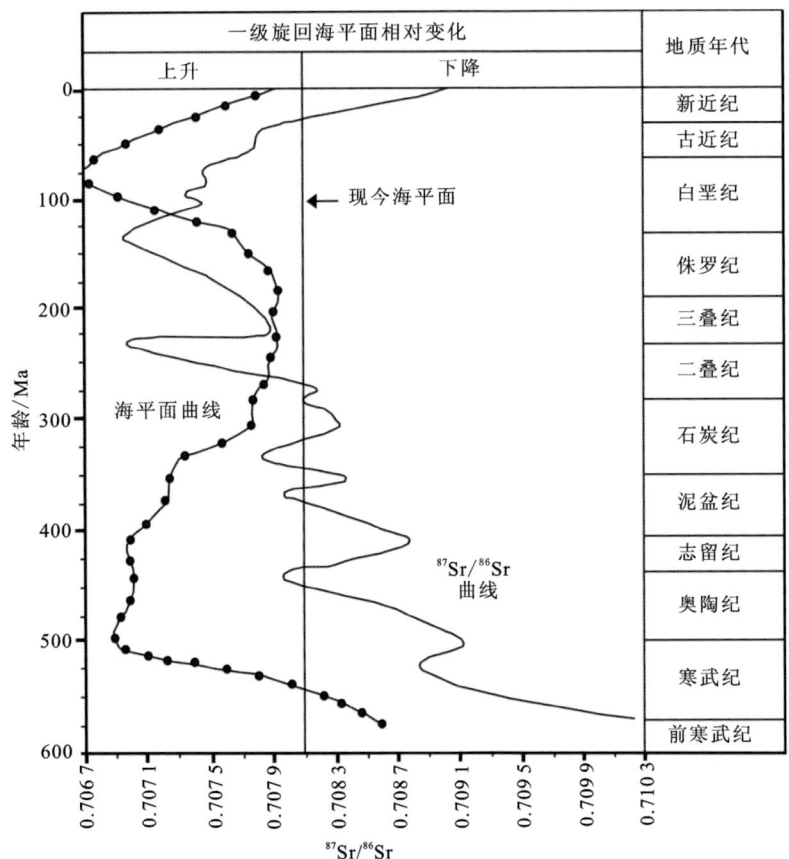

图5-7 显生宙以来海水锶同位素演化曲线与海平面变化曲线对比图(据Vail et al.,1977;Chaudhuri et al.,1986)

寒武纪时期海水和海相碳酸盐岩$^{87}Sr/^{86}Sr$值约为0.7090(Denison et al.,1998),根据543Ma以来海水锶同位素演化图(图5-6),从中—晚寒武世开始全球海水$^{87}Sr/^{86}Sr$值呈递减趋势(黄思静等,2004),中—晚寒武世时期的海水不能提供高的$^{87}Sr/^{86}Sr$值。湘西花垣矿集区铅锌矿体赋存于下寒武统清虚洞组中,其上覆地层为中寒武统高台组和中—上寒武统娄山关组,高台组岩性为灰白色薄—中层状粉细晶白云岩,娄山关组岩性为浅灰色、灰白色厚层块状粉细晶白云岩夹亮晶颗粒白云岩,这些碳酸盐岩都不具备高的Sr同位素组成。

花垣矿集区铅锌矿床热液方解石的锶同位素数据的变化范围为$^{87}Sr/^{86}Sr$=0.70906~0.71022,平均值为0.70945,闪锌矿的Sr同位素数据的变化范围为0.70915~0.71114,平均值为0.70971,$(^{87}Sr/^{86}Sr)_i$值为0.70912~0.70940。方解石和闪锌矿的锶同位素比值基本代表了成矿流体的锶同位素比值,该值明显高于幔源锶同位素比值0.7035(Palmer et al.,1985),小于大陆地壳锶同位素比值平均值0.7190(Palmer et al.,1989)。赋矿围岩下寒武统清虚洞组灰岩的$^{87}Sr/^{86}Sr$值为0.70886~0.70921,平均值为0.70904,与同期海水的锶同位素比值相当(图5-6),但低于成矿流体的$^{87}Sr/^{86}Sr$值。因此,赋矿围岩清虚洞组、上覆地层高台组和娄山关组均不足以提供成矿流体高的锶同位素比值,成矿流体应有壳源物质的加入,陆源杂质的混入使$^{87}Sr/^{86}Sr$值升高,壳源物质只能由大陆地壳及其风化形成的碎屑岩(如泥岩、页岩、岩屑砂岩等)提供(刘淑文等,2012),其下伏地层中南华系—寒武系石牌组的碎屑岩地层均有可能成为花垣铅锌矿的矿源层。

湘西花垣矿集区铅锌矿体最新的下伏地层为石牌组和牛蹄塘组,石牌组岩性为灰色薄—中厚层状粉砂质泥岩、粉砂岩夹岩屑细砂岩,牛蹄塘组岩性为黑色薄层状含碳泥岩。汤朝阳等(2012)研究认为湘西地区早寒武世铅锌成矿是在盆地演化过程中,岩石充填系列的某些特定部位控制了铅锌矿的垂向分布,其实质就是具备矿源层-容矿层-屏蔽层组合条件,为铅锌矿床的形成提供类似形成石油矿床的"生、储、盖"配套条件,其中牛蹄塘组和石牌组为区内的矿源层,清虚洞组为容矿层,而高台组为屏蔽层。牛蹄塘组下伏的震旦系灯影组顶部潮坪相白云岩之上形成以快速海侵作用为特征的"淹没不整合面"(梅冥相等,2006),牛蹄塘组底部这层特殊的"缺氧事件沉积"(导致小壳化石动物群的短暂分布和快速灭绝),一方面可能提供了丰富的有机质,另一方面也将陆源风化的矿物质搬运至海水中;寒武纪初期"湘黔断裂带"的强烈拉张、海底热水喷流和大规模海侵,带来了大量的陆源物质和盆源物质,使得牛蹄塘组和石牌组具铅、锌高丰度值,成为区内的矿源层。

因此,初步推断花垣地区流经于石牌组与牛蹄塘组碎屑岩和泥质岩的成矿流体具有高的锶同位素比值,从而导致沉淀出来的硫化物矿石具有比围岩地层高的锶同位素组成(周云等,2017c)。

第三节 碳氧同位素特征

沉积矿床中碳酸盐矿物的$\delta^{13}C$组成可以示踪其成岩过程中碳的来源,$\delta^{18}O$组成在决定碳酸盐成岩过程中流体性质方面具有不可替代的作用(黄思静,2010)。湘西花垣矿集区仅发育方解石这一种碳酸盐类脉石矿物,因此方解石的碳同位素组成可代表花垣矿集区铅锌矿床成矿流体的碳同位素组成,可以用方解石中碳同位素组成来指示成矿流体碳来源。夏新阶等早在1995年就对花垣地区李梅锌矿床成矿物质来源进行过研究,认为该区成矿溶液中的成矿物质来自寒武纪的海相碳酸盐岩,即容矿层灰岩及其上、下层位的灰岩和白云岩。杨绍祥等(2007b)通过对湘西北铅锌矿床碳氧同位素特征及成矿环境分析认为,成矿流体中的碳和氧主要来自围岩。蔡应雄等(2014)对黔东—湘西地区铅锌矿床的碳氧同位素地球化学特征进行分析后认为,花垣矿集区铅锌矿床成矿物质大部分来源于碳酸盐岩地层。李堃等(2014)通过对湘西黔东地区铅锌矿床碳氧同位素地球化学特征的研究,认为成矿流体是一种高盐度的低温热卤水。

方解石是花垣矿集区铅锌矿床中最重要的脉石矿物。本研究采集的方解石样品分别来自花垣地区由北而南依次分布的团结、李梅、土地坪、蜂塘和大石沟铅锌矿床,方解石均形成于主成矿期,与闪锌矿和方铅矿紧密共生,呈块状、粗脉状或斑脉状。

本研究中28件方解石样品和14件碳酸盐岩样品的碳氧同位素组成由武汉地质调查中心同位素地球化学实验室测试完成。首先将方解石样品机械粉碎至100目,在双目镜下挑选方解石单矿物,重复两次挑选,确保方解石纯度高于98%。挑选的单矿物在研钵中研磨成粉末,过200目筛后在烘箱中烘干2h备用。分析采用100%磷酸法,质谱仪型号为MAT251,分析误差范围为±0.2‰。样品分析流程如下:称取30mg试样置于反应管中,并注入4mL 100%磷酸,抽真空2h并稳定在1.0Pa,待试样与磷酸充分混合后,将反应管置于25℃的恒温水中24h,再用液氮吸收CO_2气体,纯化后的CO_2气体上MAT251质谱仪测定碳氧同位素组成。分析过程采用标准样品GBW04417和NBS19进行质量监控,分析结果以相对V-PDB的值给出。计算$\delta^{18}O_{SMOW}$时,采用Friedman等(1977)提出的平衡方程:$\delta^{18}O_{SMOW}=1.03086×\delta^{18}O_{PDB}+30.86$。

表5-5为湘西花垣矿集区铅锌矿床方解石碳氧同位素组成分析结果,表5-6为湘西花垣矿集区铅锌矿床碳酸盐岩的碳氧同位素组成,可见以下特征。

(1)花垣矿集区方解石的$\delta^{13}C_{PDB}$值范围为−2.71‰~1.21‰,极差为3.92‰,均值为−0.58‰;$\delta^{18}O_{SMOW}$值范围为16.09‰~22.48‰,极差为6.39‰,均值为19.72。其中,团结矿区方解石的$\delta^{13}C_{PDB}$范围为−0.61‰~0.43‰,极差为1.04‰,均值为−0.024‰;$\delta^{18}O_{SMOW}$范围为19.76‰~22.48‰,极差为2.72‰,均值为21.648‰。李梅矿区方解石的$\delta^{13}C_{PDB}$值范围为−2.71‰~1.21‰,极差为3.92‰,均值为0.193‰;$\delta^{18}O_{SMOW}$值范围为18.13‰~21.18‰,极差为3.05‰,均值为20.123‰。蜂塘矿区方解石的$\delta^{13}C_{PDB}$值范围为−2.24‰~−0.85‰,极差为1.39‰,均值为−1.226‰;$\delta^{18}O_{SMOW}$值范围为18.01‰~19.35‰,极差为1.34‰,均值为18.778‰。土地坪矿区方解石的$\delta^{13}C_{PDB}$值范围为−1.41‰~−0.9‰,极差为0.51‰,均值为−1.213‰;$\delta^{18}O_{SMOW}$值范围为17.22‰~18.13‰,极差为0.91‰,均值为17.55‰。大石沟矿区方解石的$\delta^{13}C_{PDB}$值范围为−2.6‰~−1.29‰,极差为1.31‰,均值为−1.815‰;$\delta^{18}O_{SMOW}$值范围为16.09‰~18.38‰,极差为2.29‰,均值为17.125‰。不同矿床的碳氧同位素值比较接近。花垣北东区域的团结、李梅矿区的$\delta^{13}C_{PDB}$值和$\delta^{18}O_{SMOW}$值比南西区域的蜂塘、土地坪、大石沟矿区稍高。花垣矿集区铅锌矿床热液方解石的$\delta^{13}C_{PDB}$值和$\delta^{18}O_{SMOW}$值部分落入图5-8中的海相碳酸盐岩($\delta^{13}C_{PDB}=0±4‰$,$\delta^{18}O_{SMOW}=20‰~24‰$)(Hoefs,1997)范围内,部分介于原生碳酸岩和海相碳酸盐岩之间(图5-8)。

(2)花垣矿集区铅锌矿床的围岩(藻)灰岩的$\delta^{13}C_{PDB}$值范围为0.15‰~1.17‰,均值为0.66‰;$\delta^{18}O_{SMOW}$值范围为19.79‰~23.89‰,均值为21.87‰。其中,团结矿区灰岩的$\delta^{13}C_{PDB}$值范围为0.15‰~0.97‰,均值为0.67‰;$\delta^{18}O_{SMOW}$值范围为21.27‰~23.15‰,均值为22.45‰。李梅矿区(藻)灰岩的$\delta^{13}C_{PDB}$值范围为0.29‰~1.17‰,均值为0.67‰;$\delta^{18}O_{SMOW}$值范围为20.76‰~22.06‰,均值为21.43‰。蜂塘矿区灰岩的$\delta^{13}C_{PDB}$值范围为0.19‰~0.98‰,均值为0.69‰;$\delta^{18}O_{SMOW}$值范围为21.63‰~23.89‰,均值为22.25‰。大石沟矿区灰岩的$\delta^{13}C_{PDB}$值范围为0.44‰~0.77‰,均值为0.59‰;$\delta^{18}O_{SMOW}$值范围为19.79‰~22.13‰,均值为21.16‰。

(3)围岩和热液成因方解石相比,围岩相对具有更高的$\delta^{13}C_{PDB}$值和$\delta^{18}O_{SMOW}$值,围岩的$\delta^{13}C_{PDB}$值和$\delta^{18}O_{SMOW}$值落入海相碳酸盐岩范围内(图5-8)。

碳酸盐矿物的碳同位素组成对于认识成岩过程中碳酸盐矿物碳的来源方面至关重要,氧同位素组成在示踪碳酸盐成岩过程中流体性质和成岩温度方面具有不可替代的作用(黄思静,2010)。湘西花垣矿集区碳酸盐类脉石矿物仅发现方解石,其他碳酸盐类脉石矿物少见,甚至未见,故方解石的$\delta^{13}C$基本代表成矿流体的碳同位素组成,可以用方解石中碳同位素组成来指示成矿流体碳来源。

表 5-5　湘西花垣矿集区铅锌矿床方解石碳氧同位素组成（据周云等，2017d）

矿区	原送样号	成矿期	样品名称	$\delta^{13}C_{PDB}/‰$	$\delta^{18}O_{PDB}/‰$	$\delta^{18}O_{SMOW}/‰$
团结	11TJ-1B9		斑脉状方解石	0.04	−8.27	22.33
	11TJ-1B9		斑脉状方解石	0.05	−8.23	22.38
	11TJ-1B11		斑脉状方解石	0.13	−8.13	22.48
	11TJ-1B12		斑脉状方解石	−0.24	−8.28	22.32
	11TJ-1B14		斑脉状方解石	0.43	−8.75	21.84
	13TJ-B1		大脉块状方解石	0.29	−8.54	22.06
	13TJ-B10		斑脉状方解石	0.17	−9.18	21.40
	13TJ-B13		粗脉状方解石	0.11	−8.46	22.14
	13TJ-B18-1		粗脉状方解石	−0.61	−10.77	19.76
	13TJ-B18-2		粗脉状方解石	−0.61	−10.76	19.77
李梅	13LM-B9	主成矿期	粗脉状方解石	0.88	−9.39	21.18
	13LM-B11		大脉块状方解石	1.21	−9.66	20.90
	13LM-B13-1		大脉块状方解石	1.12	−10.49	20.05
	13LM-B31-1		大脉块状方解石	1.16	−10.28	20.26
	13HYC-B5		斑脉状方解石	−2.71	−12.35	18.13
	13HYC-B7		斑脉状方解石	−0.50	−10.32	20.22
土地坪	13TDP-B3		粗脉状方解石	−0.90	−12.35	18.13
	13TDP-2B3-1		粗脉状方解石	−1.33	−13.15	17.30
	13TDP-2B3-2		粗脉状方解石	−1.41	−13.23	17.22
蜂塘	13FT-B9		斑脉状方解石	−0.85	−11.17	19.35
	13FT-B16-1		斑脉状方解石	−1.03	−11.93	18.56
	13FT-B16-2		斑脉状方解石	−1.00	−11.85	18.64
	13FT-B23		斑脉状方解石	−1.01	−11.18	19.33
	13FT-B24		斑脉状方解石	−2.24	−12.47	18.01
大石沟	13DSG-B1		斑脉状方解石	−1.82	−13.05	17.41
	13DSG-B3		斑脉状方解石	−1.55	−14.33	16.09
	13DSG-B6		粗脉状方解石	−2.60	−13.81	16.62
	13DSG-B7		斑脉状方解石	−1.29	−12.11	18.38

表 5-6 湘西花垣矿集区铅锌矿床碳酸盐岩的碳氧同位素组成

矿区	原送样号	样品名称	$\delta^{13}C_{PDB}$/‰	$\delta^{18}O_{PDB}$/‰	$\delta^{18}O_{SMOW}$/‰	数据来源
团结	13NZB-B17	灰岩	0.72	−8.52	22.08	周云等,2017a,2017d
	13NZB-B21-1	灰岩	0.92	−7.60	23.03	
	13NZB-B21-2	灰岩	0.97	−7.48	23.15	
	13HYC-B21	灰岩	0.15	−9.30	21.27	
	13HYC-B22	灰岩	0.57	−7.92	22.70	
李梅	13LM-B23	灰岩	1.17	−8.83	21.76	
	13LM-B28	灰岩	0.55	−9.44	21.13	
	13LM-B30	灰岩	0.62	−9.80	20.76	
	L16-4	无矿化藻灰岩	0.29	—	22.06	夏新阶等,1995;李堃等,2014
	L16-6	无矿化藻灰岩	0.46	—	21.49	
	LM-11	灰岩	1.05	−9.11	21.47	蔡应雄等,2014
	LM-16	灰岩	0.52	−9.24	21.33	
蜂塘	SZS-14	灰岩	0.65	−8.95	21.63	
	SZS-21	灰岩	0.98	−8.99	21.59	
	SZS-23	灰岩	0.97	−6.76	23.89	
	13FT-B30	灰岩	0.19	−7.60	23.03	周云等,2017a,2017d
	13FT-B33-1	灰岩	0.69	−8.84	21.75	
	13FT-B33-2	灰岩	0.65	−8.95	21.63	
大石沟	13DSG-B20	灰岩	0.44	−8.47	22.13	
	13DSG-B21	灰岩	0.55	−10.74	19.79	
	13DSG-B26	灰岩	0.77	−9.02	21.56	

注:$\delta^{18}O_{SMOW} = 1.03086 \times \delta^{18}O_{PDB} + 30.86$(Friedman et al., 1977)。

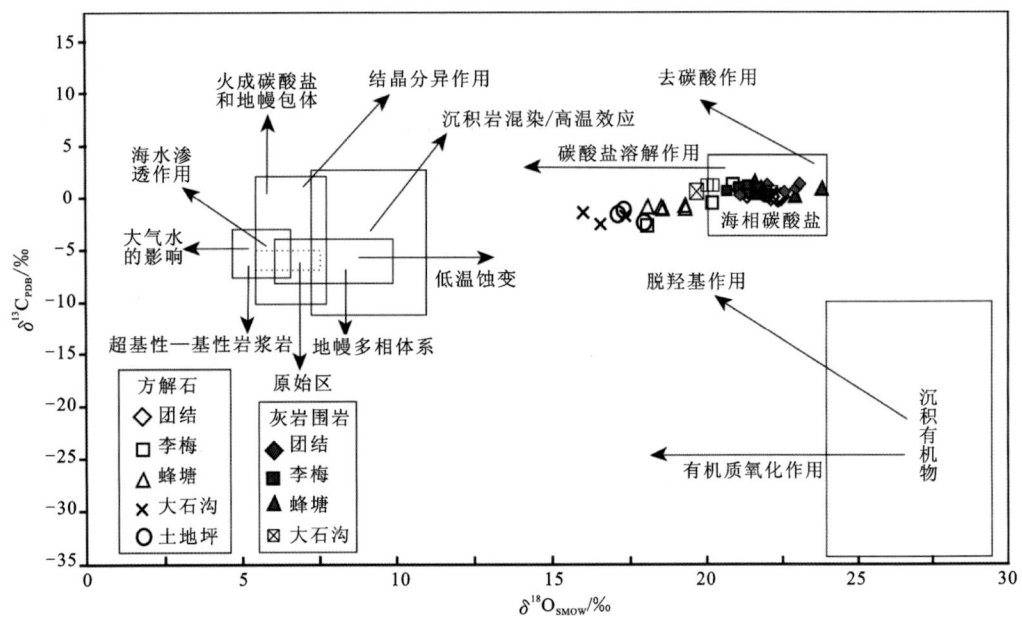

图 5-8 湘西花垣矿集区铅锌矿床成矿期方解石碳氧同位素图解(据周云等,2017d)

在花垣矿集区铅锌矿床的围岩及热液方解石样品的$\delta^{13}C_{PDB}$-$\delta^{18}O_{SMOW}$同位素图解上(图5-8),热液方解石的$\delta^{13}C_{PDB}$和$\delta^{18}O_{SMOW}$值呈近水平分布,略低于同样呈近水平分布的围岩灰岩(周云等,2017d)。

由表5-6和图5-8可见,花垣矿集区铅锌矿床中远矿围岩的$\delta^{13}C_{PDB}$值和$\delta^{18}O_{SMOW}$值落入海相碳酸盐岩范围内,表明这些矿床的远矿围岩(灰岩)为沉积成因碳酸盐岩,与其地质特征吻合。不同矿床的热液方解石,其碳氧同位素组成范围较宽,但均处于地幔多相体系与海相碳酸盐岩间,且具有靠近海相碳酸盐岩碳同位素组成并缓慢升高的趋势(图5-8)。

上述结果表明花垣矿集区铅锌矿成矿流体中的碳可能来源于:沉积有机物的脱羧基作用,地幔多相体系的沉积岩混染或高温效应,海相碳酸盐岩的溶解作用。如果碳来源于沉积物中有机质的脱羧基作用,则碳同位素组成较有机质升高,氧同位素组成较有机质降低(图5-8)。花垣矿集区铅锌矿床热液方解石的碳同位素组成明显高于沉积物有机质,氧同位素组成明显低于沉积物有机质,沉积有机物的脱羧基作用很难形成如此大的碳氧同位素分馏(王林均等,2013)。因此,沉积有机物的脱羧基作用应该不是成矿流体中碳来源的主要机制。地幔多相体系的沉积岩混染或高温效应会使从其中形成的矿物具有比其更高的$\delta^{13}C$和$\delta^{18}O$值,而花垣矿集区铅锌矿床中热液方解石的碳同位素组成与地幔多相体系相近,但氧同位素组成明显高于地幔多相体系(图5-8)。另外,该地区铅锌矿床中热液方解石的$\delta^{13}C_{PDB}$值和$\delta^{18}O_{SMOW}$值投点呈近水平分布,如果碳氧同位素组成的线性关系是由沉积岩混染作用或高温分异作用所致,则该作用对流体氧同位素组成的影响并不明显,而对碳同位素组成的影响显著,从而导致从该溶液中沉淀的方解石,其碳同位素组成变化显著(周家喜等,2012;郑永飞,2001)。这与测试结果显然不相符。因此,沉积岩混染或高温效应也不应是成矿流体中碳来源的主要因素。

花垣矿集区铅锌矿床热液方解石的$\delta^{13}C_{PDB}$值和$\delta^{18}O_{SMOW}$值投点呈近水平分布,碳同位素组成明显高于沉积物有机质,变化不明显,氧同位素组成明显低于沉积物有机质,但高于地幔多相体系(图5-8)。因此,海相碳酸盐岩的溶解作用是成矿流体中碳来源的主要因素(郑永飞等,2001;周家喜等,2012;王林均等,2013)。

海相碳酸盐岩的溶解作用是通过流体与围岩之间的水岩反应,造成$\delta^{13}C_{PDB}$与$\delta^{18}O_{SMOW}$呈相关趋势(郑永飞等,2001)。如果成矿流体中的碳形成于海相碳酸盐岩的溶解作用,则其碳同位素组成与海相碳酸盐岩相似,但其氧同位素组成较海相碳酸盐岩亏损(郑永飞,2001)。而花垣矿集区铅锌矿床碳氧同位素组成在图5-8中总体上呈近水平展布,即因流体与围岩的水岩反应,脉石矿物热液方解石的沉淀部分是由水岩反应和温度降低耦合等作用所致(刘家军等,2004),其碳同位素组成与海相碳酸盐岩相似,但其氧同位素组成较海相碳酸盐岩亏损(王林均等,2013)。因此,花垣矿集区铅锌矿床成矿流体中的碳可能来源于围岩地层,碳酸盐溶解作用起到关键作用。热液方解石与围岩碳酸盐岩相比,相对具有明显低的$\delta^{18}O_{SMOW}$值,表明亏^{18}O的成矿流体与围岩发生了同位素交换(周云等,2017d)。

第四节 氢氧同位素特征

成矿期矿石矿物或与其共生的脉石矿物的氢氧同位素组成是示踪区内成矿流体来源的有效手段(Spangenberg,1996;周家喜等,2012;毛德明等,2000),在认识碳酸盐成岩过程中的流体性质方面具有不可替代的作用(黄思静,2010)。花垣矿集区铅锌矿床铅锌矿石中共生大量的方解石,方解石在整个成矿过程均有发育,是最主要的脉石矿物,因而研究花垣矿区方解石和闪锌矿的氢氧同位素组成就显得尤为重要,可作为判断成矿流体来源的重要依据。前人已对花垣铅锌矿床的氢氧同位素组成进行过研究,刘文均等(2000)对花垣铅锌矿床矿石及脉石矿物的液态包裹体开展了成矿流体的氢、氧同位素组成直接测定,认为成矿流体来源于建造水,后期可能有雨水渗入。杨绍祥等(2007b)通过对湘西北铅锌矿床碳氢氧同位素特征及成矿环境分析认为,矿床成矿流体主要是深部的热卤水、大气降水和少量变质水的混合流体。蔡应雄等(2014)对湘西—黔东下寒武统铅锌矿床进行分析后认为,湘西花垣矿集区铅锌矿床成矿流体可能为区域迁移流体与地层封存水构成的混合流体。李堃等(2014)通过对湘西—黔东地区铅锌矿床碳氢氧同位素的研究,认为成矿流体是一种高盐度的低温热卤水。这些有关成矿流体的来源众说纷纭,莫衷一是,无法达成统一的认识。

本研究选取了27件样品进行氢氧同位素分析,均与成矿密切相关,包括23件方解石、4件闪锌矿。方解石和闪锌矿样品的氢氧同位素组成测试由核工业地质矿产研究所利用质谱仪 MAT-253 测试完成。采用加热爆裂法从方解石和闪锌矿的原生流体包裹体中提取 H_2O,然后在400℃条件下与 Zn 反应制取 H_2,在 MAT-253 质谱仪上测定 H_2 的氢同位素,测试误差为±2‰。氧同位素组成分析采用 BrF_5 法,在 MAT-253 质谱计上测定 $\delta^{18}O$ 值,测定精度为0.2‰。测试结果见表5-7。

23件方解石样品的 δD_{SMOW} 变化于-65.8‰~-15‰之间,平均值为-45.75‰;流体中的 $\delta^{18}O_{fluid}$ 变化范围为0.25‰~9.25‰,平均值为5.02‰。4件闪锌矿样品的 δD_{SMOW} 变化于-91.1‰~-78.7‰之间,平均值为-85.15‰;流体中的 $\delta^{18}O_{fluid}$ 变化范围为-4.1‰~6.1‰,平均值为2.4‰。

将测定的氢氧同位素组成(表5-7)投在 δD-$\delta^{18}O$ 图解上(图5-9),可见这一系列投点呈与雨水线斜交的线性关系,该区矿床的方解石氢氧同位素组成更靠近雨水线,矿床成矿流体主要来源是建造水和大气降水,还有部分变质水的混入,后期可能有雨水加入降低了成矿流体的盐度,这种特征也是许多与建造水有关的 MVT 型矿床的共同特点,表明矿床成矿流体来源与 MVT 型铅锌矿床相似。

花垣矿集区铅锌矿床的氢氧同位素组成表明成矿流体的主要来源是建造水和大气降水。自然界中天然水富集 ^{12}C、^{16}O 等轻同位素而贫重同位素,尤其是 ^{18}O 的含量特别低,而沉积碳酸盐岩则富含 ^{13}C、^{18}O 等重同位素(李堃等,2014)。因此,主要来源为建造水和大气降水的成矿流体相对集中较多的轻同位素,亏 ^{13}C、^{18}O 的成矿流体与围岩地层的水岩反应中,反复与碳酸盐岩进行同位素交换,因此导致成矿期沉淀的方解石中 ^{13}C、^{18}O 逐渐降低。由于花垣矿集区范围内流体的迁移方向是由北而南,这也是团结、李梅、土地坪、蜂塘、大石沟铅锌矿床成矿期方解石的 ^{13}C、^{18}O 基本表现出逐渐降低特征的原因。成矿流体与围岩的水岩反应是导致湘西花垣矿集区铅锌矿床中方解石矿物沉淀的主要机制(周云等,2017d)。

表5-7 湘西花垣矿集区铅锌矿成矿流体的氢氧同位素组成(周云等,2017d)

矿区	样号	矿物	$\delta^{18}O_{SMOW}$/‰	δD_{SMOW}/‰	$\delta^{18}O_{fluid}$/‰	换算温度/℃
团结	13TJ-B1	褐色脉状闪锌矿	—	-85.50	4.30	150
	13TJ-B2	褐色脉状闪锌矿	—	-78.70	6.10	150
	13TJ-B8	褐色脉状闪锌矿	—	-85.30	-4.10	150
	13TJ-B11	黄色脉状闪锌矿	—	-91.10	3.30	150
	13TJ-B1	方解石	21	-50.6	8.35	150
	13TJ-B2	方解石	21.9	-39.4	9.25	150
	13TJ-B3	方解石	21.9	-33.4	9.25	150
	13TJ-B4	方解石	21.1	-44.3	8.45	150
	13TJ-B7	方解石	21.3	-57.6	8.65	150
	13TJ-B8	方解石	21.7	-51.6	9.05	150
	13TJ-B10	斑脉状方解石	21.4	-50.7	8.75	150
	13TJ-B11	方解石	21.8	-41.8	9.15	150

续表 5-7

矿区	样号	矿物	$\delta^{18}O_{SMOW}/‰$	$\delta D_{SMOW}/‰$	$\delta^{18}O_{fluid}/‰$	换算温度/℃
李梅	LM-1	斑脉状方解石	—	−23	0.25	150
	LM-2	斑脉状方解石	—	−40	1.54	150
	LM-3	斑脉状方解石	—	−15	1.93	150
	LM-4	斑脉状方解石	—	−46	2.43	150
	LM-5	斑脉状方解石	—	−33	1.72	150
土地坪	13TDP-B3	粗脉状方解石	17.7	−55.8	3.89	135
	13TDP-2B3	粗脉状方解石	17.3	−48.2	3.49	135
蜂塘	13FT-B26	斑脉状方解石	19.3	−44.2	5.49	135
大石沟	13DSG-B10	块状方解石	17.7	−64.1	3.89	135
	13DSG-B11	方解石	18	−54.7	4.19	135
	13DSG-B12	方解石	17.1	−48.1	3.29	135
	13DSG-B13	方解石	16.3	−65.8	2.49	135
	13DSG-B15	方解石	17.5	−46.5	3.69	135
	13DSG-B16	方解石	16.8	−51.7	2.99	135
	13DSG-B17	方解石	17	−46.8	3.19	135

注：$\delta^{18}O_{SMOW}=1.03086\times\delta^{18}O_{PDB}+30.86$(Friedman et al.,1977)；方解石与流体的转换公式采用 1000 lnα 方解石－水 = $2.78\times10^6 T^{-2}-2.89$(O'Neil et al.,1969)；换算温度采用测温结果的峰值，T 为绝对温度。

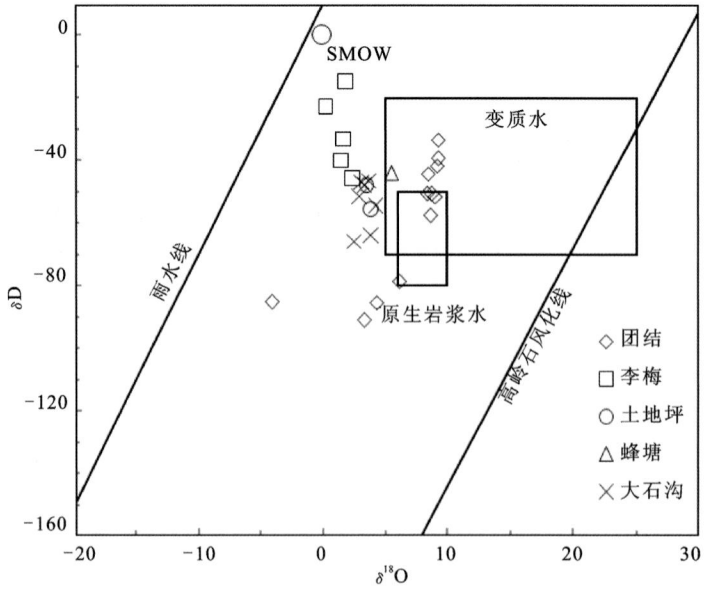

图 5-9　湘西花垣矿集区铅锌矿床成矿流体氢氧同位素组成图解(据周云等,2017d)

第六章　流体包裹体

第一节　流体包裹体岩相学特征及显微测温结果

本次采集的方解石和闪锌矿样品分别来自花垣矿集区由北而南依次分布的团结、李梅、耐子堡、蜂塘和大石沟铅锌矿床,方解石均形成于主成矿期,与闪锌矿和方铅矿紧密共生,呈块状、粗脉状或斑脉状,闪锌矿多沿方解石脉体边缘分布,或呈斑状、浸染粒状分布于方解石脉体中(图6-1)。部分矿床如团结、李梅发育萤石矿物,与方解石共生,其形成应稍晚于方解石。

流体包裹体的岩相学和显微测温研究实验在武汉地质调查中心中南实验检测中心流体包裹体实验室完成,所使用的仪器包括:德国产 ZEISS Axioskop40 型正交偏反光显微镜,放大倍数为100~800倍,英国产 Linkam THMSG600 地质型显微冷热台(2002年),配备有荧光仪的 MDS 显微冷热台(2005年),0~600℃的精度为±2℃,-196~0℃的精度为±0.5℃。

闪锌矿、方解石、萤石中的原生流体包裹体可分为三种类型。Ⅰ类为气液两相水溶液包裹体(L_{H_2O}+V_{H_2O}),形态多为负晶形、椭圆形和近圆形。由纯盐水+水蒸气组成,大小为3~15μm,占包裹体总量的20%~70%,气相在透射光下为深灰色,液相为无色或灰色,气液比为10%~70%,在矿物中自由分布。Ⅱ类为单相气相包裹体(V_{H_2O}),部分包裹体含丰富的甲烷(V_{CH_4}),占包裹体总量的5%~15%,大小为3~25μm(图6-2)。Ⅲ类为液相包裹体(L_{H_2O}),由纯盐水组成,大小为3~14μm,占包裹体总量的30%~60%。

团结矿床方解石中流体均一温度为125~317℃,平均均一温度为217℃,盐度范围主要为13.99%~21.20% NaCl eqv,萤石中流体均一温度为110~230℃,盐度范围主要为7.86%~16.05% NaCl eqv(表6-1,图6-3)。

李梅矿床闪锌矿中流体均一温度为185~213℃,平均均一温度为207.4℃,盐度范围主要为17.92%~20.43%NaCl eqv;方解石中流体均一温度为198~229℃,平均均一温度为209℃,盐度范围主要为16.05%~21.20%NaCl eqv;重晶石中流体均一温度为197~215℃,平均均一温度为210℃;萤石中流体均一温度为142~167℃,平均均一温度为152℃,盐度范围主要为4.94%~10.49%NaCl eqv(表6-1,图6-4A)。

耐子堡矿床闪锌矿中流体均一温度为185~211℃,平均均一温度为201℃,盐度范围主要为18.79%~21.20% NaCl eqv;主成矿期方解石中流体均一温度为170~312℃,平均均一温度为199℃,盐度范围主要为17.92%~21.20% NaCl eqv;成矿晚期方解石细脉中流体均一温度为135~193℃,平均均一温度为179℃;萤石中流体均一温度为171~245℃,平均均一温度为183.8℃,盐度范围主要为4.17%~7.99% NaCl eqv(表6-1,图6-4B)。

图 6-1　湘西花垣矿集区铅锌矿床矿石照片

A. 团结铅锌矿床大脉状方解石化闪锌矿矿石,闪锌矿沿方解石脉与围岩接触带分布;B. 团结铅锌矿床斑脉状方解石化闪锌矿矿石,闪锌矿沿方解石脉体边缘分布;C. 李梅铅锌矿床粗脉状方解石化闪锌矿矿石,细粒黄铁矿与闪锌矿沿方解石脉与围岩接触带分布;D. 蜂塘铅锌矿床斑脉状方解石化闪锌矿矿石,闪锌矿沿方解石脉边缘分布;E. 蜂塘铅锌矿床斑脉状方解石化闪锌矿矿石,闪锌矿沿方解石脉边缘分布;F. 土地坪铅锌矿床斑脉状方解石化黄铁矿矿石;G. 大石沟铅锌矿床斑脉状方解石化闪锌矿矿石,闪锌矿和方铅矿沿方解石脉边缘分布;H. 大石沟铅锌矿床斑脉状方解石化闪锌矿矿石,细粒黄铁矿与闪锌矿沿方解石脉与围岩接触带分布;Sp. 闪锌矿;Gn. 方铅矿;Cal. 方解石;Py. 黄铁矿

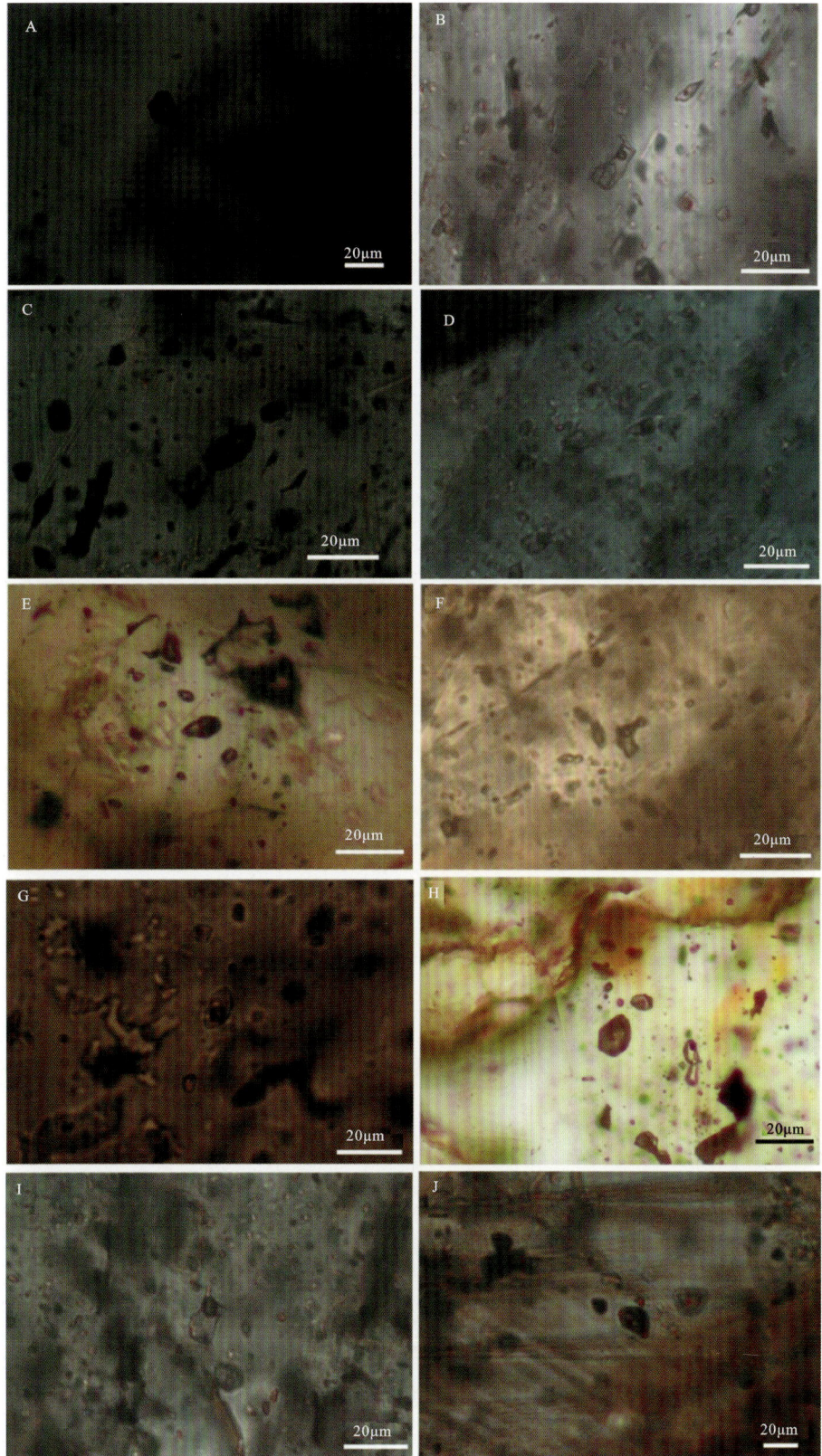

图 6-2 湘西花垣矿集区铅锌矿床流体包裹体显微照片

A.团结铅锌矿床闪锌矿中的两相流体包裹体;B.团结铅锌矿床方解石中的两相盐水流体包裹体;C.李梅铅锌矿床闪锌矿中的两相流体包裹体;D.李梅铅锌矿床方解石中的两相盐水流体包裹体;E.耐子堡铅锌矿床闪锌矿中的两相流体包裹体;F.耐子堡铅锌矿床方解石中的两相盐水流体包裹体;G.蜂塘铅锌矿床萤石中的两相流体包裹体;H.蜂塘铅锌矿床闪锌矿中的两相盐水流体包裹体;I.蜂塘铅锌矿床方解石中的两相流体包裹体;J.大石沟铅锌矿床闪锌矿中的两相盐水流体包裹体

表 6-1　花垣矿集区铅锌矿床流体包裹体显微测温结果(据周云等,2018)

矿床名称	矿物名称	初熔温度 T_e/℃	冰点温度 T_m/℃	盐度 /%NaCl eqv	均一温度范围 /℃	平均均一温度 /℃
团结	方解石	−35～−25	−13～−10	13.99～17.00	125～260	215.5
团结	方解石	−50～−40	−18～−12	16.05～21.20	150～317	217
团结	萤石	−60～−55	−12～−5	7.86～16.05	110～230	159.6
团结	闪锌矿	—	−9	12.88	—	—
李梅	闪锌矿	—	−17～−14	17.92～20.43	185～213	207.4
李梅	方解石	−52～−43	−18～−12	16.05～21.20	198～229	209
李梅	重晶石	—	—	—	197～215	210
李梅	萤石	−59～−50	−7～−3	4.94～10.49	142～167	152
耐子堡	闪锌矿	−47～−40	−18～−15	18.79～21.20	185～211	201
耐子堡	方解石	−50～−40	−18～−14	17.92～21.20	170～312	199
耐子堡	方解石	−53～−45	−16～−15	18.79～19.63	151～193	167.4
耐子堡	方解石	−49～−41	−18～−16	19.63～21.20	135～190	191
耐子堡	萤石	−53～−43	−5.1～−2.5	4.17～7.99	171～245	183.8
蜂塘	方解石	−60～−55	−19～−17	20.43～21.95	160～360	184.4
蜂塘	方解石	−57～−53	−21～−20	22.67～23.36	163～259	184.5
蜂塘	闪锌矿	—	—	—	182～223	191
大石沟	方解石	−50～−43	−13～−10	13.99～17.00	150～195	177

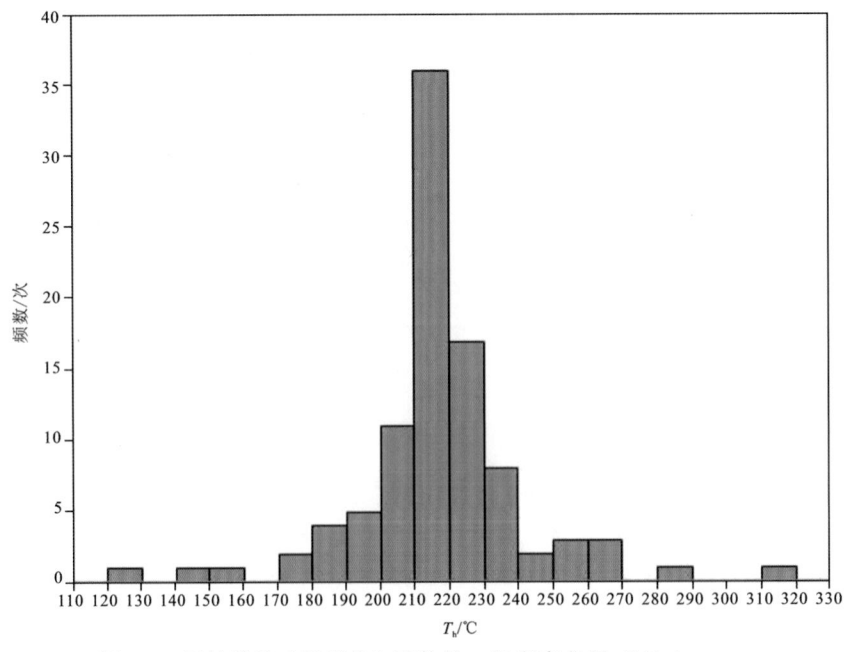

图 6-3　团结铅锌矿床流体包裹体均一温度直方图(据周云,2017a)

蜂塘矿床闪锌矿中流体均一温度为182～223℃,平均均一温度为191℃;方解石中流体均一温度为160～260℃,平均均一温度为184℃,盐度范围主要为20.43%～23.36% NaCl eqv(表6-1,图6-4C)。

大石沟矿床方解石中流体均一温度为150～195℃,平均均一温度为177℃,盐度范围主要为13.99%～17.00% NaCl eqv(表6-1,图6-4D)。

花垣矿集区铅锌矿床发育的典型矿物中流体包裹体的初熔温度(低共熔温度)为-60～-25℃,反映了成矿流体体系为Na-Ca-Mg-Cl成分的混合流体体系。方解石-闪锌矿中流体包裹体均一温度-盐度-密度分布图(图6-5)显示该区流体密度多分布于1.00～1.10g/cm³区间内,反映出成矿流体具有盆地卤水性质,同时有少量大气降水和变质水的混入,与利用氢氧同位素判别成矿流体来源的结果基本一致(图6-6)(周云等,2018)。

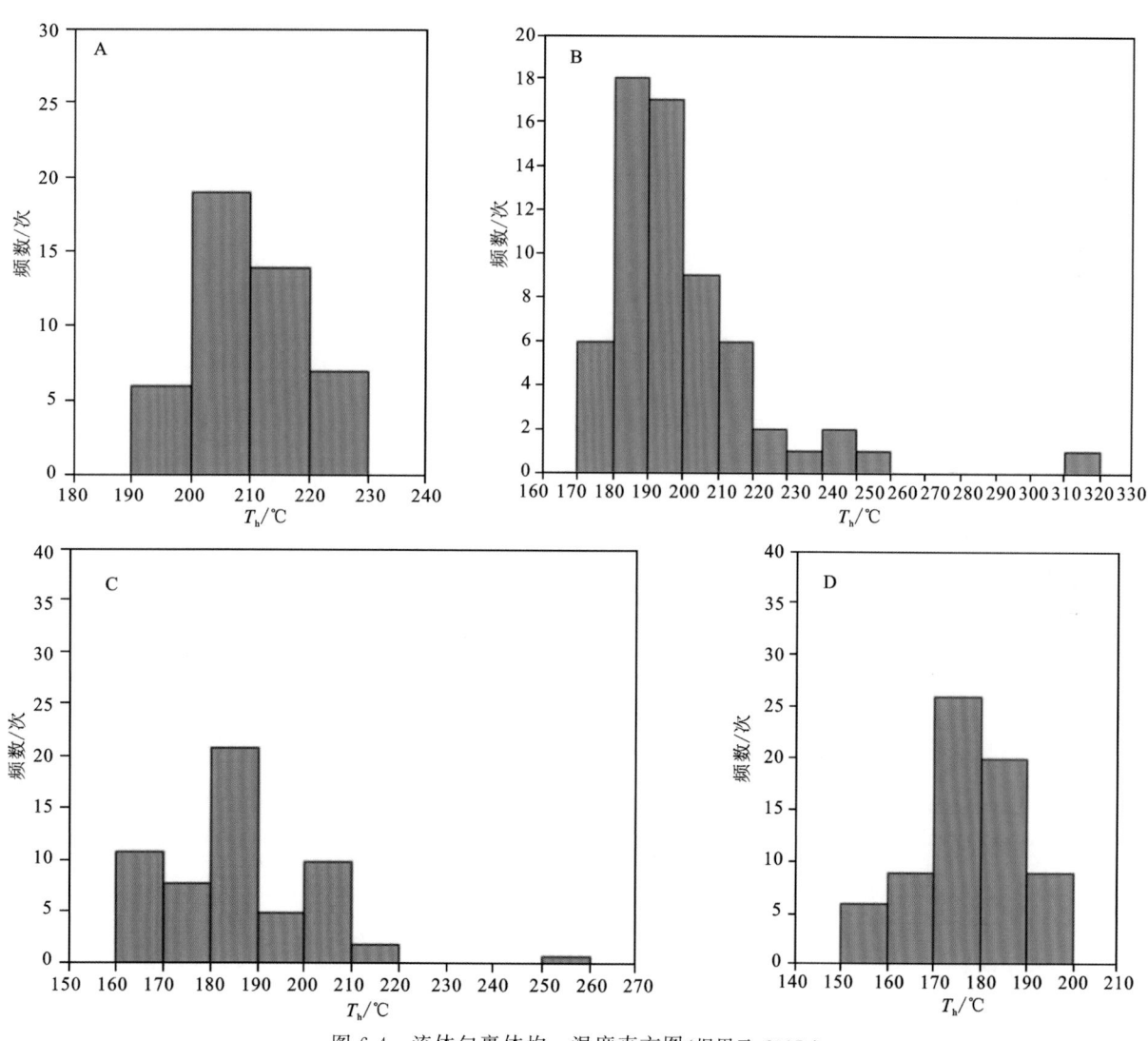

图6-4 流体包裹体均一温度直方图(据周云,2017a)

A. 李梅铅锌矿床方解石中的流体包裹体均一温度直方图;
B. 耐子堡铅锌矿床方解石中的流体包裹体均一温度直方图;
C. 蜂塘铅锌矿床方解石中的流体包裹体均一温度直方图;
D. 大石沟铅锌矿床方解石中的流体包裹体均一温度直方图

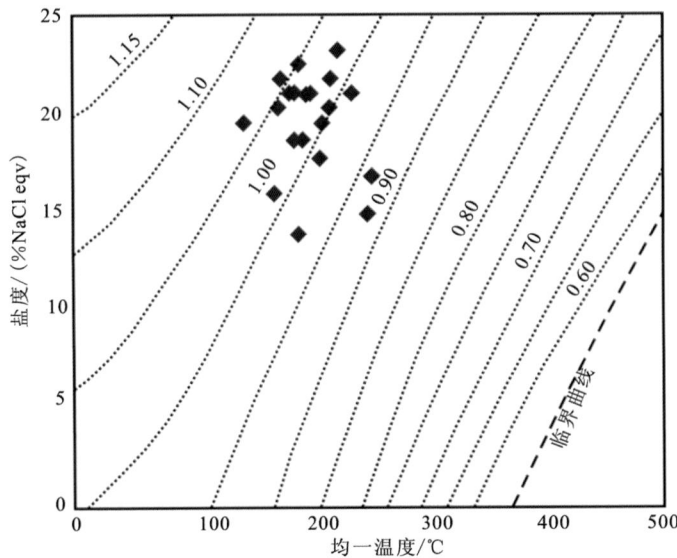

图 6-5 方解石-闪锌矿中流体包裹体均一温度(℃)-盐度(% NaCl eqv)-密度(g/cm³)分布图(据周云,2017a)

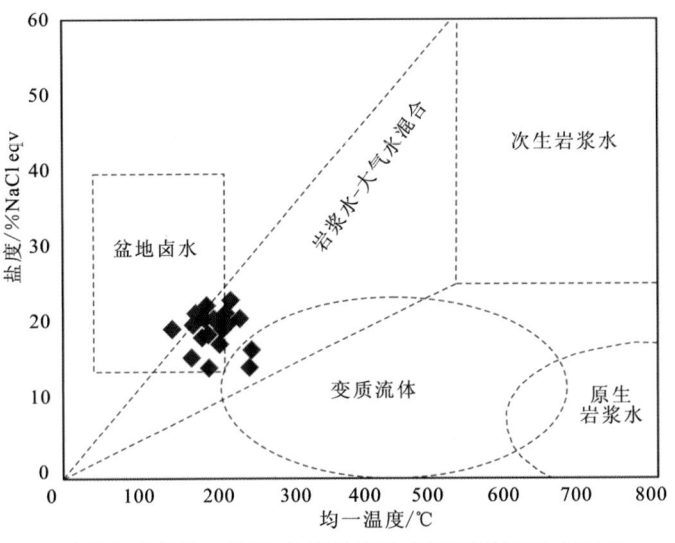

图 6-6 流体包裹体均一温度-盐度的流体来源判别图解(据周云,2017a)

因此,根据流体包裹体显微测温研究结果可知,花垣矿集区铅锌矿床成矿流体温度主要为150~220℃,总盐度一般为13%~23%NaCl eqv,流体盐度大于15%NaCl eqv,密度大于1g/cm³,为NaCl-CaCl$_2$-MgCl$_2$-H$_2$O卤水体系。其中,团结铅锌矿床方解石中流体包裹体均一温度为217℃,李梅铅锌矿床方解石中流体包裹体均一温度为209℃,耐子堡铅锌矿床方解石中流体包裹体均一温度为199℃,蜂塘铅锌矿床方解石中流体包裹体均一温度为184℃,大石沟铅锌矿床方解石中流体包裹体均一温度为177℃,花垣团结、李梅、耐子堡、蜂塘、大石沟铅锌矿床的成矿流体温度依次下降(图6-7),据图3-1中湘西北花垣矿集区各铅锌矿床的分布位置,可以初步认为该区成矿流体均一温度具有由北而南降低的趋势,显示了成矿流体的运移方向。刘文均等(2000)的研究证实,从矿集区北段的团结、李梅矿床,到南段的狮子山矿床,铅锌矿床中成矿流体的温度、流体中阳离子和气相成分CO$_2$、CH$_4$的含量逐步下降,表明在花垣矿集区范围内流体的迁移方向为由北向南流动,而且主要是沿清虚洞组第三段、第四段作顺层流动的。成矿流体在运移和沉淀过程中依次形成团结、李梅、耐子堡、蜂塘、大石沟铅锌矿床(周云,2017a)。

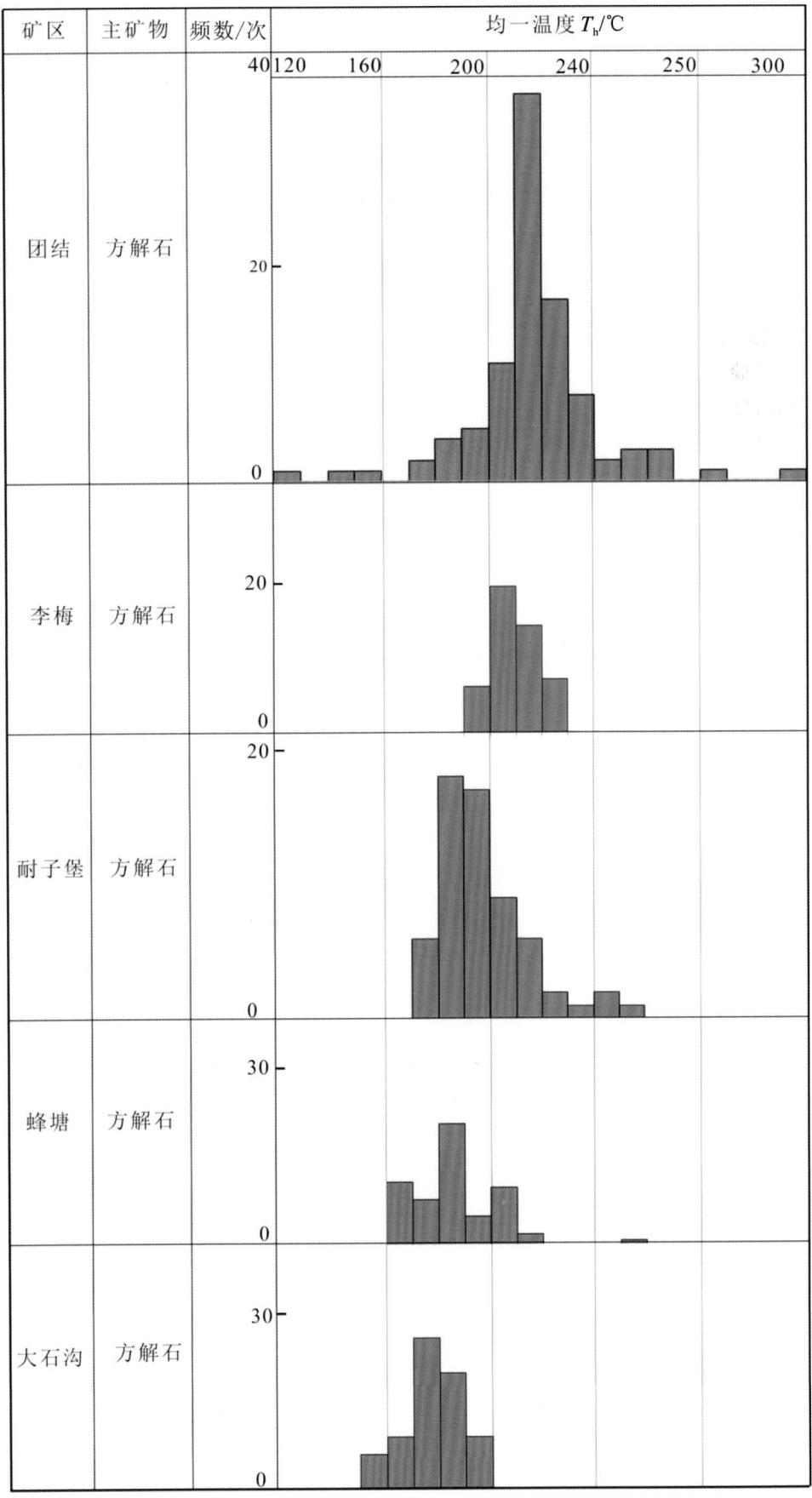

图 6-7 湘西花垣矿集区铅锌矿床方解石中流体包裹体均一温度对比图(据周云,2017a)

第二节 流体包裹体群体成分

本书采用热爆-超声波提取方法对花垣矿集区铅锌矿床中的闪锌矿、方解石和重晶石样品进行了流体包裹体的群体成分分析,测试分别在武汉地质调查中心中南实验检测中心和核工业地质矿产研究所分析测试中心完成。气相成分则由气相色谱法分析,液相成分利用原子吸收光谱法和光度分析法测定,结果见表 6-2、表 6-3 和表 6-4。

花垣矿集区铅锌矿床中闪锌矿以及与矿石矿物共生的透明矿物方解石、重晶石矿物流体包裹体群体成分的测试结果显示流体液相组分中阳离子主要有 Ca^{2+}、Na^+、Mg^{2+}。Roedder(1980)提出确定成矿热液类型的经验指标:当 (Na^+/K^+)<2,$Na^+/(Ca^{2+}+Mg^{2+})$>4 时,为典型的岩浆热液型;当 (Na^+/K^+)>10,$Na^+/(Ca^{2+}+Mg^{2+})$<1.5 时,为典型的热卤水型;介于二者之间即 2<(Na^+/K^+)<10,1.5<$Na^+/(Ca^{2+}+Mg^{2+})$<4 时,可能为层控热液型。花垣铅锌矿床流体包裹体液相成分中,Na^+/K^+ 值主要介于 4.53~18 之间,平均值为 11.27,$Na^+/(Ca^{2+}+Mg^{2+})$ 值主要介于 0.069~1.097 之间,平均值为 0.372(表 6-3),仅一个样品的 $Na^+/(Ca^{2+}+Mg^{2+})$ 值为 1.56,稍大于 1.5。与 MVT 型铅锌矿床相似,部分样品为 Ca 含量高的矿物,样品处理过程中主矿物对流体成分影响较大,$Na^+/(Ca^{2+}+Mg^{2+})$ 值不能作为判断流体类型的唯一标准,但可以推断花垣矿集区矿床成矿流体来源属典型的热卤水成因,同时具有层控热液型来源的特点。

阴离子成分以 Cl^- 为主,可能是矿物迁移的主要配阴离子,其次为 SO_4^{2-},并含少量的 F^-、Br^-,Cl^-/F^- 值(原子)为 62~2175,平均为 520。Cl^-/F^- 值较大时,可以反映原生沉积或地下热卤水成因。群体包裹体气相成分分析结果(表 6-2,表 6-4)显示花垣矿集区铅锌矿床各矿物中群体流体包裹体气相成分有 CH_4、CO_2、N_2、H_2,H_2O/CO_2 值(摩尔)为 48~111,流体属于高含水型。CH_4/CO_2 特征值为 0.007~0.855,均小于 1,反映了成矿流体的氧化性。

因此,花垣矿集区铅锌矿床成矿流体总体属 Na-Mg-Ca-Cl 成分体系类型,与流体包裹体测温结果所得的定性推断一致,与 MVT 型铅锌矿和含油气盆地的钙型卤水相似。

表 6-2 湘西花垣矿集区铅锌矿床方解石包裹体成分及部分物化条件参数(据周云,2018)

样号	气相成分/mol%					液相成分/($\times 10^{-6}$)				
	H_2O	CO_2	CO	CH_4	H_2	K^+	Na^+	Ca^{2+}	Mg^{2+}	Li^+
TJ-1B11	98.41	1.47	/	0.12	/	2.55	22.01	93.63	8.60	0.03
TJ-1B12	98.82	1.03	/	0.15	/	3.50	33.20	101.15	9.41	0.05
TJ-B14	98.73	1.08	/	0.19	/	3.57	31.59	118.28	9.09	0.03
TJ-B1	98.40	1.37	/	0.22	/	2.09	21.69	93.94	11.72	≤0.01
TJ-B10	94.72	1.13	/	4.15	/	2.01	17.34	102.49	13.10	0.02
TDP-B3	86.13	1.76	/	12.11	/	3.41	36.40	97.54	21.01	0.05
DSG-B1	98.45	1.36	/	0.19	/	1.40	13.76	76.69	82.94	0.03
DSG-B10	98.04	1.77	/	0.19	/	2.57	21.39	94.59	19.85	0.05
FT-B26	95.98	1.82	/	2.20	/	11.46	107.17	4.30	1 544.00	0.20
FT-B27	99.02	0.90	/	0.08	/	5.51	36.50	44.65	246.80	0.10

续表 6-2

样号	液相成分($\times 10^{-6}$)				相关参数					
	F^-	Cl^-	Br^-	SO_4^{2-}	H_2O/CO_2	Na/K	Cl/F	Na/Br	Cl/Br	Cl^-/SO_4^{2-}
TJ-1B11	0.05	54.03	0.01	2.74	67	15	579	2201	5403	53
TJ-1B12	0.10	76.39	3.11	4.68	96	16	409	11	25	44
TJ-B14	0.06	73.54	3.31	10.78	92	15	657	10	22	18
TJ-B1	0.12	50.11	—	3.03	72	18	224			45
TJ-B10	0.11	39.44	3.58	17.59	84	15	192	5	11	6
TDP-B3	0.12	87.79	—	7.40	49	18	392			32
DSG-B1	0.34	39.05	—	6.30	73	17	62			17
DSG-B10	0.16	62.16	—	5.44	55	14	208			31
FT-B26	0.06	243.49	5.93	7.87	53	16	2175	18	41	84
FT-B27	0.19	105.76	3.64	13.14	111	11	298	10	29	22

注：由武汉地质调查中心测试。

表 6-3 湘西花垣矿集区铅锌矿床各矿物中群体流体包裹体液相成分及部分特征参数（据周云，2018）

序号	样号	矿物名称	液相成分/($\mu g \cdot g^{-1}$)							特征参数	
			K^+	Na^+	Ca^{2+}	Mg^{2+}	F^-	Cl^-	SO_4^{2-}	Na^+/K^+	$Na^+/(Ca^{2+}+Mg^{2+})$
1	13TJ-B1	闪锌矿	1.719	8.413	80.48	1.516	0.541 2	32.61	121.2	4.894 1	0.102 6
2	13TJ-B1	方解石	0.843 2	5.636	26.93	0.556 3	0.376 7	11.91	15.89	6.684 1	0.205 0
3	13TJ-B2	闪锌矿	0.494 1	2.444	26.80	0.477 1	0.132 0	10.52	54.90	4.946 4	0.089 6
4	13TJ-B2	方解石	0.756 1	6.464	18.60	0.390 8	0.421 6	14.19	18.74	8.549 1	0.340 4
5	13TJ-B3	闪锌矿	0.360 0	1.632	17.78	0.342 5	0.169 0	5.858	14.14	4.533 3	0.090 1
6	13TJ-B3	方解石	2.201	21.88	20.09	0.594 3	0.345 3	50.08	5.627	9.940 9	1.057 8
7	13TJ-B4	方解石	0.704 8	7.977	14.43	0.366 2	0.216 4	17.34	3.982	11.318 1	0.539 1
8	13TJ-B7	方解石	0.504 2	6.552	13.18	0.204 7	0.258 5	13.69	4.530	12.994 8	0.489 5
9	13TJ-B8	方解石	0.430 9	5.926	13.41	0.236 2	0.528 2	13.99	1.861	13.752 6	0.434 3
10	13TJ-B9	重晶石	0.792 0	5.937	7.200	0.160 4	1.071	14.27	4.194	7.496 2	0.806 6
11	13TJ-B11	闪锌矿	0.381 5	2.009	16.60	0.240 2	0.081 54	7.266	26.06	5.266 1	0.119 3
12	13TJ-B11	方解石	1.548	15.10	13.31	0.452 9	0.634 5	35.62	3.953	9.754 5	1.097 2
13	13DSG-B11	方解石	0.602 0	5.675	32.17	1.030	0.388 0	14.50	52.47	9.426 9	0.170 9
14	13DSG-B12	方解石	0.564 6	5.705	13.03	0.381 2	0.653 4	13.66	2.376	10.104 5	0.425 4
15	13DSG-B13	方解石	0.225 6	1.988	14.24	0.316 9	0.377 4	4.687	7.575	8.812 1	0.136 6
16	13DSG-B15	方解石	4.984	38.96	5.961	19.00	0.498 4	84.12	2.506	7.817 0	1.560 8
17	13DSG-B15	方解石	0.347 7	5.514	13.49	0.925 6	0.815 8	12.13	1.917	15.858 5	0.382 5
18	13DSG-B17	方解石	1.024	8.632	15.96	2.263	0.436 7	21.91	8.879	8.429 7	0.473 7

注：气相成分单位为 $\mu L/g$，液相成分单位为 $\mu g/g$。由核工业地质矿产研究所测试。

表 6-4 湘西花垣矿集区铅锌矿床各矿物中群体流体包裹体气相成分及相关参数(据周云,2018)

序号	样号	矿物名称	气相成分(μL/g)						相关参数
			H₂O	CO₂	CO	CH₄	H₂	N₂	CH₄/CO₂
1	13TJ-B1	闪锌矿	5.486×10⁴	2.390	—	—	0.075 22	0.172 7	
2	13TJ-B1	方解石	4.370×10⁴	—	—	—	0.321 6	0.219 3	
3	13TJ-B2	闪锌矿	—	3.811	0.014 55	—	0.051 72	83.24	
4	13TJ-B2	方解石	7.438×10⁴	0.717 0	—	0.181 6	0.263 2		
5	13TJ-B3	闪锌矿	—	1.454			0.055 22	0.205 8	
6	13TJ-B3	方解石	3.297×10⁵	1.029		0.492 2	0.144 9	3.627	0.478 3
7	13TJ-B4	方解石	2.712×10⁵	1.035			0.137 8	0.414 2	
8	13TJ-B7	方解石	1.275×10⁵	2.085	—	0.153 8	0.264 1	2.671	0.073 8
9	13TJ-B8	方解石	5.464×10⁴	0.992 8	—	0.421 3	0.326 4	1.746	0.424 4
10	13TJ-B9	重晶石	9.716×10⁴	3.459	0.054 20	0.316 7	0.179 0	1.596	0.091 6
11	13TJ-B11	闪锌矿	4.352×10⁴	2.323	0.059 36	0.039 00	0.065 92	1.348	0.016 8
12	13TJ-B11	方解石	3.480×10⁵	2.065	—	0.292 8	0.202 5	3.115	0.141 8
13	13DSG-B11	方解石	3.318×10⁵	12.98		0.087 77	0.184 3	0.340 8	0.006 8
14	13DSG-B12	方解石	1.127×10⁵	3.403		0.150 5	0.281 5	0.465 5	0.044 2
15	13DSG-B13	方解石	6.251×10⁴	0.877 3		0.749 7	0.213 1	0.297 3	0.854 6
16	13DSG-B15	方解石	3.263×10⁵	87.39			0.063 63	0.423 9	
17	13DSG-B15	方解石	4.656×10⁴	1.033		0.297 3	0.215 3	0.325 0	0.287 8
18	13DSG-B17	方解石	6.576×10⁴	26.01	—	0.294 7	0.308 3	0.516 0	0.011 3

注:气相成分单位为 μL/g,液相成分单位为 μg/g。由核工业地质矿产研究所测试。

李泽琴等(2002)认为大气降水经淋滤循环形成的卤水 Na/Br 值和 Cl/Br 值远高于海水(Na/Br=564,Cl/Br=657),由海水蒸发形成的卤水 Na/Br 值和 Cl/Br 值远低于海水。本书计算了花垣矿集区铅锌矿床流体包裹体中离子成分的 Na/Br 和 Cl/Br 特征值,均远低于正常海水,Cl/Br 值主要为 11~41,Na/Br 值主要为 5~18,但投点于流体成分 Cl/Br-Na/K 相关图解上,显示基本沿海水蒸发曲线分布(图 6-8),表明蒸发浓缩的海水可能为本区成矿流体的来源之一,矿区地层中的封存水可以提供这种蒸发浓缩的海水。

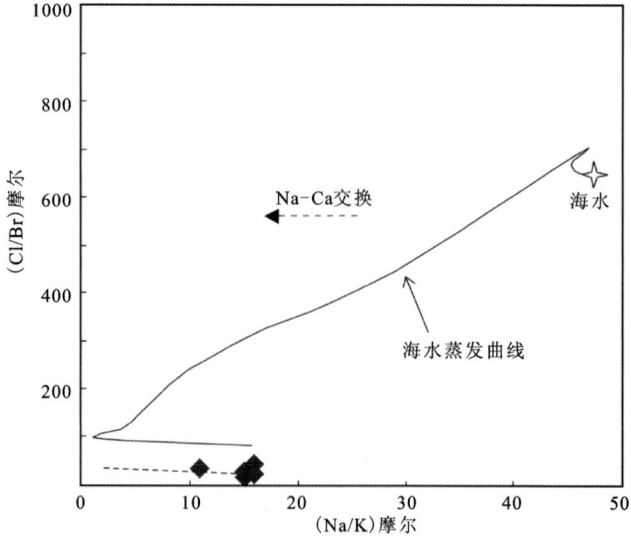

图 6-8 花垣矿集区铅锌矿床流体成分 Cl/Br-Na/K 相关图解
(据周云,2018)

第三节 单个流体包裹体气相成分

单个流体包裹体的激光拉曼分析在西安地质矿产研究所实验测试中心进行,分析仪器为英国 Renshaw 公司 inVia 型激光拉曼探针,仪器编号为 SX-02。实验条件为:Ar+激光器,波长 514.5nm,激光功率 40mW,扫描速度 10s/6 次叠加,光谱仪狭缝 10μm。激光拉曼探针分析结果表明,在花垣矿集区团结、李梅、蜂塘等矿床中,同一矿石中共生的闪锌矿、方解石、萤石矿物流体包裹体中均含 CH_4。其中,团结铅锌矿床萤石矿物流体包裹体中的 CH_4 尤其发育,具有较强的 CH_4 成分特征峰 2912~2913cm^{-1}(图 6-9、图 6-10),同时还发育 N_2、H_2S 和 H_2;蜂塘矿床方解石矿物和李梅矿区闪锌矿矿物中流体包裹体同时发育 CO_2、CH_4 和 H_2,CO_2 成分特征峰值为 1386cm^{-1}(图 6-9)。激光拉曼探针分析的结果与群体包裹体气相成分分析结果一致。

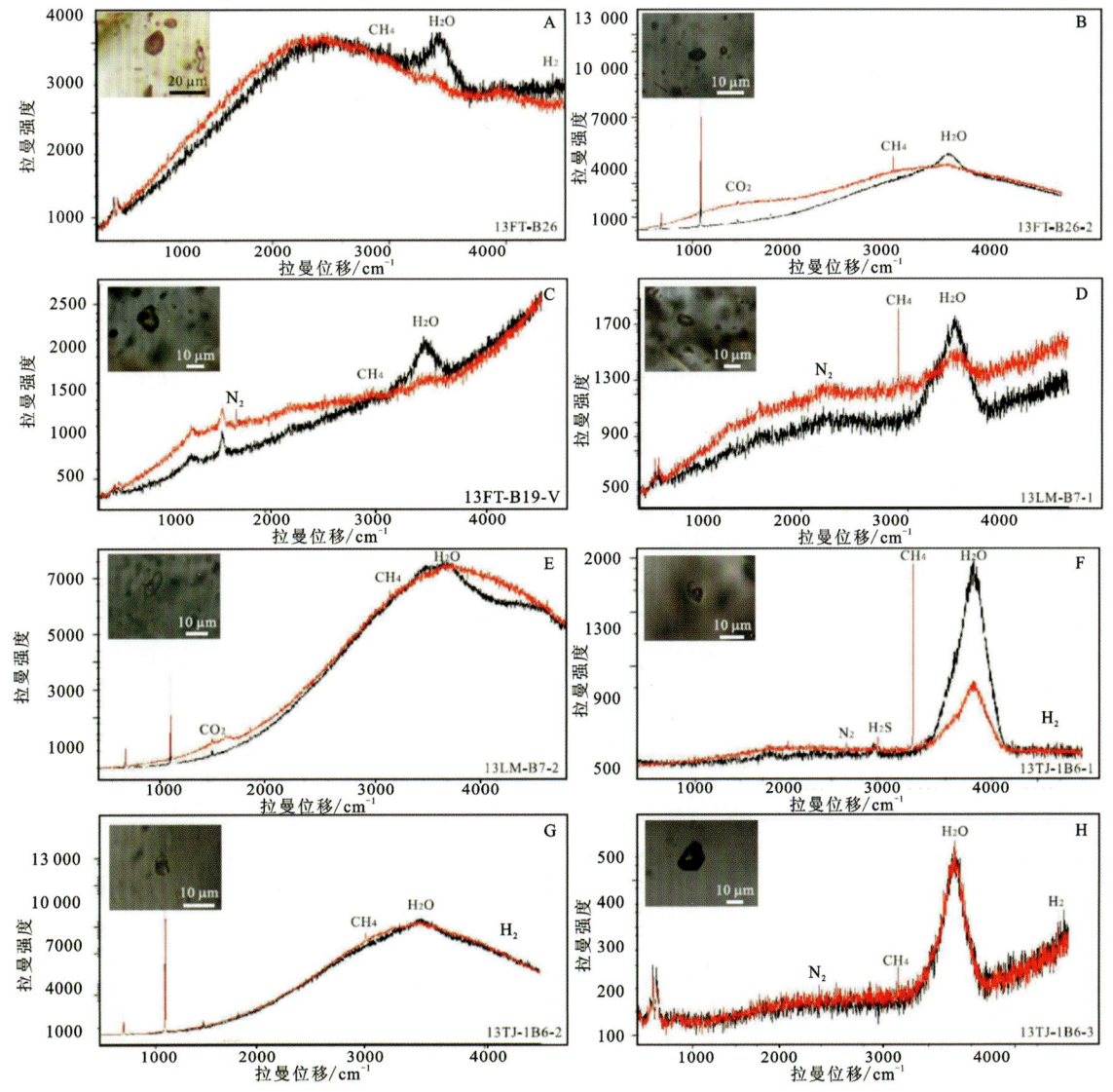

图 6-9 湘西花垣矿集区铅锌矿床流体包裹体拉曼光谱特征谱图(据周云,2018)

A.蜂塘矿床闪锌矿中流体包裹体气相成分;B.蜂塘矿床方解石中流体包裹体气相成分;C.蜂塘矿床闪锌矿中流体包裹体气相成分;D.李梅矿床闪锌矿中流体包裹体气相成分;E.李梅矿床方解石中流体包裹体气相成分;F.团结矿床萤石中流体包裹体气相成分;G.团结矿床方解石中流体包裹体气相成分;H.团结矿床闪锌矿中流体包裹体气相成分

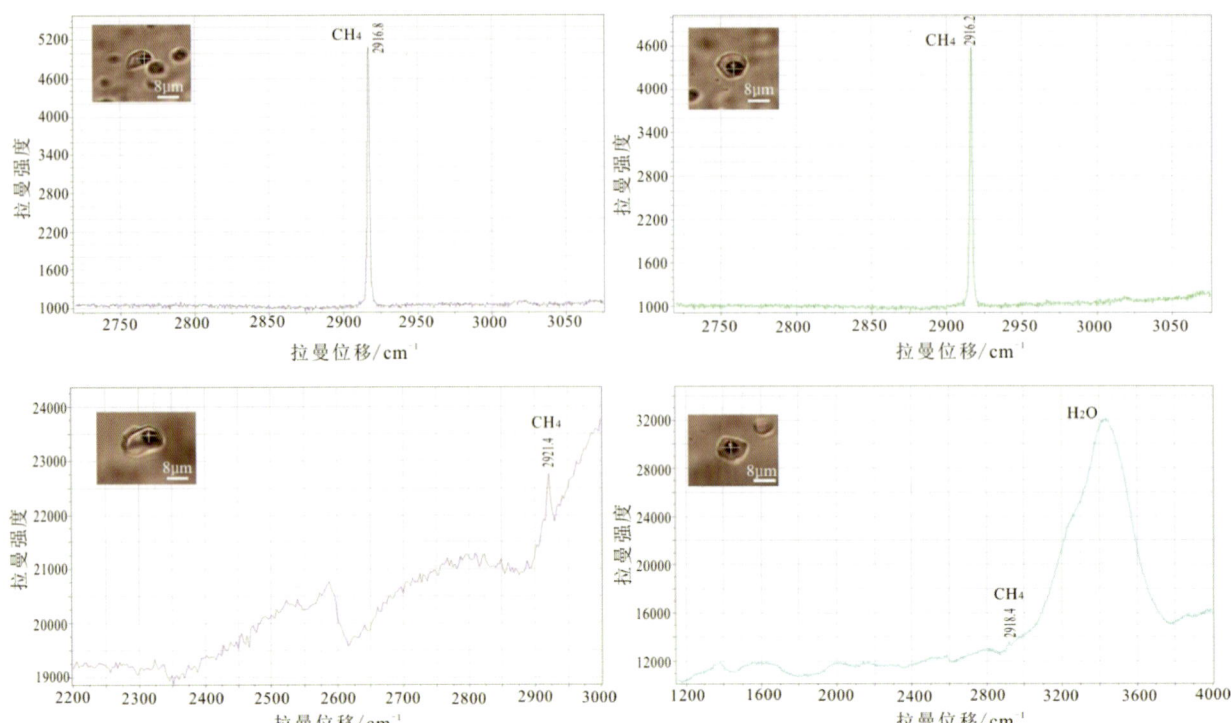

图 6-10　花垣团结铅锌矿床萤石矿物流体包裹体拉曼光谱特征谱图（据周云，2018）

胡太平等（2017）在李梅矿床闪锌矿内体壁较黑的气态包裹体中还检测出 2 个明显的强碳质沥青拉曼特征峰 1642cm^{-1} 和 1606cm^{-1} 及 2 个宽缓的带环烃基的饱和烃的拉曼特征峰（表 6-5，图 6-11）。

甲烷包裹体的拉曼特征峰值一般为 2917～2918cm^{-1}，本区甲烷包裹体的拉曼特征峰值主要为 2912～2913cm^{-1}，比常见甲烷包裹体低 5～6 个波数，说明这些包裹体为高温裂解成因的高密度甲烷包裹体密度很大，包裹体内压力较高（刘德汉等，2013）。图 6-12 为室温下观察到的大量分布的单相超临界甲烷包裹体群。我国层控铅锌矿床伴生的固体沥青反射率较高，表明已普遍处于过成熟阶段，即甲烷气阶段。沉积物埋藏之后，有机质分解是 CH_4 和 H_2 的重要来源。石油热裂解为高成熟固体、CH_4 干气和少量 H_2。表明在深埋过程中，甲烷包裹体是储层中早期原油高温超压裂解作用的产物。

高密度甲烷包裹体含少量 H_2S 和 CO_2 等气相组分，反映了高密度甲烷包裹体的捕获条件不仅与油裂解气有关，而且可能与生成 H_2S 的 TSR 作用有关，从而进一步为 H_2S 成因的 TSR 反应机理提供更多的科学依据（刘德汉等，2010）。处在控矿构造内的容矿层储集有油气物质，烃类作为还原剂，发生 TSR 形成了矿床，CO_2 的来源为热化学硫酸盐还原作用的产物。

表 6-5　李梅铅锌矿床主成矿阶段（Ⅰ2）流体包裹体激光拉曼测试结果（据胡太平等，2017）

序号	主矿物	包裹体类型	测试对象	成分	拉曼特征峰/cm^{-1}
1	闪锌矿	V	气相	碳质沥青＋烃类	2 个明显峰：1333 和 1608；2 个宽缓峰：2945 和 3218
2	闪锌矿	V	气相	碳质沥青＋烃类	2 个明显峰：1335 和 1607；2 个宽缓峰：2948 和 3215
3	闪锌矿	V	气相	碳质沥青	2 个明显峰：1341 和 1602
4	闪锌矿	V	气相	碳质沥青＋烃类	2 个明显峰：1338 和 1608；2 个宽缓峰：2948 和 3217

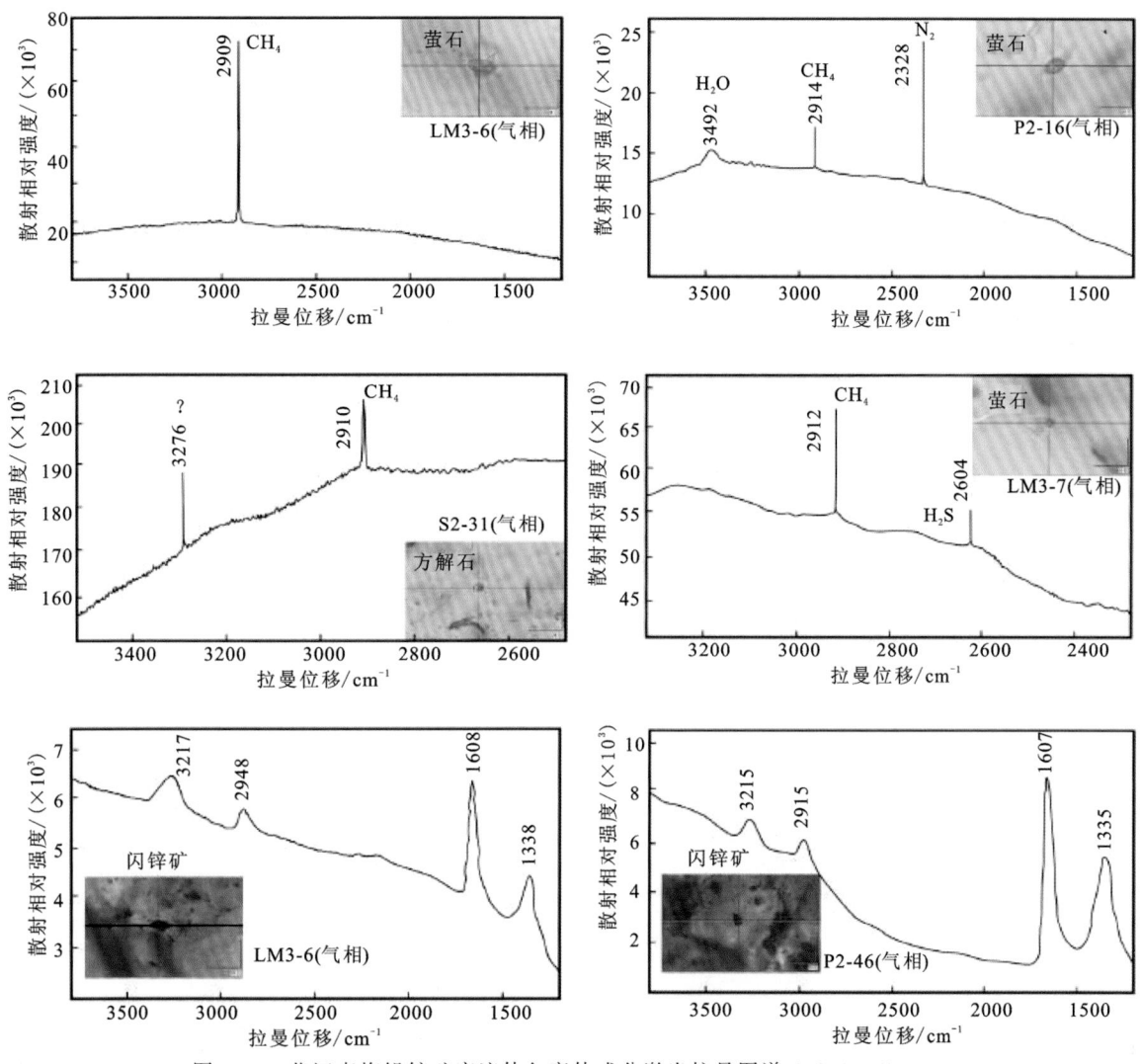

图 6-11　花垣李梅铅锌矿床流体包裹体成分激光拉曼图谱（据胡太平等，2017）

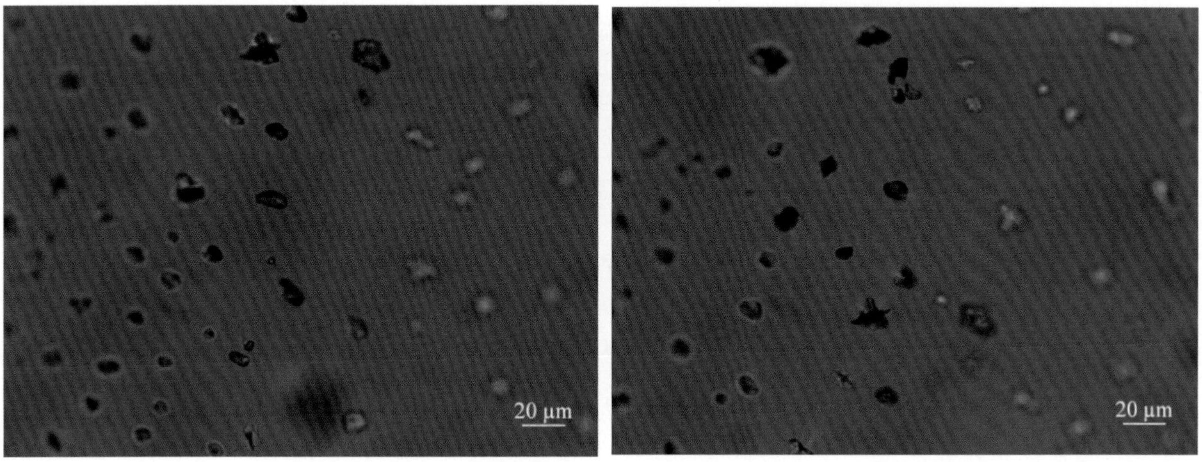

图 6-12　花垣团结铅锌矿床高放大倍数下萤石中的单相高密度甲烷包裹体（据周云，2018）

第四节 单个流体包裹体微量元素

为了探明方解石和萤石等脉石矿物中流体包裹体与成矿作用的关系,本书分别对花垣蜂塘铅锌矿床和团结铅锌矿床与铅锌矿物共生的脉石矿物方解石和萤石矿物中单个流体包裹体开展了单个流体包裹体的微量元素及个别常量元素的成分分析,测试在中国科学院上海应用物理研究所上海光源进行;分析仪器为同步辐射X射线荧光微探针(SRXRF);实验方法为微束荧光分析(μ-XRF),该方法可用于高分辨、高灵敏度的物质元素组成、含量和分布研究。其原理是:入射X射线激发原子内壳层。外层电子跃迁补充内壳层空位,同时发射荧光X射线或俄歇电子。荧光X射线能量与元素种类相关,特征X射线强度与元素含量相关。用能量分辨[如Si(Li)]探测器探测荧光X射线的能量和强度。可同时探测多个能量的荧光X射线,同时探测多种元素。实验所用的X射线光源来自上海同步辐射装置(SSRF)带有K-B聚焦镜的4W1B束线(图6-13),正负电子对撞机(BEPC)储存环的电子能量为3.5GeV,束流强度为230mA,光子能量为20.5keV,光斑大小为$3\mu m \times 1.8\mu m$,其空间分辨率达$1.5\mu m$量级。检测限达$10^{-12} \sim 10^{-10}$ g,相对浓度达ppm级,属于非破坏性分析。X射线正入射到样品表面处,样品与探测器间的夹角为30°,探测器到样品的工作距离为45mm。显微观测系统中的显微镜放大倍数为140。Si(Li)探测器铍窗厚$7.5\mu m$,能量分辨率为133eV。将美国国家标准局合成玻璃标样NIST SRM 612和NIST SRM 614进行了标定,检测时间为500s,流强为0.35。

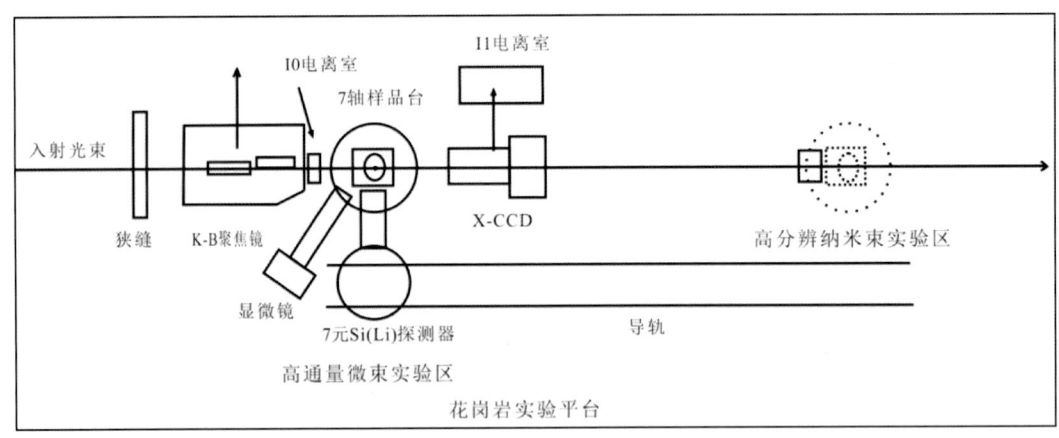

图6-13 同步辐射X射线荧光实验站布局图

结果显示,脉石矿物方解石中具有Zn、Pb、Mn、Fe、As、Cr等成矿元素的初步富集(图6-14、图6-15),萤石矿物流体包裹体中也具有Zn元素的初步富集(图6-16)。结合流体包裹体显微测温结果不难看出,花垣矿集区典型的铅锌矿床中脉石矿物方解石、萤石中流体包裹体均有成矿元素Pb、Zn的存在。这证实了方解石和萤石中的流体包裹体溶液富含成矿物质,是形成闪锌矿和方铅矿的成矿流体。闪锌矿、方铅矿等矿石矿物与方解石、萤石等脉石矿物应属同一富含Pb、Zn、Mn、Fe、As、Cr等成矿元素的成矿流体在同一成矿期次相同条件下沉淀的产物。

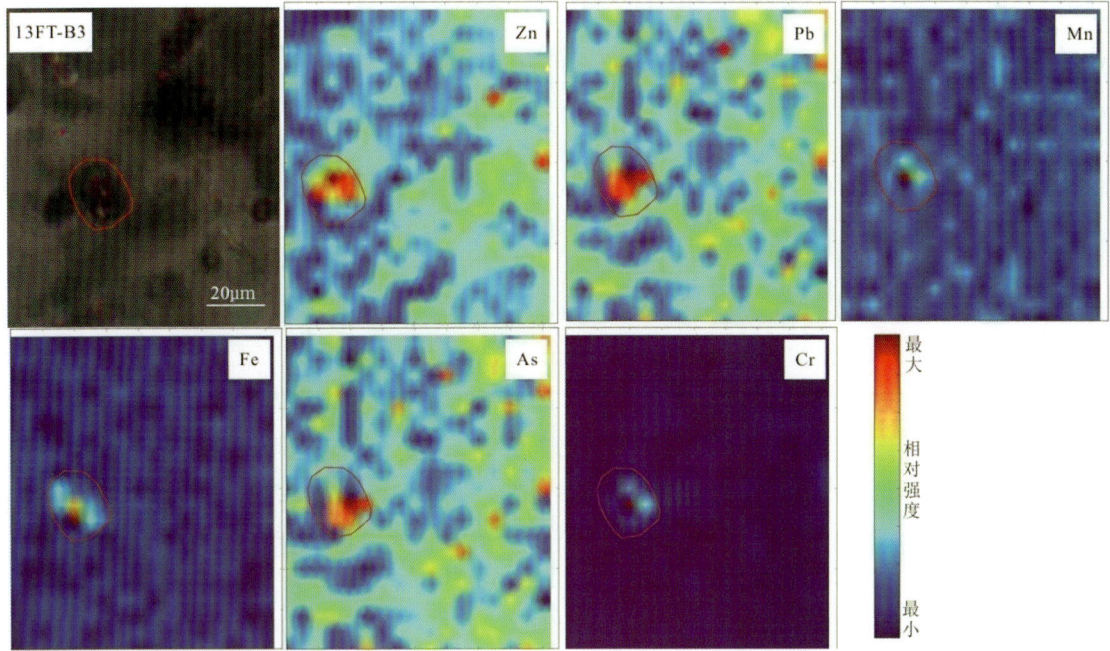

图 6-14　湘西花垣矿集区蜂塘铅锌矿床方解石中流体包裹体成矿元素含量富集图(据周云,2018)

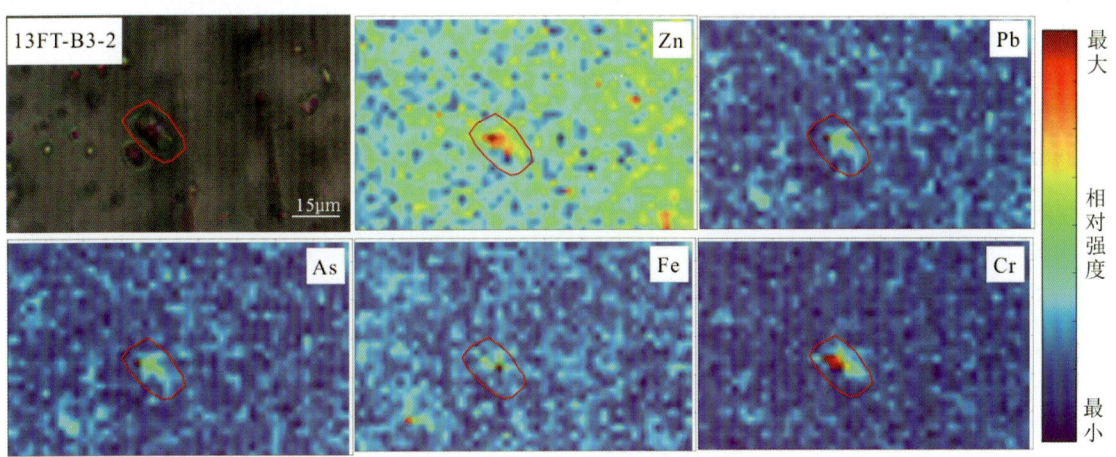

图 6-15　湘西花垣矿集区蜂塘铅锌矿床方解石中单个流体包裹体成矿元素含量富集图(据周云,2018)

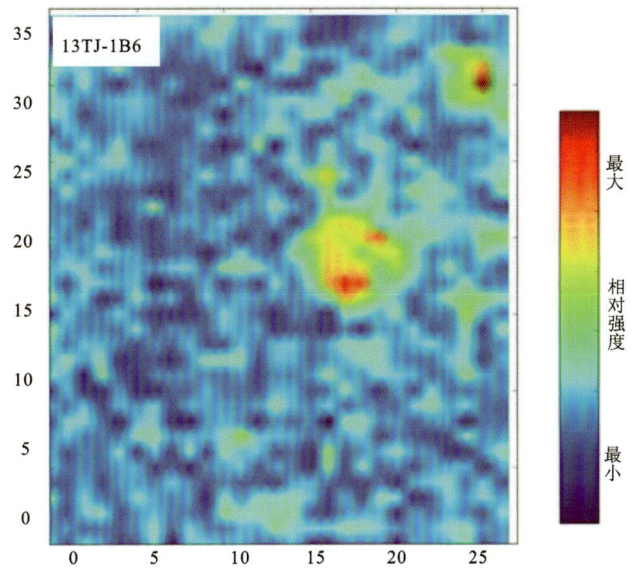

图 6-16　湘西花垣矿集区团结矿床萤石中单个流体包裹体 Zn 元素含量富集图(据周云,2018)

第七章 矿床成矿时代

花垣矿集区内铅锌矿是较典型的产于寒武系藻灰岩地层中的似MVT型铅锌矿床(周云,2017a),区内如李梅大型铅锌矿床,是湖南花垣铅锌矿集区的重要组成部分,也是该矿集区内最早发现的铅锌矿床,尤其是花垣铅锌矿集区北段铅锌矿床的典型代表(夏新阶等,1995;罗卫等,2009;薛长军等,2017),但长期以来一直未获得可靠的成矿年龄,成矿年代的不确定性造成对矿床成因认识上的差异,矿集区内各铅锌矿床之间的成因联系不明,影响了对本区成矿作用的系统认识,也制约了下一步找矿方向。

闪锌矿是铅锌矿床最主要的矿石矿物,其形成贯穿整个成矿过程,对于碳酸盐岩容矿的似MVT型铅锌矿床来说,闪锌矿无疑是直接获得矿床成矿年龄的理想对象。由于物理特性不同,闪锌矿的Rb/Sr值常常明显高于方铅矿和方解石等共生组合矿物(Maxwell,1976;李文博等,2002)。国内外许多学者致力于铅锌矿床闪锌矿Rb-Sr等时线定年的研究。Medford于1983年对加拿大Pine Point铅锌矿床的研究证实,该矿床中硫化物的Sr同位素存在均一化过程,闪锌矿满足Rb-Sr等时线定年的前提条件(Medford,1983)。Nakai等成功测定美国、加拿大和澳大利亚等地铅锌矿床的闪锌矿Rb-Sr等时线年龄,证实了闪锌矿具有较高、变化范围较大的Rb/Sr值,对其进行Rb-Sr定年获得的年龄是可靠的,同时揭示出Rb、Sr主要赋存于闪锌矿中,而不是其中的流体包裹体中,残留相中的Rb、Sr含量明显高于淋滤液(Nakai,1990),因此对铅锌矿床开展Rb-Sr等时线定年时需对闪锌矿矿物或矿物残留相开展Rb-Sr同位素组成测试,而非矿物中的流体包裹体。自2004年开始,闪锌矿Rb-Sr同位素定年技术在国内也得到了成功应用(杨红梅等,2012),李文博等于2004年采用闪锌矿Rb-Sr定年技术首次获得了云南会泽大型铅锌矿床的两组成矿年龄:(225.1±2.9)Ma和(225.9±3.1)Ma,认为川-滇-黔成矿区内铅锌成矿作用与峨眉山玄武岩岩浆活动(250Ma)存在成因联系。喻刚(2005)随后在辽东青城子矿田的年代学研究中得到了与矿区花岗岩锆石U-Pb年龄一致的闪锌矿矿物Rb-Sr等时线年龄。之后国内学者陆续发表了不同成因类型铅锌矿床闪锌矿Rb-Sr同位素定年技术成功应用的实例,表明闪锌矿Rb-Sr同位素定年技术日趋成熟。另外,国内外有关学者为获得MVT型铅锌矿床的成矿年龄采用的方解石Sm-Nd法(杨红梅等,2015)、^{40}Ar-^{39}Ar定年技术(毛景文等,2006),也为研究铅锌矿床的成因提供了较为准确的数据,这些定年方法在国内铅锌矿床定年研究中得到了广泛应用。

对于花垣铅锌矿集区内的铅锌矿床,已有学者研究获得矿集区南段狮子山铅锌矿床[(410±12)Ma]和相邻的柔先山铅锌矿床[(412±6)Ma]的闪锌矿Rb-Sr同位素等时线年龄(段其发等,2014b;谭娟娟等,2018),然而花垣矿集区面积较大,约215 km²,成矿时间跨度不明,矿集区南段相邻的狮子山铅锌矿床和柔先山铅锌矿床在误差范围内近乎一致的成矿年龄能否代表整个铅锌矿集区的成矿时间?本书对位于花垣矿集区北段的李梅大型铅锌矿床具有代表性的闪锌矿和方解石样品进行了Rb-Sr同位素组成测定和方解石Sm-Nd法定年,以精确厘定该矿床的形成年龄,约束整个花垣矿集区的铅锌成矿时限,同时为判断矿床成矿物质来源提供Sr同位素证据,为花垣矿集区的铅锌成矿作用探讨提供依据。

第一节　闪锌矿 Rb-Sr 测年

闪锌矿单矿物样品的 Rr、Sr 同位素定年测试由中国地质调查局武汉地质调查中心同位素开放研究实验室完成，测试仪器为热电离质谱仪 TRITON。花垣李梅铅锌矿床中采集到 7 件铅锌矿石样品用于 Rb、Sr 定年，7 件矿石样品均为新鲜的闪锌矿矿石，均于矿床的主要成矿阶段"闪锌矿、黄铁矿、方铅矿沿裂隙孔隙交代充填阶段"形成，采集于同一条似层状矿脉、相邻的空间位置。矿石样品为团块状方解石化闪锌矿矿石，矿石矿物成分简单，野外地质调查及室内镜下岩矿鉴定结果显示主要的矿石矿物为闪锌矿，次为黄铁矿，脉石矿物主要为方解石。闪锌矿样品为同一世代、同种颜色、相同结构，以保证采集的闪锌矿样品满足 Rb-Sr 同位素等时线定年的"同时性""同源性"和"封闭性"的前提条件。

样品分析流程如下：先将手标本用水清洗干净，风干，再粗碎，挑选干净的闪锌矿；再将样品粉碎至 0.2～0.5mm，在双目镜下人工挑选纯净的闪锌矿单矿物样品，尽可能剔除其余杂质矿物，保证闪锌矿的纯度近于 100%。样品测试方法为：①先将选纯的闪锌矿单矿物分别放入稀酸和超纯水中用超声波机清洗 3～5 遍，烘干备用；②放入烘箱内，在 120～180℃ 爆裂，去除次生包裹体；③用超纯水在超声波清洗机内清洗 3～5 遍，热烤干备用；④称取适量样品置于聚四氟乙烯封闭溶样器中，加入 $^{85}Rb+^{84}Sr$ 混合稀释剂，用适量王水溶解样品，采用阳离子树脂（Dowex50×8）交换法分离和纯化铷、锶；⑤用热电离质谱仪 TRITON 进行 Rb、Sr 同位素组成的分析，用同位素稀释法计算试样中的 Rb、Sr 含量及 Sr 同位素比值。整个分析过程采用标准物质 NBS-987 的 NBS-607 和 GBW04411 分别对分析流程和仪器的工作状态进行监控，NBS-987 的 $^{87}Sr/^{86}Sr$ 同位素组成测定值为（0.710 31±0.000 03）（2σ），与证书推荐值（0.710 24±0.000 26）（2σ）在误差范围内一致。NBS-607 的 Rb、Sr 含量（10^{-6}）和 $^{87}Sr/^{86}Sr$ 同位素比值分别为 523.60、65.54 以及（1.200 50±0.000 04）（2σ），与证书推荐值（523.90±1.01/65.484±0.30、1.200 39±0.000 20）（2σ）在误差范围内一致。GBW04411 的 Rb、Sr 含量（10^{-6}）和 $^{87}Sr/^{86}Sr$ 同位素比值分别为 249.20、158.90 以及（0.760 05±0.000 02）（2σ），与证书推荐值（249.47±1.04、158.92±0.70、0.759 99±0.000 20）（2σ）在误差范围内一致，表明测试数据可信可靠。分析方法和技术流程可参见杨红梅等已发表的相关文献（杨红梅等，2012，2015）。本次分析样品的前期制备均在净化实验室完成，全流程 Rr、Sr 空白分别为 1×10^{-10} 和 7×10^{-10}。

李梅铅锌矿床的 7 个闪锌矿样品 Rb、Sr 同位素测定结果见表 7-1，闪锌矿中 Rb 含量为 $0.153\ 8\times10^{-6}\sim0.203\ 5\times10^{-6}$，Sr 含量为 $2.198\times10^{-6}\sim18.37\times10^{-6}$，$^{87}Rb/^{86}Sr$ 为 0.030 84～0.266 9，$^{87}Sr/^{86}Sr$ 为（0.709 56±0.000 03）～（0.711 14±0.000 03）。对样品先后进行了 2 次测试，2 次测试结果较吻合，显示出测试仪器的稳定性和方法的可靠性。

采用 Ludwig 编写的 Isoplot 程序对获得的花垣李梅铅锌矿床闪锌矿 Rb-Sr 同位素数据进行拟合处理（Ludwig，2001；路远发，2004），获得的闪锌矿 Rb-Sr 同位素等时线图中（图 7-1），由于样品 13LM-B1、13LM-B2、13LM-B3 的采样位置和样品 13LM-B5、13LM-B8 的采样位置相对过于靠近，闪锌矿的粒度、颜色、结构等特征基本完全相同，导致 13LM-B2、13LM-B3 和 13LM-B5 分别与样品 13LM-B1、13LM-B8 近乎重叠，其余样品分布合理，$^{87}Rb/^{86}Sr-^{87}Sr/^{86}Sr$ 图表现出良好的线性关系，计算得到的参考等时线年龄为（464±13）Ma（MSWD=0.96）。$^{87}Sr/^{86}Sr$ 初始值为（0.709 319±0.000 018）（1σ）。

表 7-1　李梅铅锌矿床闪锌矿 Rb、Sr 同位素组成(据周云等,2021)

样品编号	样品名称	Rb/(×10⁻⁶)	Sr/(×10⁻⁶)	^{87}Rb/^{86}Sr	^{87}Sr/^{86}Sr	误差(±2σ)
13LM-B1	闪锌矿	0.153 8	14.38	0.030 84	0.709 59	0.000 07
13LM-B2	闪锌矿	0.193 3	18.21	0.030 61	0.709 57	0.000 02
13LM-B3	闪锌矿	0.197 2	18.37	0.030 96	0.709 56	0.000 03
13LM-B4	闪锌矿	0.184 7	11.3	0.047 13	0.709 69	0.000 02
13LM-B5	闪锌矿	0.165 7	8.665	0.055 14	0.709 77	0.000 02
13LM-B8	闪锌矿	0.188 8	9.93	0.054 81	0.709 75	0.000 01
13LM-B9	闪锌矿	0.203 5	2.198	0.266 90	0.711 14	0.000 03

注:由中国地质调查局武汉地质调查中心同位素地球化学实验室测试。

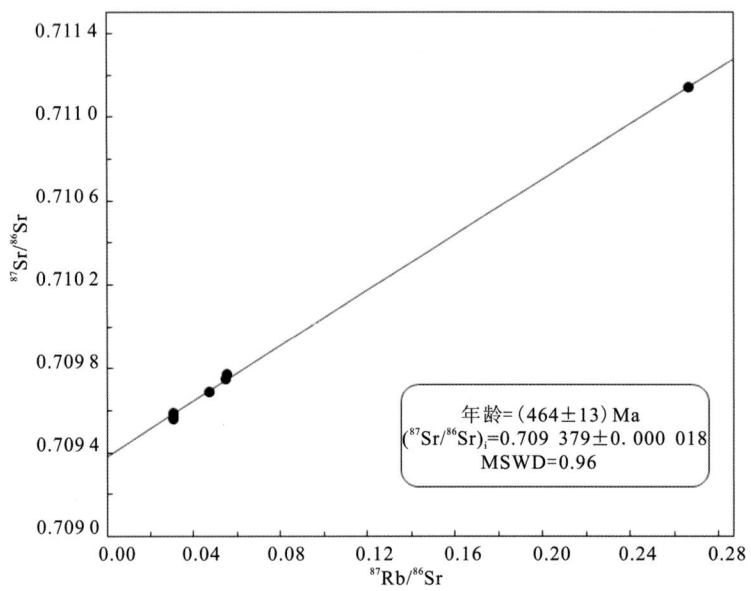

图 7-1　花垣李梅铅锌矿床闪锌矿 Rb-Sr 同位素等时线图(据周云等,2021)

本次测试的闪锌矿样品采自李梅铅锌矿床同一矿体中,空间分布相对合理,且为结晶较好的团块状铅锌矿石,除更早生成的细粒黄铁矿和共生的方解石脉以外,未见后期其他矿物的穿插和交代现象,闪锌矿纯度较高,样品满足 Rb-Sr 同位素测试的基本前提。图 7-1 中等时线具有实际地质意义,等时线年龄可代表成矿阶段的年龄,即李梅铅锌矿床的形成年龄为(464±13)Ma(MSWD=0.96),为中奥陶世,其赋矿地层为下寒武统清虚洞组,成矿时代明显晚于容矿地层时代(周云等,2021)。

段其发等(2014b)采用全溶方法和流体包裹体淋滤法对花垣狮子山铅锌矿主成矿期闪锌矿及其残渣、淋滤液进行了 Rb、Sr 同位素测定(表 7-2)。测试结果显示,闪锌矿矿物相的 Rb 含量的变化范围为 $0.084\ 4\times10^{-6}\sim0.508\ 7\times10^{-6}$,Sr 的含量变化范围为 $7.324\times10^{-6}\sim26.590\times10^{-6}$,变化范围较大,Rb 含量低,Rb/Sr 值为 0.003～0.050,^{87}Rb/^{86}Sr 值为 0.009 2～0.145 5,^{87}Sr/^{86}Sr 值为 0.709 15～0.709 96。在图 7-2 中,8 个矿物相样品点具有良好的线性关系,计算得到的年龄为(420±120)Ma(MSWD=0.03),$(^{87}Sr/^{86}Sr)_i$ 值为 0.709 12。但由于 Rb 含量低,Rb/Sr 值小,即导致所得同位素等时线年龄误差较大。闪锌矿淋滤液相的 Rb 含量的变化范围为 $0.021\ 8\times10^{-6}\sim0.824\ 2\times10^{-6}$,Sr 的含量变化范围为 $5.459\times10^{-6}\sim23.69\times10^{-6}$,^{87}Rb/^{86}Sr 值为 0.011 5～0.045 4,^{87}Sr/^{86}Sr 值为 0.709 16～0.709 48。^{87}Rb/^{86}Sr 值和 ^{87}Sr/^{86}Sr 值较集中,不能形成等时线,无法获得等时线年龄。狮子山矿床闪锌矿残渣相 Rb 含量的变化范围为 $0.115\ 0\times10^{-6}\sim0.673\ 8\times10^{-6}$,Sr 含量变化范围为 $0.458\ 9\times10^{-6}\sim1.065\ 0\times10^{-6}$,^{87}Rb/^{86}Sr 值为 0.722 9～2.830 0,^{87}Sr/^{86}Sr 值为 0.713 86～0.725 99,残渣相样品的等

时线年龄为(401±41)Ma(MSWD=3.6)(图7-3),残渣相及与对应的矿物相共12个样品点计算得到的等时线年龄为(410±12)Ma(MSWD=2.2)(图7-4),(^{87}Sr/^{86}Sr)$_i$值为0.709 16。误差精度明显优于矿物相和残渣相所得数据,该年龄可作为矿床形成年龄,即狮子山铅锌矿成矿地质时代为早泥盆世(段其发等,2014b),成矿时代同样明显晚于赋矿地层时代。

表7-2 花垣狮子山铅锌矿床闪锌矿Rb、Sr同位素组成(据段其发等,2014b)

样品编号	样品名称	Rb/(×10^{-6})	Sr/(×10^{-6})	^{87}Rb/^{86}Sr	^{87}Sr/^{86}Sr	误差(±2σ)
SZ-5	矿物相	0.394 2	8.868	0.128 2	0.709 87	0.000 10
SZ-6		0.341 5	26.400	0.037 3	0.709 33	0.000 09
SZ-7		0.084 4	26.590	0.009 2	0.709 15	0.000 04
SZ-8		0.358 5	14.640	0.070 6	0.709 54	0.000 02
SZ-9		0.260 7	7.324	0.102 6	0.709 70	0.000 12
SZ-12		0.131 7	8.331	0.045 6	0.709 42	0.000 03
SZ-13		0.261 8	10.280	0.073 4	0.709 55	0.000 10
SZ-5-1		0.508 7	10.080	0.145 5	0.709 96	0.000 30
SZ-5	残渣相	0.673 8	1.065 0	1.826 0	0.719 74	0.000 09
SZ-6		0.544 1	0.555 4	2.830 0	0.725 99	0.000 09
SZ-8		0.643 0	0.909 5	2.041 0	0.720 74	0.000 02
SZ-9		0.415 7	1.050 0	1.143 0	0.715 80	0.000 02
SZ-12		0.115 0	0.458 9	0.722 9	0.713 86	0.000 03
SZ-13		0.352 0	0.662 5	1.533 0	0.717 88	0.000 04
SZ-5	淋滤液	0.107 6	7.621	0.040 7	0.709 48	0.000 03
SZ-6		0.199 1	23.690	0.024 2	0.709 24	0.000 01
SZ-8		0.100 6	10.450	0.027 8	0.709 37	0.000 20
SZ-9		0.086 0	5.459	0.045 4	0.709 43	0.000 08
SZ-12		0.021 8	5.469	0.011 5	0.709 16	0.000 02
SZ-13		0.824 2	11.700	0.020 3	0.709 42	0.000 10

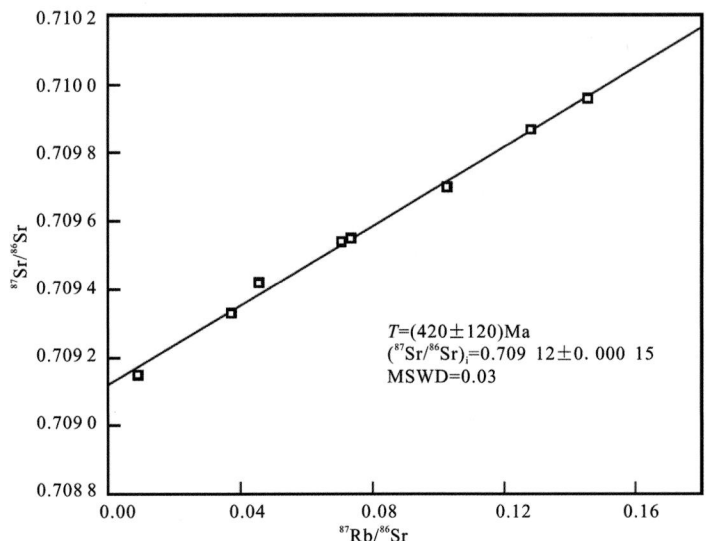

7-2 花垣狮子山矿床闪锌矿全矿物相Rb-Sr同位素等时线(据段其发等,2014b)

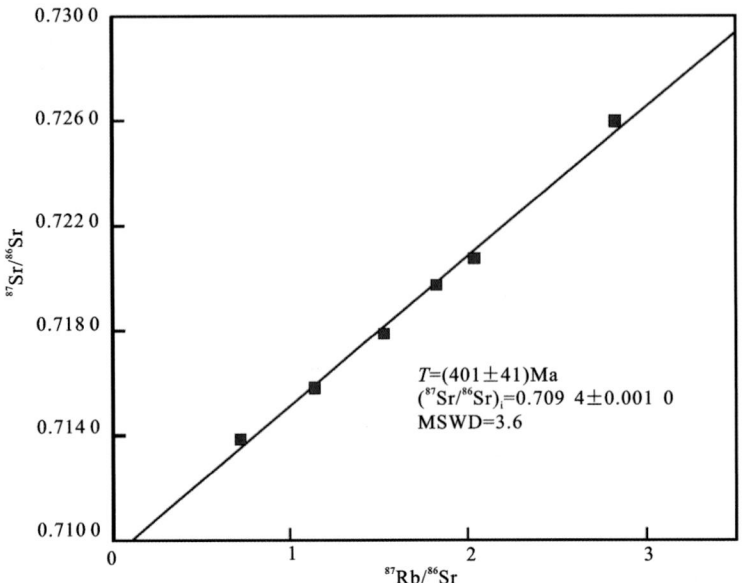

图 7-3 花垣狮子山矿床闪锌矿残渣相 Rb-Sr 同位素等时线（据段其发等，2014b）

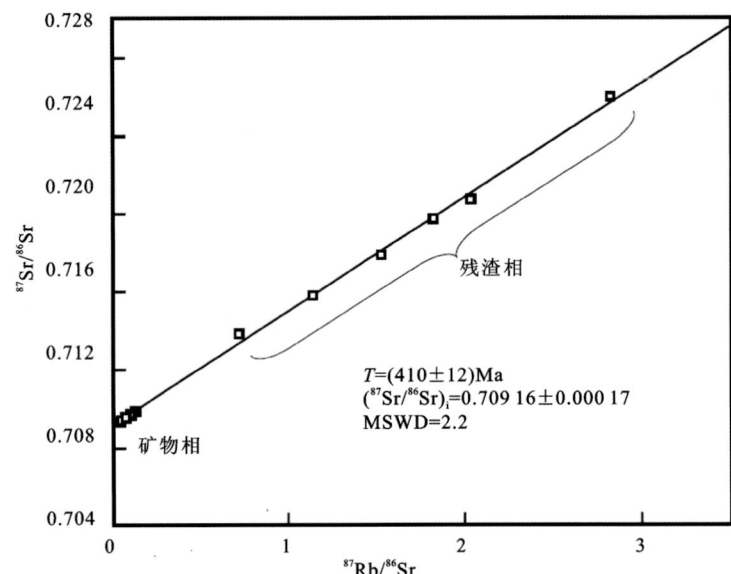

图 7-4 花垣狮子山矿床闪锌矿矿物相和残渣相 Rb-Sr 同位素等时线（据段其发等，2014b）

谭娟娟等（2018）采用闪锌矿全矿物 Rb-Sr 法，对位于花垣矿集区南段与狮子山铅锌矿床相邻的柔先山铅锌矿床进行了闪锌矿矿物 Rb、Sr 同位素测定（表 7-3），闪锌矿矿物相 Rb 含量的变化范围为 $0.050\,9 \times 10^{-6} \sim 0.162\,2 \times 10^{-6}$，Sr 含量的变化范围为 $0.369 \times 10^{-6} \sim 6.897 \times 10^{-6}$，变化范围较大，Rb 含量低，$^{87}\text{Rb}/^{86}\text{Sr}$ 值为 $0.046\,5 \sim 0.398\,5$，$^{87}\text{Sr}/^{86}\text{Sr}$ 值为 $0.709\,59 \sim 0.711\,66$。在图 7-5 中，8 个矿物相样品点具有良好的线性关系，柔先山铅锌矿床的 Rb-Sr 等时线年龄为 (412 ± 6) Ma[MSWD=1.3，$(^{87}\text{Sr}/^{86}\text{Sr})_i$ 值为 0.709 32]，也为早泥盆世，明显晚于赋矿地层的时代。

表 7-3　花垣柔先山铅锌矿床闪锌矿 Rb、Sr 同位素组成（据谭娟娟等，2018）

样品编号	样品性质	Rb/(×10⁻⁶)	Sr/(×10⁻⁶)	⁸⁷Rb/⁸⁶Sr	⁸⁷Sr/⁸⁶Sr	误差(±2σ)
14YT-08	闪锌矿矿物	0.166 2	2.257	0.207 2	0.710 53	0.000 05
14YT-17	闪锌矿矿物	0.120 1	4.163	0.083 2	0.709 82	0.000 03
14YT-19GRE	闪锌矿矿物	0.156 5	4.333	0.104 1	0.709 94	0.000 04
14YT-21GRE	闪锌矿矿物	0.155 2	5.467	0.081 9	0.709 82	0.000 02
14YT-23YEW	闪锌矿矿物	0.050 9	0.369	0.398 5	0.711 66	0.000 03
14YT-23GRE	闪锌矿矿物	0.099 8	1.361	0.211 4	0.710 58	0.000 02
14YT-20	闪锌矿矿物	0.074 3	4.613	0.046 5	0.709 59	0.000 02
14YT-25	闪锌矿矿物	0.144 7	6.897	0.060 5	0.709 66	0.000 01

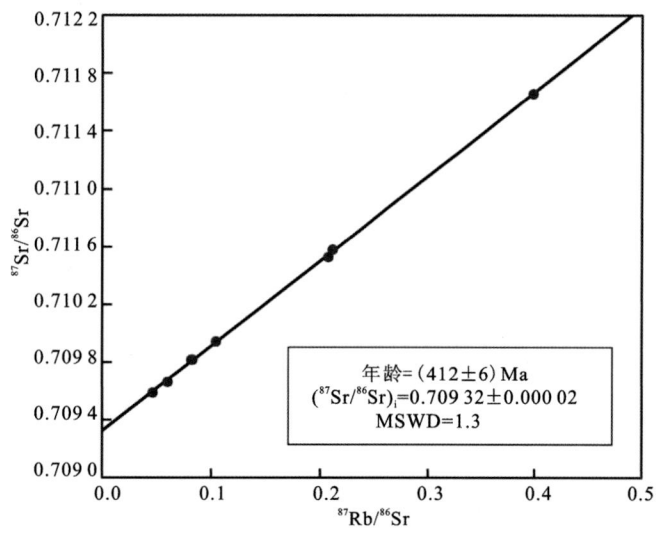

图 7-5　花垣柔先山矿床闪锌矿矿物 Rb-Sr 同位素等时线（据谭娟娟等，2018）

第二节　方解石 Sm-Nd 测年

方解石单矿物的 Sm、Nd 同位素组成由武汉地质调查中心同位素地球化学实验室测试，用于本次研究的闪锌矿化方解石采自花垣狮子山矿床开采的矿洞中。样品处理与分析方法如下：

方解石呈斑脉状，与闪锌矿、方铅矿共生。首先将方解石样品粉碎至 40～80 目，在双目镜下挑纯单矿物，确保方解石纯度高于 98%。用去离子水清洗挑纯的方解石，低温干燥后置于容器中备用。

将一份不加稀释剂，另一份加入 ¹⁴⁵Nd＋¹⁴⁹Sm 混合稀释剂的方解石样品置于 Teflon 器皿中，分别用 $HClO_4$ 和 HF 溶解后，采用 AG-50w×8 阳离子交换树脂对离心，分离得到上层清液，未加稀释剂的解吸液采用 P507 树脂柱分离纯化 Nd，用于测试 Nd 同位素比值。将加入稀释剂的解吸液蒸干，用于 Sm、Nd 含量质谱分析，Nd 同位素比值和 Sm、Nd 含量在热电离质谱仪 TRITON 上进行测试，Nd 同位素比值分析中产生的质量分馏采用 ¹⁴⁶Nd/¹⁴⁴Nd＝0.721 9 进行幂定律校正，全流程 Nd、Sm 空白分别为 $1.1×10^{-10}$ 和 $3.8×10^{-11}$。Sm、Nd 含量采用同位素稀释法公式计算得到。用标准物质 ZkbzNd(JMC) 和 GBW04419 分别对整个分析流程和仪器进行监控。其中，标准物质的测试结果与标准物质的推荐值在误差范围内一致，JMC 的 $^{143}Nd/^{144}Nd$ 值为（0.511 558±0.000 009），GBW04419 的 $^{143}Nd/^{144}Nd$ 值为（0.512 724±0.000 007），Sm、Nd 含量分别为（3.028±0.015）×10^{-6}、（10.136±0.072）×10^{-6}，表明本次方解石的 Sm-Nd 测试数据可信（杨红梅等，2015）。方解石的 Sm-Nd 同位素组成分析结果列于表 7-4，方解石中的 Sm 含量多数较低，含量范围为 0.135 7×10^{-6}～2.418×10^{-6}，Nd 含量相对较高，含量范围为 0.669 2×10^{-6}～14.85×10^{-6}，$^{147}Sm/^{144}Nd$ 值变化于 0.088 2～0.125 0 之间，$^{143}Nd/^{144}Nd$ 值变化于 0.511 728～0.512 019 之间（周云等，2017a）。

表 7-4 花垣狮子山铅锌矿床方解石 Sm-Nd 同位素组成（据周云等，2017a）

样品编号	样品名称	Sm/(×10^{-6})	Nd/(×10^{-6})	$^{147}Sm/^{144}Nd$	$^{143}Nd/^{144}Nd$	误差（±2σ）
11SZS-B1	方解石	0.612 9	3.794	0.097 7	0.511 754	0.000 005
11SZS-B4	方解石	2.291	14.06	0.098 6	0.511 77	0.000 003
11SZS-B5	方解石	0.415 7	2.64	0.095 3	0.511 757	0.000 008
16SZS-B4	方解石	2.418	14.85	0.098 5	0.511 756	0.000 002
13FT-B23	方解石	0.234 8	1.61	0.088 2	0.511 728	0.000 006
11NZB-B4	方解石	0.135 7	0.669 2	0.122 7	0.511 934	0.000 009
11NZB-B6	方解石	0.287 5	1.391	0.125 0	0.512 019	0.000 006

测试单位：武汉地质调查中心同位素地球化学实验室。

采用 Ludwig（2001）编写的 Isoplot 软件处理方解石的 Sm-Nd 同位素数据，显示方解石矿物的 Sm-Nd 同位素等时线年龄为（491±440）Ma（MSWD=0.31），Nd 初始值（$^{143}Nd/^{144}Nd$）$_i$ 为 0.511 45（图 7-6），年龄误差较大。方解石的 $^{143}Nd/^{144}Nd$ 与 1/Nd 无明显的正相关关系（图 7-7），方解石的 Sm-Nd 等时线具有地质意义。

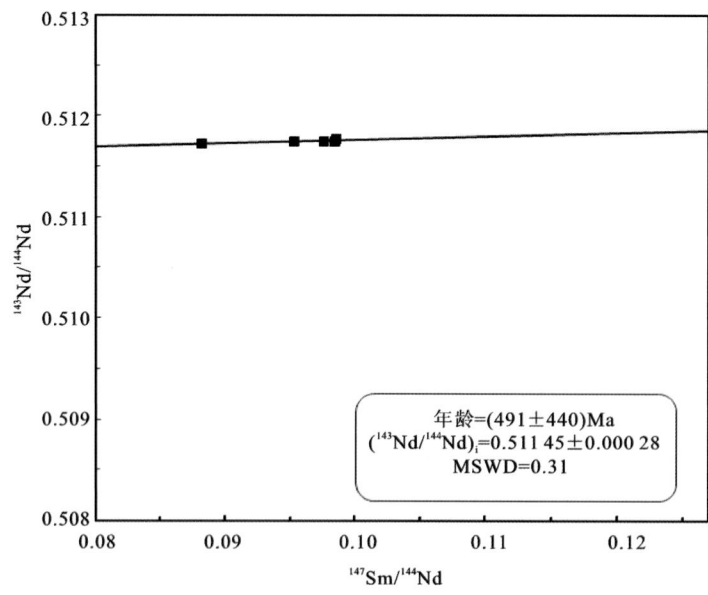

图 7-6 花垣狮子山铅锌矿床方解石 Sm-Nd 同位素等时线图（11NZB-B4、11NZB-B6 数据未用）

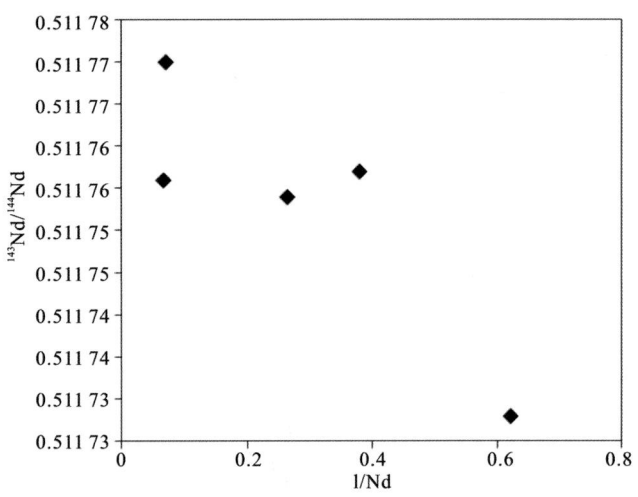

图 7-7 方解石 $^{143}Nd/^{144}Nd$-1/Nd 相关关系图(据周云等,2017a)

由于 Sm/Nd 值小,方解石 Sm-Nd 等时线年龄(491±440)Ma(MSWD=0.31)误差较大,其年龄仅能作为参考,但是根据矿物共生组合特征,部分闪锌矿与方铅矿穿插交代方解石脉体,判断方解石的形成发生于约 490Ma,早于闪锌矿。

湘西地区在晚震旦世—早寒武世经历了由拉张凹陷向热沉降的转换,成熟被动大陆边缘在早寒武世晚期—早奥陶世经历了一个演化过程(杨红梅等,2015),成矿与区内加里东运动区密切相关,加里东运动形成的花垣-张家界断裂控制了花垣矿集区铅锌矿床的分布。方解石中 Nd 同位素为低放射成因,反映成矿流体可能为地层封存热卤水来源。

第三节 成矿时代讨论

湘西花垣矿集区李梅铅锌矿床闪锌矿 Rb-Sr 同位素等时线年龄为(464±13)Ma(MSWD=0.96),表明矿床成矿地质时代为中奥陶世。狮子山铅锌矿床闪锌矿 Rb-Sr 同位素等时线年龄为(410±12)Ma(MSWD=2.2)(段其发,2014b),表明成矿地质时代为早泥盆世。

同一矿集区内,北段的李梅铅锌矿床成矿年龄为(464±12)Ma,南段的狮子山和柔先山铅锌矿床成矿年龄为(410±12)Ma 和(412±6)Ma,南北成矿年龄相差约 70 Ma,究其原因,是否可能与成矿流体的缓慢运移相关?抑或两期构造事件?已有的花垣铅锌矿集区成矿流体及同位素研究成果显示,花垣铅锌矿集区内的团结大脑坡铅锌矿床方解石中流体包裹体均一温度为 217℃,李梅铅锌矿床方解石中流体包裹体均一温度为 209℃,耐子堡铅锌矿床方解石中流体包裹体均一温度为 198℃,蜂塘铅锌矿床方解石中流体包裹体均一温度为 184℃,大石沟铅锌矿床方解石中流体包裹体均一温度为 177℃。大脑坡、李梅、耐子堡、蜂塘、大石沟铅锌矿床的成矿流体均一温度依次下降,具有由北而南降低的趋势,显示了成矿流体的大致运移方向(周云等,2017,2018)。刘文均等(2000)的研究证实,从矿集区北段的大脑坡、李梅矿床,到南段的狮子山矿床,铅锌矿床中成矿流体的温度,流体中 K^+、Na^+、Ca^{2+} 等阳离子和气相成分 CO_2、CH_4 的含量出现逐步下降的特点。碳氧同位素的研究结果也证实了花垣矿区范围内流体的大致迁移方向是由北而南,导致大脑坡、李梅、土地坪、蜂塘、大石沟、狮子山铅锌矿床中成矿期方解石的 $\delta^{13}C_{PDB}$、$\delta^{18}O_{SMOW}$ 同位素表现出逐渐降低的特点(周云等,2017)。表明在花垣矿区范围内流体的迁移方向为由北向南流动(周云等,2017,2018)。然而,如果成矿流体在运移和沉淀过程中依次形成花垣铅锌矿集区北段的大脑坡、李梅矿床到形成矿集区南段的柔先山、狮子山矿床,其成矿时限为 470—400Ma,成矿时限跨度大约为 70Ma。在区域构造演化发生重大变化或转换过程中,持续长达 70Ma 的热液成矿可能性较低,矿床形成过程中构造热事件的干扰也会导致两个成矿时代差别巨大的矿床无法由同一个成矿流体演化并在不同地段沉淀。成矿流体均一温度、成分等规律性的变化可能与成矿流体沉淀时的深度或矿集区北段与南段铅锌矿床的剥蚀程度不同有关。

已有资料表明,湘西地区在490—400Ma经历过一次强烈的构造-热事件,即加里东期构造事件,突出表现为震旦系—下古生界的强烈褶皱与韧性剪切变形(舒良树,2006)。加里东运动早期以郁南运动为主,是粤西桂东地区寒武纪和奥陶纪地层间的平行不整合所代表的上升运动,表现为南北向水平挤压,时限为490—470Ma(早—中奥陶世)(周恳恳等,2016)。相邻于广西地区的湘西地区在郁南运动发生以前还处于扬子克拉通的被动大陆边缘裂陷盆地,郁南运动发生后导致俯冲,扬子克拉通被动大陆边缘裂陷盆地转换为前陆盆地,构造热液活动强烈,导致湘西花垣矿集区的第一次成矿事件,形成了矿集区北段的大脑坡、李梅等铅锌矿床。随着加里东构造事件的持续进行,到了加里东运动晚期,广西运动开始。广西运动代表了志留纪末和泥盆纪初的地壳运动事件,其运动时限为420—410Ma(戴传固等,2010;周留煜,2011),导致江南古陆强烈隆升,是江南古陆造山的构造变动时期。构造由伸展体制向挤压体制转换,成矿流体继续向南运移,从而形成湘西花垣矿集区的第二次成矿事件,形成了矿集区南段的狮子山、柔先山、蜂塘、土地坪、大石沟等铅锌矿床(周云等,2021)。

第八章 矿床成因

第一节 成矿物质来源

花垣矿集区中矿石硫化物的$\delta^{34}S$值变化范围为24.93‰~34.66‰,平均值为31.06‰,具有塔式效应,且$\delta^{34}S_{黄铁矿}>\delta^{34}S_{闪锌矿}>\delta^{34}S_{方铅矿}$,表明矿床S同位素分馏已基本达到平衡。硫化物的$\delta^{34}S$值与早寒武世海相硫酸盐的$\delta^{34}S(\approx30‰)$一致,指示硫可能来自早寒武世海相硫酸盐的还原。

矿石铅同位素组成均一,属单阶段演化的正常铅,具有上地壳铅、造山带铅混合的特点,成矿物质来源于造山带和上地壳的混合作用,与铅模式年龄(534—437Ma)相应时代地层为成矿提供了物质来源。

花垣矿集区铅锌矿床热液方解石的Sr同位素平均值为0.709 45,闪锌矿的$^{87}Sr/^{86}Sr$值为0.709 15~0.711 14,平均值为0.709 71,$(^{87}Sr/^{86}Sr)_i$值为0.709 12~0.709 40,代表了成矿流体的Sr同位素比值。赋矿围岩下寒武统清虚洞组灰岩的$^{87}Sr/^{86}Sr$值平均为0.709 04,低于成矿流体的$^{87}Sr/^{86}Sr$值。成矿流体应有高锶壳源物质的加入,壳源物质只能由大陆地壳及其风化形成的碎屑岩提供(刘淑文等,2012)。因此,推断该区矿石锶应主要来源于具有高锶含量的碎屑岩地层,即下伏地层石牌组和牛蹄塘组,或二者中的一个。

花垣矿集区铅锌矿床热液方解石的$\delta^{13}C_{PDB}$值范围为-2.71‰~1.21‰,均值为-0.58‰,$\delta^{18}O_{SMOW}$值范围为16.09‰~22.48‰,均值为19.72‰。$\delta^{13}C_{PDB}$值和$\delta^{18}O_{SMOW}$值组成非常集中,相对均一。成矿流体中的C可能来源于围岩地层,碳酸盐溶解作用起到关键作用。热液方解石与围岩碳酸盐岩相比,相对具有明显低的$\delta^{18}O_{SMOW}$值,表明亏^{18}O的成矿流体与围岩发生了同位素交换。成矿流体中的C形成于海相碳酸盐岩的溶解作用。

矿石硫化物、脉石矿物REE地球化学和赋矿围岩的REE地球化学特征进一步证实,热液方解石、重晶石、矿石硫化物与近矿围岩灰岩的稀土元素球粒陨石标准化配分模式各不相同,虽均具有富轻稀土元素组成的特点,均向右倾斜,但不同矿物的稀土配分曲线多无重叠性,成矿流体中的稀土并非继承赋矿地层碳酸盐岩,成矿物质来源并不是含矿层位本身。

由此可见,花垣矿集区铅锌矿床的成矿物质具有多源性。

第二节 成矿流体来源

刘文均等(2000)对花垣铅锌矿床中大量流体包裹体进行了详细研究,结果显示,该区成矿流体为高盐度的低温CO_2-H_2O-NaCl型热卤水,流体密度为1.0~1.1g/cm³,成矿压力为35~40MPa,成矿深度为1.3~1.4km。杨绍祥等(2007b)通过花垣矿集区矿床流体包裹体测温获得成矿流体温度为99~190℃,蔡应雄等(2014)对花垣李梅铅锌矿床流体包裹体测温获得成矿流体温度为98~130℃,盐度范围为18.01%~19.95%NaCl eqv,成矿压力为22~40MPa。周云等(2014a)通过对花垣李梅、耐子堡、狮子山等典型矿床流体成矿作用的研究,认为该区成矿流体温度主要分布于80~230℃,盐度范围为9%~21%NaCl eqv,成矿压力25~45MPa。综合本区流体包裹体显微测温数据得出,该区成矿流体温度主要为100~180℃,总盐度一般为10%~23%NaCl eqv,成矿流体体系主要为$NaCl-CaCl_2-H_2O$、$CaCl_2-H_2O$和$NaCl-KCl-H_2O$,是高浓度溶液,属于低温度、中—高盐度、中—高密度,成分以钠和钙氯化物为主的地下热卤水性质的含矿热水溶液(周云等,2014a)。

湘西地区铅锌矿床成矿流体均为低温度、中高盐度、高密度性质的盆地卤水,与美国典型MVT型铅锌矿床具有相似性,但湘西地区铅锌矿床成矿流体温度整体比美国典型MVT型铅锌矿床成矿流体温度稍高。

湘西花垣矿集区铅锌矿床成矿流体温度主要为100~180℃,花垣团结、李梅、土地坪、蜂塘、大石沟铅锌矿床的成矿流体温度依次下降,均一温度具有由北而南降低的趋势,反映了成矿流体的运移方向。刘文均等(2000)研究证实从矿集区北段的团结、李梅矿床,到南段的狮子山矿床,铅锌矿床中成矿流体的温度,流体中阳离子和气相成分CO_2、CH_4的含量,出现逐步下降的特点,表明在花垣矿区范围内流体的迁移方向为由北向南流动,而且主要是沿清虚洞组第三段、第四段作顺层流动。成矿流体在运移和沉淀过程中依次形成团结、李梅、耐子堡、蜂塘、大石沟铅锌矿床。

花垣矿集区铅锌矿床的氢氧同位素组成表明成矿流体的主要来源是建造水和大气降水。一般来说,沉积碳酸盐岩则富含^{13}C、^{18}O等重同位素而贫^{12}C、^{16}O等轻同位素,大气降水中富集轻同位素而贫重同位素(李堃等,2014)。因此,主要来源为建造水和大气降水的成矿流体富含^{12}C、^{16}O,亏^{13}C、^{18}O的成矿流体在与围岩地层的水岩反应中持续与碳酸盐围岩进行碳氧同位素交换,从而沉淀形成了^{13}C、^{18}O等重同位素越来越低的方解石。由于花垣矿集区范围内流体的迁移方向是由北而南流动的,这也是表5-5与图5-8中团结、李梅、土地坪、蜂塘、大石沟铅锌矿床中成矿期方解石的^{13}C、^{18}O同位素基本表现出逐渐降低的特征的原因。

第三节 地层与成矿的关系

下寒武统清虚洞组($\epsilon_1 q$)为花垣矿集区铅锌矿床的容矿地层,矿区内98%矿体赋存于第三亚段$\epsilon_1 q^{1-3}$藻灰岩地层中,这一亚段是矿区主要的铅锌容矿层位,清虚洞组上覆地层为中寒武统高台组灰白色薄—中层状粉细晶白云岩,下伏地层为下寒武统石牌组灰色薄—中厚层状粉砂质泥岩、粉砂岩夹岩屑细砂岩和下寒武统牛蹄塘组黑色薄层状含碳泥岩。汤朝阳等(2012)研究认为,在盆地演化过程中,具备矿源层-容矿层-屏蔽层组合条件这种特殊层位的岩石系列控制了湘西地区早寒武世铅锌矿的垂向分布,下寒武统牛蹄塘组和石牌组为区内的矿源层,下寒武统清虚洞组为赋矿层,起到提供成矿空间的作用,中寒武统高台组为屏蔽层,发挥地球化学屏障的作用。类似于形成石油矿藏,地层为铅锌矿床的形成提供"源、储、盖"配套条件。

一、矿源层

雷义均等(2013)测试了湘西北地区产于寒武系中的铅锌矿床矿区及外围地层中Pb、Zn元素丰度值(表8-1),下震旦统陡山沱组和上震旦统灯影组中Pb、Zn含量均接近地壳正常丰度值,下寒武统牛蹄塘组Pb含量均值和最大值分别为31.36×10^{-6}、89.86×10^{-6},Zn含量均值和最大值分别为231.79×10^{-6}、$2\,200.53\times10^{-6}$,都大大高于其他地层。

下寒武统牛蹄塘组是一套深水黑色页岩系,地层岩性为陆棚-盆地相黑色碳质页岩、灰泥岩,沉积相特征上表现为陆棚边缘盆地相环境沉积,这层特殊的"缺氧事件沉积",在提供丰富有机质的同时,还将陆源风化的矿物质搬运至海水中;寒武纪初期的大规模海侵、海底热水喷流和"湘黔断裂带"的强烈拉张,带来了大量的盆源物质和陆源物质,使得具铅、锌高丰度值的牛蹄塘组和石牌组,成为花垣地区铅锌矿床的矿源层(汤朝阳等,2012)。

上文中锶同位素研究结果也已经证实成矿物质应主要来源于具有高锶含量的碎屑岩地层,即下伏地层牛蹄塘组。

表 8-1　湘西北震旦系—下奥陶统中 Pb、Zn 丰度值（据雷义均等,2013）

地层			样品数量/个	$\omega(Pb)/(\times 10^{-6})$		$\omega(Zn)/(\times 10^{-6})$	
系	统	组		最大值	均值	最大值	均值
奥陶系	下统	南津关组	165	12.45	5.2	16.48	9.3
寒武系	上统	娄山关组	67	12.11	4.8	17.67	7.4
	中统	高台组	32	21.42	8.3	13.43	8.8
	下统	清虚洞组	34	34.77	10.1	23.98	14.9
		石牌组	121	67.65	14.5	1 104.56	71.3
		牛蹄塘组	154	89.86	31.36	2 200.53	231.79
震旦系	上统	灯影组	228	25.45	8.67	15.87	2.24
	下统	陡山沱组	157	26.63	9.41	27.86	8.96

二、成矿空间与屏蔽盖层

花垣矿集区铅锌矿体主要分布在下寒武统清虚洞组下段第三亚段和第四亚段。清虚洞组上段上亚段中也有少量铅锌矿体分布。岩性以藻灰岩、藻屑灰岩、砂砾屑灰岩等为主,清虚洞组的这种岩性质纯性脆,化学性质活泼,易于构造破碎和发生交代作用,岩石本身粒间孔隙发育,是理想的容矿层,因而为成矿热液运移提供了良好的通道和沉淀空间,从而在其中产生围岩蚀变和矿化,矿化富集时则形成矿体,藻灰岩厚度中心即是矿床的中心。

对含矿地层清虚洞组形成完全封闭的盖层为高台组的泥质云岩,高台组地层由于含泥质成分高,对于运移在断层通道里的含矿气水热液停积在含矿岩层中起到了良好的遮挡封闭作用。

三、岩相对成矿的控制

湘西寒武纪清虚洞期具有典型的成熟被动大陆边缘盆地建造类型,中缓坡相藻灰岩微晶丘和鲕粒灰岩—砾(粒)屑灰岩—浊积岩层位是该区的控矿岩相组合(汤朝阳等,2013)。

藻礁灰岩主要分布在下寒武统清虚洞组下段第三亚段中。藻礁灰岩岩层单层厚度大,多数为厚层至巨厚层,肉眼观察岩性质纯,无明显杂质,岩石表面光滑,仅有少量出露地表,绝大多数隐伏于地下。在新鲜的钻孔岩芯上可见呈不规则锯齿状的缝合线构造较发育,在镜下观察含矿岩层中普遍含有生物藻屑、藻团粒等。

藻灰岩中的藻的种类和形态与铅锌矿化强度关系密切。藻的种类与形态主要有以下几种。①网状格架藻类:生长于藻坪。主要有直管藻、表附藻类、环状隐藻类。这些藻类通常有网状格架,个体较大,生长环境水流比较平稳,保存较完整,是礁灰岩的构成主体。②清晰藻团粒藻屑:生成于水流较动荡环境的个体较大的藻团粒藻屑。藻屑:粒度 0.05～0.3mm,色暗,多无定形,部分为藻团粒;藻团:粒度 0.3～1mm,色暗,多不规则状;藻团块:粒度 0.3～4mm,成分多不匀,见黏结状藻屑、藻团。藻团粒藻屑被泥晶方解石交代完全,并被亮晶方解石交代胶结。③模糊藻团粒藻屑:生成于水流较动荡环境的个体较小的藻团粒藻屑,以藻团粒为主,色暗,多浑圆状,藻团边缘有点模糊。填隙物:约 30%,微—泥晶为主,局部斑块状重结晶。藻屑、藻团粒等被泥晶方解石交代完全,细—微晶方解石胶结藻屑、藻团粒等呈亮晶结构;藻屑、藻团粒:多为不规则状,藻屑、藻团粒长径为 0.02～0.6mm(贺令邦,2019)。

含这三类藻类的岩石与铅锌矿化强度有很大的差异。据表 8-2 统计,凡是分布有大片网状格架藻类的含矿围岩,铅锌矿化强度最高,其岩层厚度也是很大的。分布有清晰藻团粒藻屑的含矿围岩,也能分布有规模较大的铅锌矿体,但矿化强度较前一类型要弱很多,花垣矿集区以此类型的含矿围岩占主要地位。分布有模糊藻团粒藻屑的岩层一般不含矿(贺令邦,2019)。

表 8-2　花垣矿集区藻礁灰岩与铅锌矿化强度关系统计表(据贺令邦,2019)

含藻岩石	钻孔编号	矿化情况			
		矿化层数	矿体厚度/m	铅含量/%	锌含量/%
网状格架藻类	ZK061049	8	1.19～6.05	0.89～2.03	0.74～7.99
	ZK085049	6	1.32～1.46	0.71～1.25	0.73～2.45
	ZK117057	3	1.10～2.18	0.097～0.36	1.03～3.84
清晰藻团粒藻屑	ZK061049	8	1.19～6.05	0.89～2.03	0.74～7.99
	ZK101047	4	1.04～5.38	0.11～1.41	0.70～3.40
	ZK109057	5	1.08～2.51	0.11～1.54	0.67～1.67
	ZK117051	3	1.24～3.74	0.26～0.37	0.50～1.12
	ZK117065	2	1.30～2.36	0.18	0.16～4.85
	ZK117073	2	1.07～2.82	0.42～0.69	0.44～1.65
模糊藻团粒藻屑	ZK117105	0	0	—	—
	ZK117033	0	0	—	—
	ZK117081	0	0	—	—

藻灰岩中含有的网状格架藻类是构成礁灰岩的主体。这类藻类具有网状格架、个体较大、生长环境水流比较平稳、保存较完整的特点。分布有大量网状格架藻类的藻灰岩是有利于富矿聚集的最佳成矿环境空间。大量的矿体围岩研究表明:在网状格架藻类的藻灰岩中,矿体不与网状格架藻类的化石直接接触,但总是包围着矿体分布。且这类藻灰岩中的矿体厚度大,品位较高,说明成矿空间环境(藻坪微相)最好。

分布有清晰藻团粒藻屑的藻灰岩虽然也含有大量的铅锌矿体,但这类藻灰岩中的矿体一般厚度较小,品位稍低,并且在清虚洞组下段第四亚段、上段下亚段有矿(化)体分布。也就是说,矿液有从矿区主要含矿层第三亚段向上部岩层扩散的趋势。这类藻灰岩中的藻团粒藻屑生成于水流较动荡环境,说明成矿空间环境(藻坪浅滩微相)较好。

藻灰岩中含有一些模糊藻团粒藻屑,说明生成于水流较动荡环境的藻团粒藻屑个体较小,而且这类藻灰岩往往在成岩期后岩石重结晶和白云化现象普遍(藻坪浅滩改造微相)。这类藻灰岩中无矿体分布(贺令邦,2019)。

因此,本区铅锌矿体均分布在台地边缘浅滩亚相(藻礁相)地层中(图 8-1),整个台地地势相对开阔平坦是碳酸盐缓坡台地的特点,发育对水体交换有一定的阻隔性的藻丘带,此外,水体较浅的滩地发育于台地边缘,有利于含矿溶液沉淀(汤朝阳等,2013)。台地边缘地层常具有高孔隙度,碳酸盐浅滩和生物礁在盆地埋藏压实过程中抗压变形能力较强,因应力差形成的差异压实作用驱动成矿热液和油气等盆地流体向"隆起区"如生物礁、浅滩运移集中(段其发,2014a)。这些地区适宜藻类生长发育,在成岩阶段因有机质分解,产生众多藻腐解孔隙,成为具高孔隙度的岩石,有利于形成质纯、性脆、化学性质活泼的碳酸盐岩,易于构造破碎,因而也就易于成矿。同沉积断裂常发育于台地边缘,这些断裂是成矿物质和深部热液向上运移的重要通道,在构造伸展期,由于后期挤压逆冲推覆、横向剪切,封存于盆地中的含矿热卤水沿早期的同沉积断裂向上运移,活化迁移矿源层中的铅锌元素,最先到达台地边缘,形成具有工业意义的矿床。

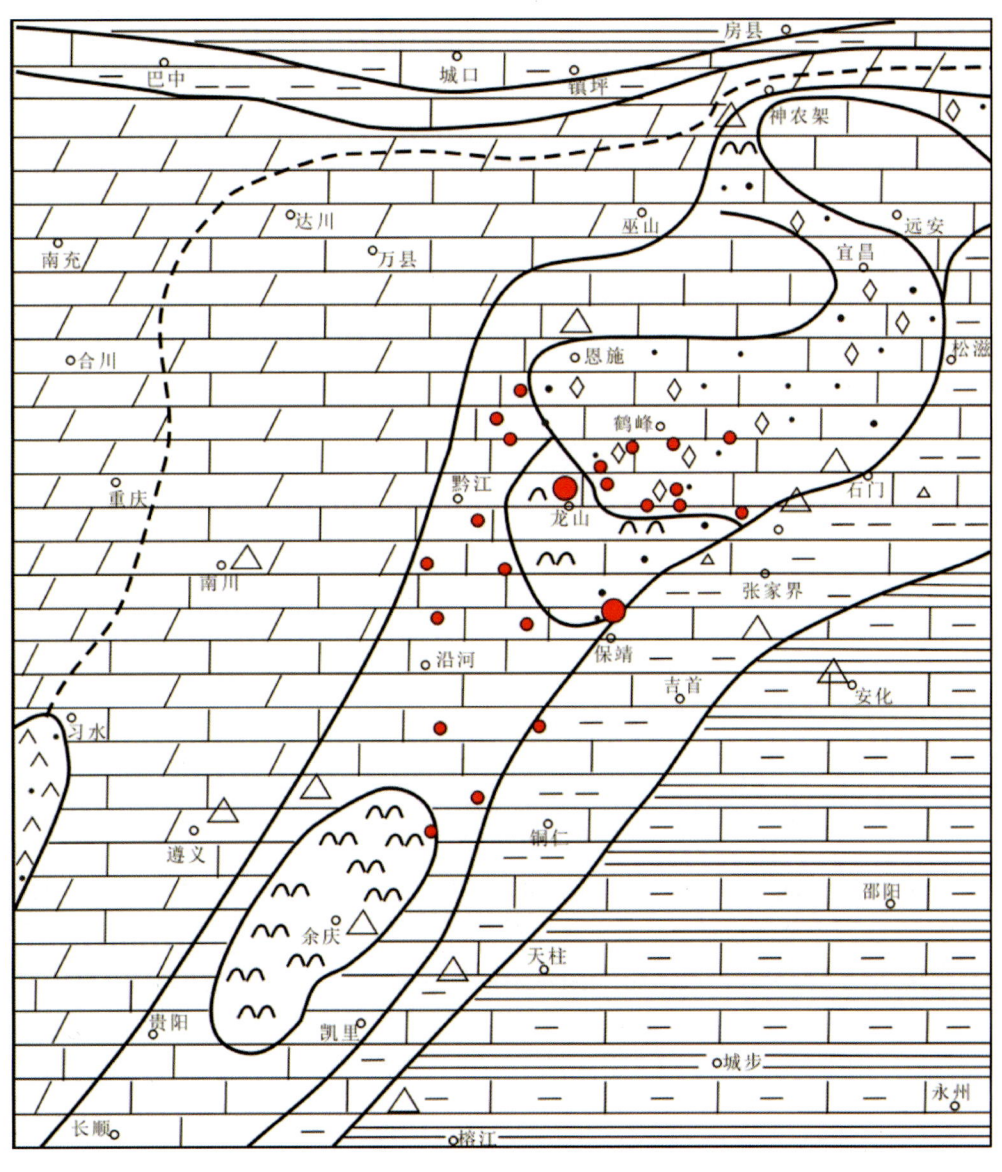

1.蒸发潮坪相白云岩;2.潮坪相白云岩;3.浅缓坡相灰岩;4.生物礁相;5.浅滩相颗粒亮晶灰岩;
6.中缓坡相泥质灰岩及砾屑灰岩;7.深缓坡相-盆地相泥灰岩夹页岩;8.剖面位置;9.矿床/矿点

图 8-1 清虚洞期岩相古地理与铅锌矿床分布关系图(据段其发,2014b)

第四节 构造与成矿的关系

构造与成矿的关系主要表现在 3 个方面。

1. 区域性大断裂成为矿液运移通道

花垣矿集区内的主要区域性断裂为花垣-保靖-张家界断裂和两河-长乐断裂。花垣-保靖-张家界断裂：位于区域北西部，由 5 条规模较大的断层组成。呈弧形弯曲，为张扭性断裂带。主断面倾向北西，倾角 60°～70°，破碎带宽 10～100m，地层断距大于 100m。具多期活动特征。沿断裂带有热泉、地裂、地震等新构造活动迹象。两河-长乐断裂：位于区域中部，由 4 条规模较大的张性断层组成，走向自南西往北东由北北东向北东—北东东方向弧形弯曲，主断面倾向北西，倾角 60°～75°，破碎带宽 10～30m，地层断距 2000～3000m。属张扭性断裂，断裂中有汞矿化点分布。

花垣-保靖-张家界断裂、两河-长乐断裂是最典型的成矿通道断裂，这两条区域性大断裂均切割了本区铅锌矿床基底地层，赋存于基底矿源层的成矿热液通过这些区域性大断裂运移到赋矿地层中。花垣-保靖-张家界断裂内不含矿，但其两侧岩层中均含有铅锌矿体。两河-长乐断裂，控制了清水塘铅锌矿床的南东边界。由于该断裂规模较大，对含矿岩层的影响也大。深部钻探工作表明，距离该断裂 50～450m 以内不含铅锌矿体（杨绍祥等，2015）。

2. 断块构造控矿

花垣矿集区的断裂构造多垂直于勘探线向南西呈低缓角度倾斜（3°～8°），沿勘探线方向，岩层倾角接近于水平，整个矿区岩层被一系列断层切割后形成断块构造。断块构造可以分为两级：深大断裂如花垣-保靖-张家界断裂与麻栗场断裂之间形成了 2～21km 宽、60km 长的一级断块构造，控制了铅锌矿床分布规模。在这个一级断块构造中发育了许多次一级的断裂构造，多数显张性、少数呈压性特征，形成了一系列规模较小的断块，在形成的过程中小断块相互摩擦形成许多裂隙、次级小断裂、层间破碎带和节理等，为含矿热液的运移富集提供了导矿和容矿空间（杨霆等，2016）。

构造断块内只有少部分为导矿兼容矿断裂构造，如在 ZK2402 钻孔中可以直接观察到产于断层破碎带中的铅锌矿体的两河分支断层。构造断块内绝大多数断层是矿液运移的通道，断块构造为地质找矿和勘查提供了新的思路（杨绍祥等，2015）。

3. 小型构造容矿

花垣铅锌矿集区小型容矿构造主要有层间破碎带、孔隙构造、缝合线构造、小断裂及节理裂隙 4 类，在各个小断块内部产生，为区内含矿热液的运移提供了通道，同时还为含矿热液的沉淀提供了理想的场所。含矿热液在层间破碎带构造中沉淀形成铅锌矿体，这些小型容矿构造控制了区内铅锌矿体的空间产出部位（杨绍祥等，2015）。

通过野外及镜下观察节理的产状、层位、填充物特征、含矿性及相互交切关系，可识别出成矿前节理、成矿期节理和成矿后节理（表 8-3）。

（1）成矿前节理。成矿前节理主要有如下特征：①发育层位主要集中于下寒武统石牌组（$\epsilon_1 s$）和清虚洞组下段（$\epsilon_1 q^1$），岩性为泥岩和薄层状灰岩。②自身不含矿，并被含铅锌矿脉切割。③节理倾角较大，延伸较短，主要发育 4 组节理，即北北西走向组（NNW），节理面较平整，延伸距离短，充填物较少，不含矿，为张性节理，被后期剪节理交切；南东东走向组（SEE），节理面较平整，内无充填物，以剪节理为主，

表 8-3 花垣铅锌矿集区节理分期特征(据高伟利等,2020)

节理与矿化时间关系	节理特征							节理分布层位
	走向/(°)	倾向	倾角/(°)	填充物	含矿性	延展性	力学性质	
成矿前节理	298~307	NNW	83~90	方解石	不含矿	短	张性	ϵ_1q^2
	105~110	SEE	74~85	无	不含矿	长	剪性	ϵ_1q^1
	10~20	NNE	70~86	方解石	不含矿	短	张性	ϵ_1q^2
	335~357	NW	65~80	无	不含矿	短	张性	ϵ_1s-q^1
成矿期节理	3~15	NNE	84~90	方解石宽脉	含矿	长	张性	ϵ_1q^2
	20~45	NE	9~15	方解石宽脉	含矿	短	压扭性	ϵ_1q^2
	88~100	EW	50~63	方解石宽脉	含矿	长	张剪性	ϵ_1q^2
	310~334	NW	68~80	方解石宽脉	含矿	长	张剪性	ϵ_1q^2
成矿后节理	289~305	NWW	71~87	无	不含矿	短	引张性	$\epsilon_2g-\epsilon_{2-3}o$
	300~320	NW	53~58	无	不含矿	短	引张性	$\epsilon_1q^1-\epsilon_{2-3}o$
	330~345	NNW	48~62	无	不含矿	长	剪性	$\epsilon_1q^1-\epsilon_{2-3}o$
	330~347	NNW	74~86	无	不含矿	长	剪性	$\epsilon_1q^1-\epsilon_{2-3}o$
	85~90	NEE	83~86	无	不含矿	长	剪性	$\epsilon_2g-\epsilon_{2-3}o$
	105~119	SEE	51~78	无	不含矿	长	剪性	$\epsilon_{2-3}o$
	30~45	NNE	68~88	无	不含矿	长	张剪性	$\epsilon_1s-\epsilon_{2-3}o$
	30~50	NE	64~83	无	不含矿	长	张剪性	$\epsilon_2g-\epsilon_{2-3}o$
	60~68	NEE	56~70	无	不含矿	长	剪性	$\epsilon_1s-\epsilon_{2-3}o$
	350~10	N	60~84	无	不含矿	长	剪性	$\epsilon_2g-\epsilon_{2-3}o$

注:ϵ_1q^1—清虚洞组下段;ϵ_1q^2—清虚洞组上段;ϵ_1s—石牌组;ϵ_2g—高台组;$\epsilon_{2-3}o$—娄山关组。

延伸较远,几米至十几米;北北东走向组(NNE)与北西走向组(NW),节理面不平整,被方解石脉充填,以雁列状、火焰状产出,以张节理为主,推测为成岩期后压实作用而成,延伸距离短,几十厘米至几十米,未见明显矿化,局部被后期含矿细脉切穿。

(2)成矿期节理。成矿期节理主要有如下特征:①发育层位主要集中于清虚洞组下段(ϵ_1q^2),岩性为厚层状灰岩;②普遍发育铅锌矿化;③节理多呈张剪性,延伸较长;④发育一组近似顺层展布的张节理,延伸差,在层内分布均匀,形成斑脉状矿石。该类节理主要有 4 组比较发育,与矿床形成关系也最密切,分别是北北东走向组,节理面不平整,延伸较远,被宽大的方解石脉充填,局部见角砾,铅锌矿化明显;北东走向组,节理面顺层展布,为一组断续展布的斑脉状方解石充填,形状不规则,延伸差,沿斑脉周边发育明显锌矿化,局部可见铅矿化;近东西走向组,节理面平整,延展性好,被方解石细脉所充填,局部见矿化,显示张剪性特征;北西走向组,节理面较平整,被方解石细脉充填,发育矿化,显示张剪性特征。

(3)成矿后节理。形成于成矿期后的节理极其发育,分布最广。主要有如下特征:①在矿区各地层中均有分布,但由于下寒武统石牌组(ϵ_1s)和清虚洞组(ϵ_1q)分布面积较小且覆盖严重,观察点主要集中于高台组（$\epsilon_2 g$）和娄山关组（$\epsilon_{2-3} l$），岩性为白云岩；②无铅锌矿化，在含矿层位可见切穿矿脉；③节理以剪性为主，部分张剪性，节理面平整，延伸好。其中有4组最发育，即北北东走向组，节理面较平整，填充物较少，局部见少量泥质，延伸较好，为一组张剪性节理。北东走向组，节理面平整且光滑，内无填充物，延伸好，具有压剪性特征。北东东走向组，节理面平整，无填充物，延伸较好，显示剪节理特征。北西走向组，节理面极不平整，不规则，延伸差，推测为局部剪切作用下的引张性节理。该类节理在容矿层及容矿层的上、下地层中均普遍出现（高伟利等，2020）。

总的来说，在整个成矿过程中，区域构造为花垣铅锌矿床的形成提供了有利的地质构造背景，也破坏已成矿体的连续性与稳定性。多期次的构造活动导致矿集区内多期次的成矿事件。不同类型的构造形成不同规模、不同类型的矿体，导致矿化分带、矿体分带不同。断裂构造对成矿流体的形成、迁移和成矿具有重要意义，是成矿流体运移的重要驱动力，也是成矿流体运移的主要通道，还是矿体最终定位的场所。

第五节　有机质与成矿的关系

花垣李梅铅锌矿床发育沥青和碳质，激光拉曼光谱测试结果也显示流体包裹体中均不同程度地发育CH_4和CO_2。本区位于扬子古板块东南缘，加里东运动中由于两大板块的拼合，斜坡带褶皱隆起形成"江南古陆"，初步奠定了古陆西侧湘西地区的构造轮廓。本区早寒武世主要生油层的油气演化历史，也是在加里东末期进入凝析油和湿气阶段，印支期后才进入干气阶段，本区的区域构造史、油气演化史和成矿历史在时间上是大致同步的。推测在加里东晚期的"江南古陆"形成时，在构造作用影响下排出烃类和含矿溶液，从盆地中由东向西运移到台地边缘有利的岩性和构造位置（叶霖等，2000）。

在100～200℃间，烃类作为还原剂还原硫酸盐，当CH_4与硫酸盐相遇时，CH_4将硫酸盐还原为H_2S，从而发生成矿反应，生成H_2S的反应称为热化学硫酸盐还原作用（TSR），古石油热化学硫酸盐还原作用生成的H_2S即可导致铅锌硫化物的沉淀成矿（李厚民，2012），消耗大量甲烷沉淀形成ZnS、PbS，生成CO_2、方解石或白云石等，继而形成了这个与古油藏有关的矿床，即为本矿集区铅锌矿物的沉淀机制。TSR的反应机理推测如下：

(1) 当储层温度升高至150～200℃间，已经在加里东期演化进入干气阶段的原油发生热裂解生成甲烷气和沥青。

$$\text{石油} \xrightarrow{\text{热}} \text{甲烷气} + \text{沥青} \tag{1}$$

(2) 硫酸盐与原油热裂解生成的甲烷发生TSR生成H_2S，H_2S与成矿卤水中铅锌离子发生还原反应，生成铅锌硫化物沉淀下来，导致成矿。

$$CaSO_4 + CH_4 \longrightarrow CaCO_3 + H_2S + H_2O \tag{2}$$

$$Zn^{2+} + Pb^{2+} + 2H_2S \longrightarrow ZnS + PbS + 4H^+ \tag{3}$$

热化学硫酸盐还原作用形成赋矿空间可能起到不容忽视的重要作用，TSR过程生成的CO_2溶于水后成为碳酸，对碳酸盐矿物进行溶解形成孔隙。TSR过程生成的H_2S溶于地层水后成为氢硫酸，对围岩地层进行溶解形成孔隙，油气在沥青化过程中形成的H_2S和CO_2气体在排除与溶解的过程中形成的孔隙空间可能成为铅锌矿沉淀的有利空间。

第六节 矿床类型及成矿模式

一、矿床类型

国内外地质学家将铅锌矿床的矿床类型主要分为三大类,即 MVT 型、SEDEX 型、与岩浆热液有关的 VMS 型或 VHMS 型铅锌矿床。花垣矿集区铅锌矿床成矿流体为中低温-中低盐度的盆地热卤水,明显区别于与岩浆热液有关的 VMS 型或 VHMS 型铅锌矿床。但并不能因此用来明确区分 MVT 型和 SEDEX 型铅锌矿床。

SEDEX 型矿床主要在古—中元古代以及早—中古生代形成,位于克拉通内或其周缘裂陷盆地,赋存于页岩、碎屑岩和碳酸盐岩等中。矿体多具有上下结构,上部为层状,下部多为脉状—网脉状、浸染状(杨清,2021)。花垣矿集区铅锌矿床所在的扬子地台东南缘成矿区铅锌矿床、矿点、矿化点成群或成带分布,其赋矿地层主要为不同时代的碳酸盐岩,层状矿体沿断裂或者层间破碎带分布,不具备 SEDEX 典型的二元结构,无明显的后生热液沿断裂充填成矿的特征,并不满足喷流沉积环境要求。因此,花垣矿集区铅锌矿床不属于 SEDEX 型,众多学者认为其是 MVT 型铅锌矿床。

在前人工作的基础上,将花垣铅锌矿床地质、地球化学特征与世界上的典型 MVT 型铅锌矿床进行对比,确定矿床可能的成因类型。

花垣矿集区铅锌矿床总体以后生成矿为特征,通过对比发现(表 8-4),花垣矿集区铅锌矿床在构造背景、赋矿地层、与岩浆活动的关系、控矿因素、矿化范围、规模、品位、矿体深度、矿石结构、构造、矿物组合、流体包裹体、硫同位素、碳氧同位素、氢氧同位素、锶同位素、沉积岩相、热液充填方式、成矿物质来源等各方面总体上与 MVT 型铅锌矿床具相似性,仅伴生元素、铅同位素和成矿时代与典型的铅锌矿床存在部分差异,明显不同于 VMS、SEDEX、浅成低温热液以及矽卡岩型铅锌矿床,判断属 MVT 型矿床类型。

表 8-4 花垣矿集区铅锌矿床与 MVT 型矿床主要成矿地质特征对比表

地质条件	MVT 型矿床(金中国,2006)	花垣矿集区铅锌矿床
构造背景	沉积盆地边缘的抬升部位,或者古老克拉通的边缘、内部裂谷环境中,一般与构造运动或裂谷活动有关	扬子陆块东南缘,受茶洞-花垣-张家界断裂和长乐-两河断裂控制
赋矿地层	石炭纪、泥盆纪、奥陶纪和寒武纪的碳酸盐岩,矿体多产于白云岩和交代灰岩中,赋矿层位多	下寒武统清虚洞组第三亚段($\epsilon_1 q^{1-3}$)灰色—深灰色厚—巨厚层藻灰岩夹粉晶灰岩、第四亚段($\epsilon_1 q^{1-4}$)浅灰色—灰色厚层斑块状云化亮晶砂屑灰岩夹含藻砂屑灰岩、藻灰岩
与岩浆活动的关系	在时间和空间上一般与岩浆岩没有直接成因联系	与岩浆岩没有直接成因联系
控矿因素	主要受构造、地层和岩性控制,以缓倾斜的层间断层为主,矿体呈似层状产出为主,具层控特征	主要受构造、地层和岩性控制,岩性优于地层,构造是主要控矿因素,矿体主要呈层状、似层状产出,具层控特征

续表 8-4

地质条件	MVT 型矿床(金中国,2006)	花垣矿集区铅锌矿床
矿化范围	常集中出现在同一地区,面积数百至数千平方千米	花垣铅锌矿集区面积约 215km²,所在的湘西-鄂西成矿区面积约 12 万 km²
规模	单个矿体 Pb+Zn 金属储量一般小于 10Mt	整个花垣矿集区探明铅锌储量超过 1000 万 t
品位	Pb+Zn 品位<10%,Zn 的品位高于 Pb	单工程矿体品位 Pb 为 0.02%~3.24%,Zn 为 0.04%~6.07%,Pb+Zn 为 0.74%~8.17%,Pb+Zn 平均品位为 3.57%
矿体深度	多小于 600m,最大不超过 1500m	倾向延深 100~350m
矿石结构、构造	结构主要为胶状、骸晶结构,构造主要为浸染状、细粒状、树枝状、胶状和块状	矿石结构主要有半自形—他形粒状结构,交代结构,次为草莓状结构;矿石构造主要有斑脉状构造、浸染状构造、网脉状构造、角砾状构造,次为致密块状构造、细脉状构造、蜂窝状构造
热液充填方式	以开放空隙充填方式为主,具后生成矿特征	含矿热液在区域性大断裂形成的各个小断块内部的层间破碎带构造内运移充填,继而富集沉淀
矿物组合	矿石矿物:主要为闪锌矿、方铅矿,次要为黄铁矿、黄铜矿和白铁矿;脉石矿物:主要为重晶石、萤石、方解石和白云石等	主要矿石矿物为闪锌矿,次为方铅矿、黄铁矿。脉石矿物主要为方解石,次为重晶石、石英和萤石
伴生元素	大部分矿床有银异常,有的具有铜、钴、镍异常	镉具有工业价值
流体包裹体	盐度:10%~30% NaCl eqv,成分:主要为 Cl^-、Na^+、Ca^{2+}、K^+ 和 Mg^{2+},均一温度:较低,一般为 50~200℃	成矿流体温度主要为 150~220℃,总盐度一般为 13%~23% NaCl eqv,成矿流体为 $NaCl$-$CaCl_2$-$MgCl_2$-H_2O 卤水体系
硫同位素	$\delta^{34}S$ 多在 10‰~31‰,硫主要来源于海相硫酸盐的还原	$\delta^{34}S$ 值变化范围为 24.93‰~34.66‰,硫主要来源于海相硫酸盐的还原
铅同位素	铅同位素组成比较复杂,区域上具有分带性,铅为多来源	矿石铅同位素组成均一,样品属单阶段演化的正常铅,具有上地壳铅、造山带铅混合的特点
碳氧同位素	赋矿岩石的碳氧同位素为正常海相碳酸盐,脉石矿物的碳氧同位素明显低于赋矿岩石	来源于海相碳酸盐,围岩与热液成因方解石相比具有更高的 $\delta^{13}C_{PDB}$ 值和 $\delta^{18}O_{SMOW}$ 值
氢氧同位素	与沉积盆地中的孔隙水相似	成矿流体的主要来源是建造水和大气降水
锶同位素	硫化物和脉石矿物的锶同位素值都不低于赋矿岩石	硫化物和脉石矿物的锶同位素值高于赋矿围岩清虚洞组灰岩的 $^{87}Sr/^{86}Sr$ 平均值 0.709 04

续表 8-4

地质条件	MVT 型矿床（金中国，2006）	花垣矿集区铅锌矿床
沉积岩相	多产于渗透性较好的白云岩中和礁体相周围	台地边缘浅滩亚相（藻礁相）藻灰岩
成矿时代	元古宙到白垩纪，主要为泥盆纪到晚二叠世，其次为白垩纪至第三纪	成矿地质时代为晚寒武世、中奥陶世、早泥盆世
成矿物质来源	Pb、Zn、Ag 等主要来源于下伏红色 Lamotte 砂岩，与基底变质岩有关	Pb、Zn 等成矿元素主要来源于下寒武统牛蹄塘组和前震旦纪基底火山碎屑岩地层

二、可能的成矿模式

根据以上矿床成因信息，本书初步建立了花垣矿集区铅锌矿床成矿模式，本区铅锌矿床的形成经历了成矿流体形成和成矿热液运移成矿两个阶段。

1. 成矿流体形成阶段

在地层形成和埋藏过程中，地层水、残余海水和大气降水等流体混合，在深部进行循环，沿途淋滤、萃取地层中的成矿物质，沿深断裂和构造薄弱层下渗到深部地层，甚至可能到达盆地下伏基底，与通过深大断裂带输送到地壳内的幔源物质相混合，其盐度不断增高，受地热梯度加热增温而逐渐演变为高矿化度的混合热卤水。在构造挤压隆升期间，受上覆地层负荷作用，热卤水被封存在深部，并在温度梯度或浓度梯度作用下进行反复循环（图 8-2），流体与周围岩石发生水/岩作用，淋滤、萃取地层中的铅、锌等成矿物质而演化为含矿热卤水，即成矿流体，形成成矿元素的初始富集。

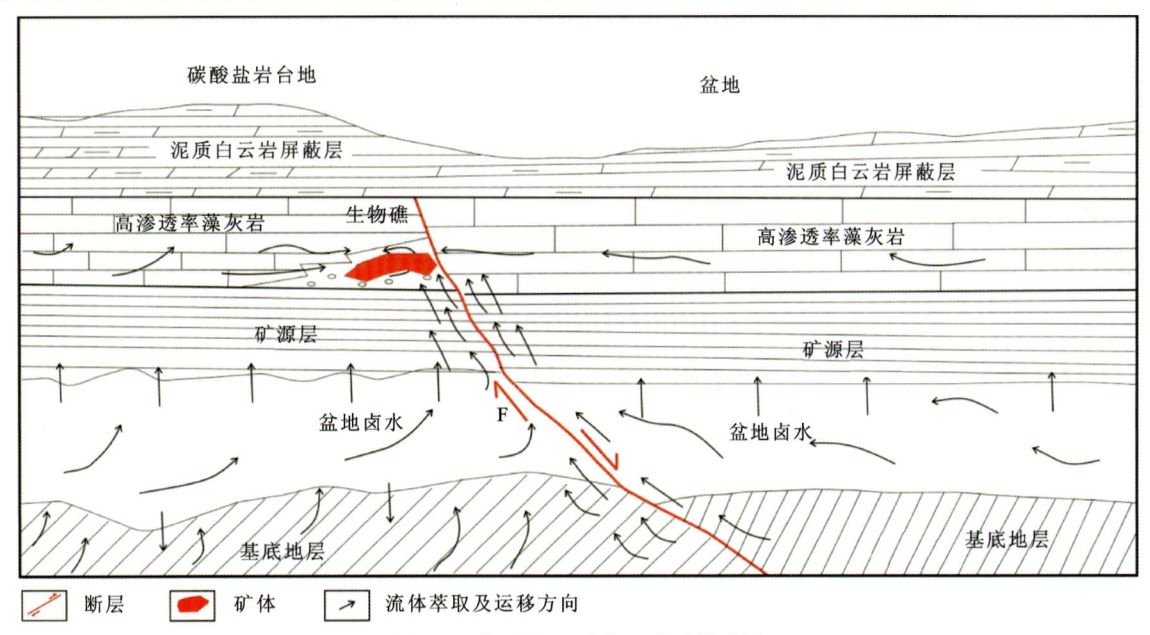

图 8-2　湘西花垣矿集区成矿模式图

2. 成矿热液运移成矿阶段

受加里东运动伸展构造作用影响，封存于下覆地层中深部富含铅锌等成矿元素的含矿热卤水受构造及热动力等的驱动，发生大规模流动，沿深大断裂带开始往上运移，矿集区内发育的深大断裂为深部成矿热液的大规模运移和热量传输提供了良好的通道。在热流体系统的活动过程中，含矿热卤水萃取牛蹄塘组矿源层，使热液中成矿元素不断地富集，通过区内各级别的导矿与配矿构造，以络合物的形式，或扩散、渗透的方式，来到成矿有利地段，被动大陆边缘和礁/滩"隆起区"边缘的清虚洞组藻礁灰岩成为含矿热液最佳的运移汇集场所(图8-2)，受上覆低渗透性地层隔挡，成矿热液不断在这种有利的空间集中。温度较高的成矿热液大量汇集到藻灰岩并与其中的油气等有机质发生热化学硫酸盐还原作用，产生还原硫和CO_2，成矿热液的温度、压力、pH值等物理化学条件也发生变化，导致富含Pb、Zn等络合物的解体，金属硫化物大量沉淀析出形成本区铅锌矿床。在矿集区内，成矿流体在局部地区大量聚集形成高压环境，受伸展构造作用影响，成矿流体因减压产生沸腾现象，也导致铅锌硫化物的沉淀富集。

第九章　对湘西-鄂西成矿域低温成矿作用的启示

第一节　湘西-鄂西地区大范围低温流体成矿作用

低温成矿作用通常是指 200～250℃ 及其以下温度区间内的成矿作用，虽然全球范围内低温矿床屡见不鲜，但大面积产出低温矿床的场所则非常有限（胡瑞忠，2007）。花垣铅锌矿集区所在的湘西-鄂西地区位于扬子陆块中部，是很典型的低温成矿域，面积达 15 万 km^2，包含铅、锌、金、锑、汞、砷、钨等多种矿种，其中铅锌矿床较为发育，成矿地质条件优越，是扬子陆块的重要组成部分。

一、湘西-鄂西地区典型低温铅锌矿床特征

1. 湖南花垣狮子山铅锌矿

狮子山铅锌矿床位于花垣矿集区中部，是地质大调查期间新发现的大型铅锌矿床。

矿区内主要出露寒武系清虚洞组，其次为高台组和娄山关组（图9-1）。据岩性组合特征，清虚洞组可分为上、下两段。下段以灰岩为主，且具有由下往上钙质含量增加、泥质含量减少的特点，又可细分为 4 个亚段，其中第三亚段主体为灰色、浅灰色厚层—块状藻礁灰岩，为铅锌矿的主要赋矿层位，第四亚段为浅灰色中厚层状、斑块状含白云质亮晶砂屑灰岩夹含藻砂屑灰岩、藻灰岩，为矿区次要容矿层位。矿区地质构造以北东向的狮子山背斜为代表，轴部地层为清虚洞组，两翼为高台组和娄山关组。

区内断裂构造发育，以北东向断裂为主，次为北北东向、北西向、近南北向断裂。其中与成矿关系密切的断裂为北东向断裂和北北东向断裂（图9-1）。

铅锌矿体主要赋存于清虚洞组下段藻灰岩中，多为隐伏矿体，一般有 4～7 层。矿体形态简单，以整合似层状为主，脉状次之，区内共圈定 46 个矿体，其中似层状矿体 32 个（大于 2 万 t 的矿体 15 个，最大矿体达 15 万 t），333+334_1 类铅锌金属资源量 94 万 t。似层状矿体走向以北东为主，北北东向、近南北向及近东西向有少量矿体；倾向以北西为主，倾角一般 5°～9°，局部因断裂构造影响，可变陡至 15°～25°；矿体沿走向延伸长一般为 800～3000m，倾向延伸 100～350m，矿体一般厚 2.6～3.1m，最厚 9.73m。矿石组分以 Zn 为主，Pb+Zn 平均品位为 3.57%，伴生有益组分 Cd。脉状矿体与围岩高角度斜交，表明其形成时代较晚，暗示区内具有明显的两期成矿作用。脉状矿体走向北东，倾向以南东为主，倾角一般为 70°～80°。

矿物组合简单，矿石矿物主要为闪锌矿，次为方铅矿、黄铁矿，脉石矿物主要为方解石，含少量重晶石和萤石。矿石构造主要为斑脉状和网脉状，其次为浸染状构造、块状构造、细脉状构造等。矿石结构以他形—半自形晶粒结构、充填或填隙结构为主，偶见胶状结构及压碎结构等。

矿床围岩蚀变发育,以方解石化为主,其次为重晶石化、沥青化、萤石化和褪色化等低温蚀变。其中方解石化、黄铁矿化及重晶石化与成矿关系最为密切,黄铁矿化与重晶石化发育的地方往往是相对富矿产出的部位。褪色化现象分布普遍,但褪色边厚度多小于1cm,表明交代作用弱(段其发等,2014b)。

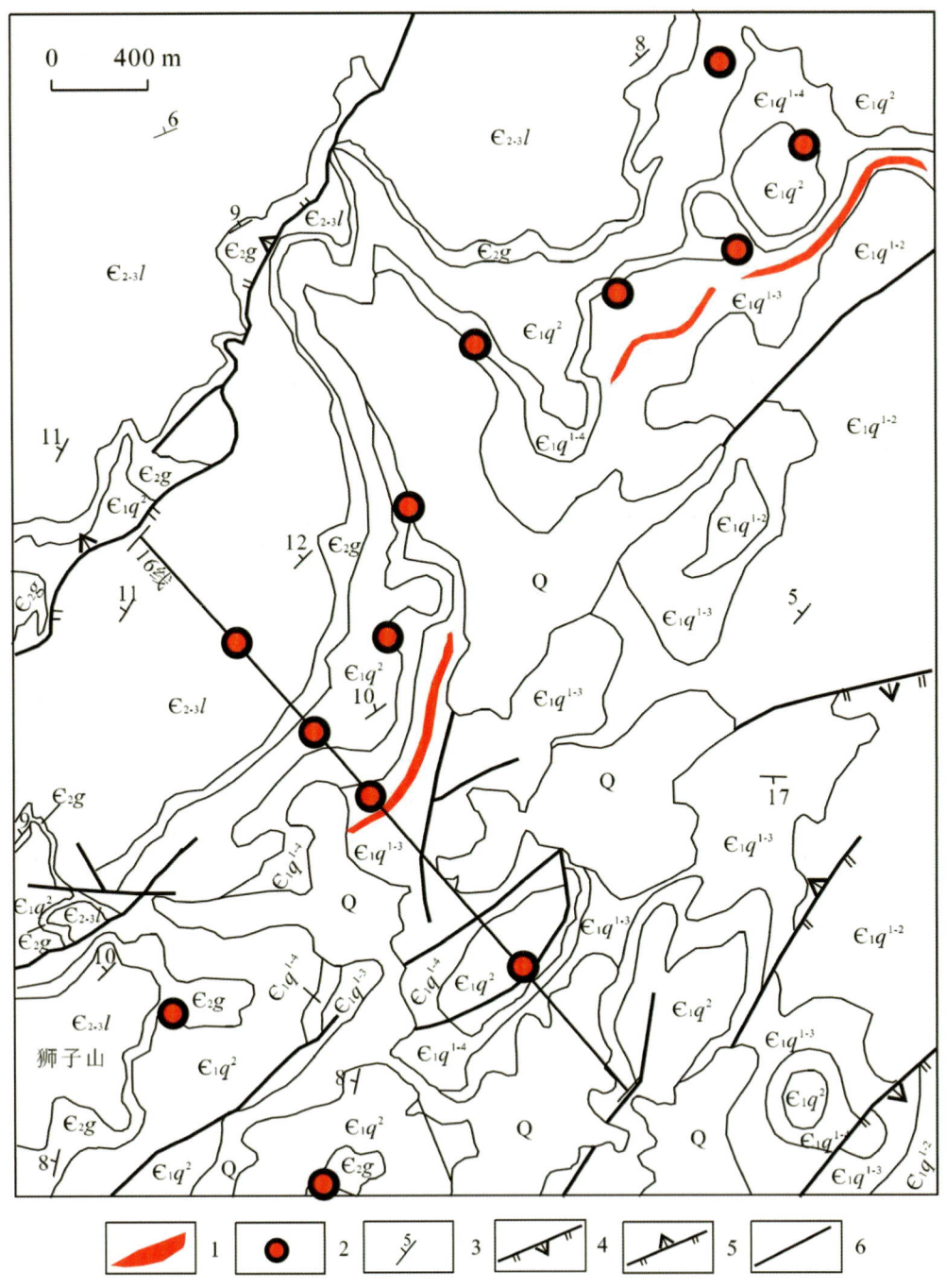

1.铅锌矿体;2.见矿钻孔;3.岩层产状(°);4.正断层;5.逆断层;6.性质不明断层;
ϵ_1q^{1-2}.清虚洞组下段第二亚段;ϵ_1q^{1-3}.清虚洞组下段第三亚段;
ϵ_1q^{1-4}.清虚洞组下段第四亚段;ϵ_1q^2.清虚洞组上段;
ϵ_2g.高台组;$\epsilon_{2-3}l$.娄山关;Q.第四系冲洪积物

图9-1 狮子山铅锌矿床地质图(据段其发等,2014)

2. 湖南茶田铅锌汞矿

茶田铅锌汞矿床位于上扬子地块东南边缘的武陵山弱变形带，该区经历了武陵、加里东、海西、印支—燕山喜马拉雅等构造运动，褶皱、断裂发育。

矿区内由老到新出露的地层有青白口系、南华系、震旦系、寒武系、奥陶系、白垩系及少量第四系，其中以寒武系、白垩系最为发育，分布面积广；南华系、震旦系呈带状分布于矿区中部，青白口系分布于背斜核部。含矿围岩地层主要为中寒武统敖溪组上段细粉晶白云岩，次要为下寒武统清虚洞组灰岩及白云岩。

茶田矿区为单斜岩层，呈北东走向，倾向北西，倾角3°～21°，一般为6°左右。断裂构造较发育，规模较大的主干断层有6条：寸金坪正断层（F_1）、茨岩正断层（F_2）、茶田正断层（F_3）、桐木垌逆断层（F_4）、芒田正断层（F_5）和岩牛界正断层（F_6）。这些断层之间伴生有数量不一的次级小断层。因此，该矿区的地质构造格架就是6条规模较大的断层与之伴生的次级小断层共同切割走向北东岩层形成一系列断块岩层构造。本矿区的铅锌矿体分布一般只局限于F_3、F_4、F_5以及所伴生的次级小断层所构成的断块岩层中。

汞锌矿体或者铅锌矿体主要呈似层状及透镜状产出。矿体常由大小不等的小矿体组合而成。一般长120～220m，宽40～80m，厚1.2～4.23m，平均约2m。锌品位0.519%～7.02%，平均品位为3%左右。

矿区内的矿石中金属矿物简单，主要以闪锌矿为主，伴有少量的黄铁矿和微量黄铜矿，其中部分黄铁矿已转变为白铁矿。闪锌矿多以自形或半自形粒状为主，裂隙发育，多被脉石矿物和方铅矿充填交代。方铅矿呈不规则粒状、脉状分布在闪锌矿、黄铁矿、白云岩裂隙中，且交代闪锌矿。

矿石结构主要有半自形—他形粒状结构、脉状填隙结构、草莓状结构等，以交代结构为主，伴有沉积结构。其中草莓状结构是典型的生物化学沉积作用的产物。矿石构造主要有斑块状构造、浸染状构造、脉状构造、角砾状构造。

围岩蚀变与矿化关系密切，蚀变类型主要为白云石化，次为硅化。此外，还常伴随有弱的沥青化、黄铁矿化、重晶石化和不同程度的褪色重结晶等。白云石化与闪锌矿的关系较硅化更为密切，白云石化在容矿层中的"层间破碎带"内普遍发育，是区内规模最大的一种围岩蚀变（杨霆等，2014）。

3. 湖南董家河铅锌矿

湖南董家河铅锌矿位于湘西沅陵一带，主要包括董家河、低炉两个矿床，是产于震旦系陡山沱组中最为典型的铅锌矿床。

矿区出露地层从老至新有板溪群、南华系、震旦系、寒武系及石炭系（图9-2）。其中震旦系陡山沱组主要由白云岩和板岩组成。按岩性组合可分为上下两段。上段：浅灰色条带（纹）状微晶白云岩、浅灰黑色白云岩夹黑色碳质板岩、灰黑色泥质板岩。下段：底部为灰白色隐晶—微晶白云岩，夹黑色白云质、碳质板岩，含黄铁矿、铅锌矿；中上部为黑色碳质板岩、白云质板岩及黑色白云岩夹透镜状、条带状、丝状胶磷矿。该组厚55～65m，与下伏南华系呈整合接触。董家河铅锌矿主要赋存于陡山沱组下段，厚度较稳定，一般在6～10m，根据矿层层位及岩性特征，可进一步分为下矿层、无矿层、上矿层和弱矿化层。就岩性而言，含矿岩系主要是白云岩，仅在弱矿化层底部发育有0.1～0.4m厚的黑色板岩。

董家河铅锌矿床位于董家河背斜北东段，该背斜位于江南复背斜核部，轴向60°。矿区所在的北东段轴面倾向南东，为一斜歪背斜，北西翼陡（50°～70°），南东翼缓（30°～50°），略向北东倾伏。核部地层为南华系江口组和南沱组。两翼次级褶皱发育，南东翼发育一条区域性走向断层，对矿层连续性影响较大。其次，背斜轴部发育一些北西向小型张性断裂，断裂对矿化影响不明显。

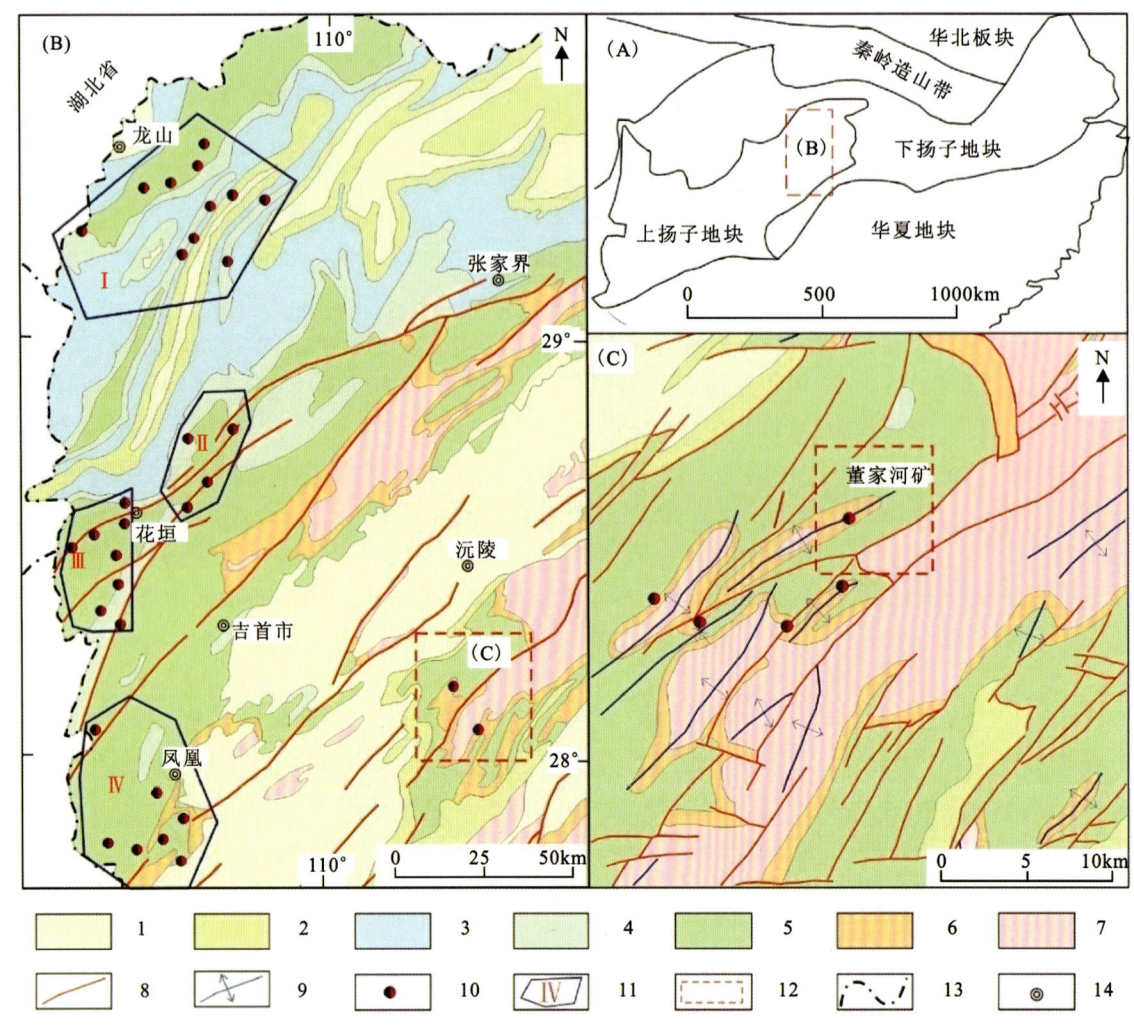

Ⅰ.洛塔矿田;Ⅱ.保靖矿田;Ⅲ.花垣矿田;Ⅳ.凤凰矿田;
1.中生代地层;2.晚古生代地层;3.志留系;4.奥陶系;5.寒武系;6.震旦系;
7.板溪群;8.断层;9.褶皱;10.铅锌矿;11.矿田及编号;12.研究区;13.省界;14.城镇

图 9-2　董家河铅锌矿矿区地质略图(据杨柳等,2022)

矿体与围岩产状一致,严格受地层控制。矿体呈层状、似层状产出,薄而宽阔,形似板状,已圈定 1 个锌矿体和 6 个铅矿体,锌矿体走向长达 5000m,最大控制斜深 1500m,厚度十分稳定,平均厚 1.39m,锌平均品位 2.76%;最大铅矿体走向长 3000m,最大控制斜深 800m,平均厚度 1.42m,平均品位 0.89%。董家河背斜北西翼矿化较好,矿体厚度大,连续性好,品位高;南东翼较差,但两翼均有向轴部矿化增强的趋势,显示出矿质向背斜核部集中的富集规律。

矿石矿物成分简单,主要为黄铁矿、闪锌矿、方铅矿,脉石矿物主要为白云石、方解石,少量石英、重晶石。矿石构造主要有浸染状构造、纹层状构造、致密块状构造、脉状构造、团块状构造、胶状及变胶状构造等;矿石结构以自形—半自形结构为主,次为交代结构、重结晶结构。

围岩蚀变较弱,主要以中低温热液蚀变为主,普遍发育碳酸盐化,局部见硅化和重晶石化(曾勇等,2007)。

4. 湖南唐家寨铅锌矿

唐家寨铅锌矿为 2001 年在湖南龙山地区发现的产于奥陶系的代表性矿床,该矿床位于洛塔矿田的中部,隶属龙山县,处于红岩溪背斜轴部,呈北北东向的长条带状展布(图 9-3)。矿区主体构造为红岩溪背斜，构造线与地层走向均呈北北东向。在区内共圈定6个矿体，矿体主要呈似层状形态分布于南津关组第一段及第二段地层中的含矿硅化蚀变体内。地表多为氧化矿，地表局部及地下均为硫化矿。估算333+334$_1$类铅锌资源量40余万吨（其中333类资源量约10万t、334$_1$类资源量31余万吨），达中型规模。

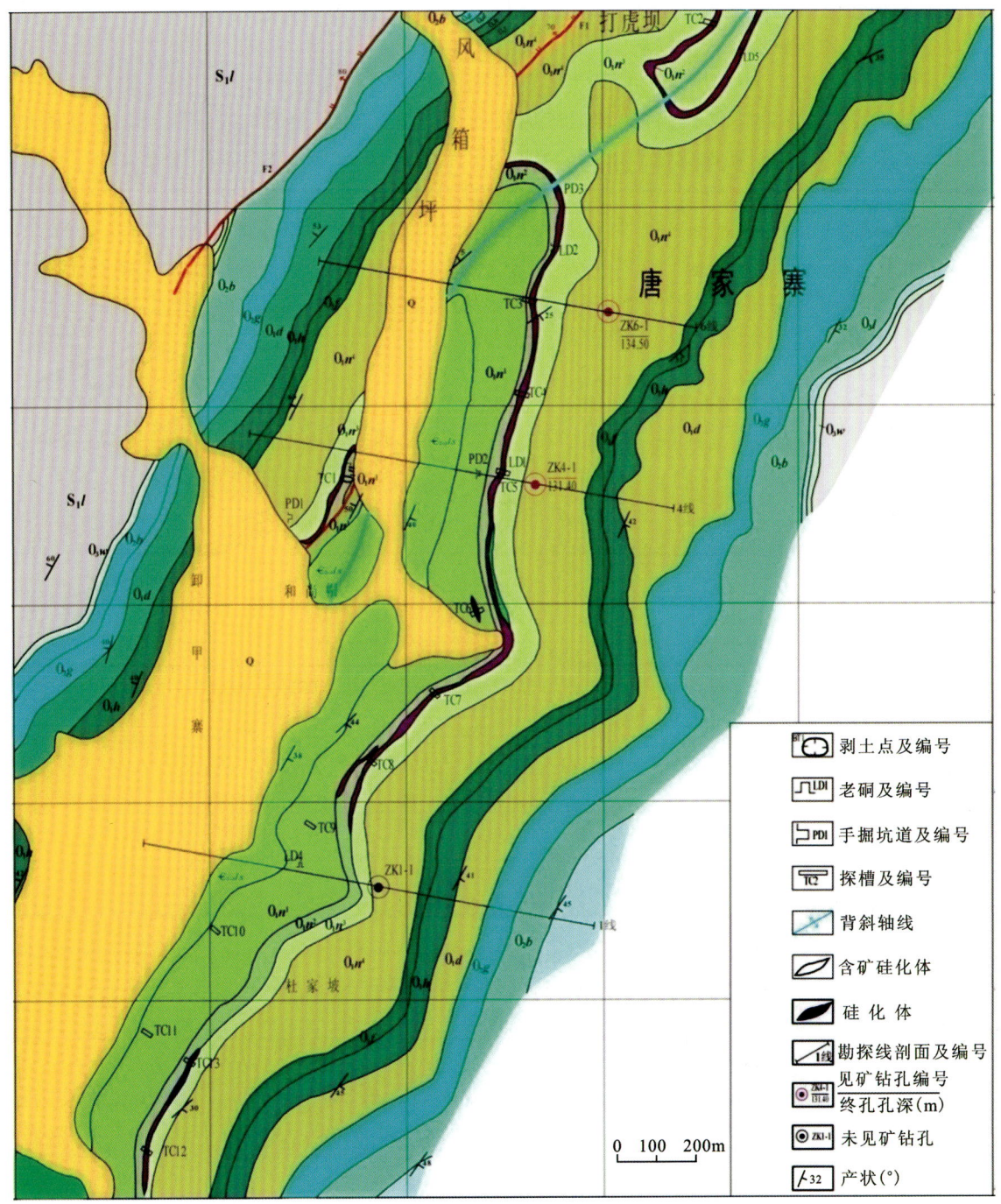

图9-3 唐家寨矿床地质图

矿区出露地层由老至新有中—上寒武统娄山关群（$\epsilon_{2-3}l$），下奥陶统南津关组（O_1n）、分乡组（O_1f）、红花园组（O_1h）、大湾组（O_1d）、牯牛潭组（O_2g），中奥陶统宝塔组（O_2b）、临湘组（O_3l），上奥陶统五峰组（O_3w），下志留统龙马溪组（S_1l）及第四纪地层。

该矿区位于红岩溪背斜轴部，背斜轴向北东30°，延伸长度大于10km，幅宽2～3km。背斜核部出露中—上寒武统娄山关组,两翼主要为奥陶系和志留系。南东翼倾向20°~40°,北西翼倾向40°~65°,为一轴面倾向北西的斜歪背斜。

矿区断裂构造较发育,以北北东走向为主,断裂破碎带主要由密集剪节理带及硅化灰岩组成,局部可见断层透镜体,多具张扭性正断层性质。另有较多的规模较小的北东向和北西向断裂分布。其中北西向断裂或节理多为矿区脉状矿体的容矿构造。背斜核部的虚脱部位和层间破碎带、滑动面或节理带也是区内矿体主要的容矿构造。

矿体呈似层状形态,大致顺层(图9-4),主要产于南津关组第二段与分乡组生物屑粗晶灰岩中含矿硅化带中,其次产于南津关组第一段和第四段砂屑灰岩、含云质灰岩地层及红花园组粗晶生物屑灰岩地层中硅化带。矿体与含矿硅化蚀变带关系十分密切,相伴出现,严格受其控制,矿体厚度小于含矿硅化蚀变带厚度。一般情况下,含矿硅化蚀变带的形态、产状及规模基本上控制了矿体的形态、产状及规模。同一个含矿硅化蚀变带可见多个矿体。矿体规模以小型为主,中型次之,大型罕见,沿走向延伸长500~1000m,最长为3500m,沿倾向延伸50~200m,最宽为300m,平均厚度1.33~2.70m。矿体Pb+Zn品位:氧化矿体4.5%~9%;硫化矿体一般2%~7%,最高9.27%。

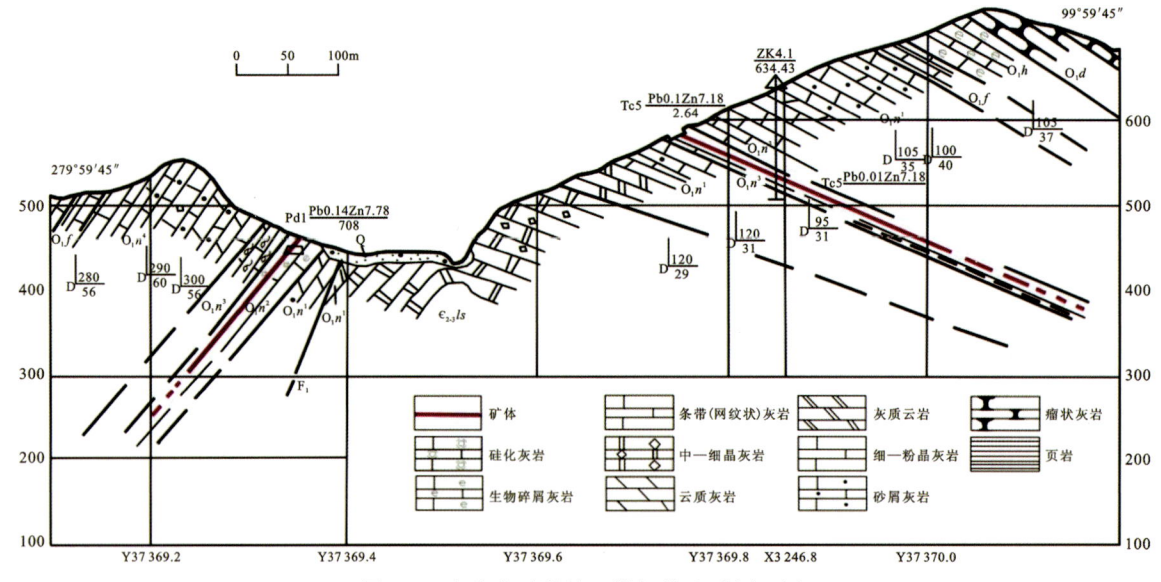

图9-4 唐家寨矿段第4勘探线地质剖面图

矿石矿物成分较简单。氧化矿石中的主要矿石矿物为菱锌矿、异极矿及白铅矿,少量的水锌矿、硅锌矿、褐铁矿、硫镉矿,偶见红锌矿及铜蓝。硫化矿石中的主要矿石矿物为闪锌矿,次为方铅矿,少量的黄铁矿;矿石中的脉石矿物主要为石英、方解石和白云石,次为黏土矿物等。

硫化矿石主要具半自形、他形粒状结构,交代结构及包含结构;矿石构造主要为致密块状构造、条带状构造与浸染状构造。

矿化以锌为主,铅次之,矿化带受地层与构造的控制而呈北东30°方向延伸。围岩蚀变主要为硅化,次为方解石化。硅化蚀变带呈似层状和脉状两种形态分布,长十几米至数千米不等。硅化的强弱与矿化强度关系密切。矿化分布于硅化带中。

5. 湖北冰洞山铅锌矿

神农架地区位于扬子陆块北缘,北接秦岭造山带南缘。冰洞山铅锌矿床即位于神农架地区松柏镇南西宋洛镇。构造位置为扬子地台褶皱带神农架断穹北缘,梨花坪复背斜北翼(图9-5)。

矿区内主要出露神农架群乱石沟组、南沱组、陡山沱组和灯影组(图9-5)。乱石沟组中上部主要为紫红色夹灰白色,中厚层夹薄层白云岩。南沱组为一套冰碛砾岩和冰水沉积含砾砂岩组成。陡山沱组

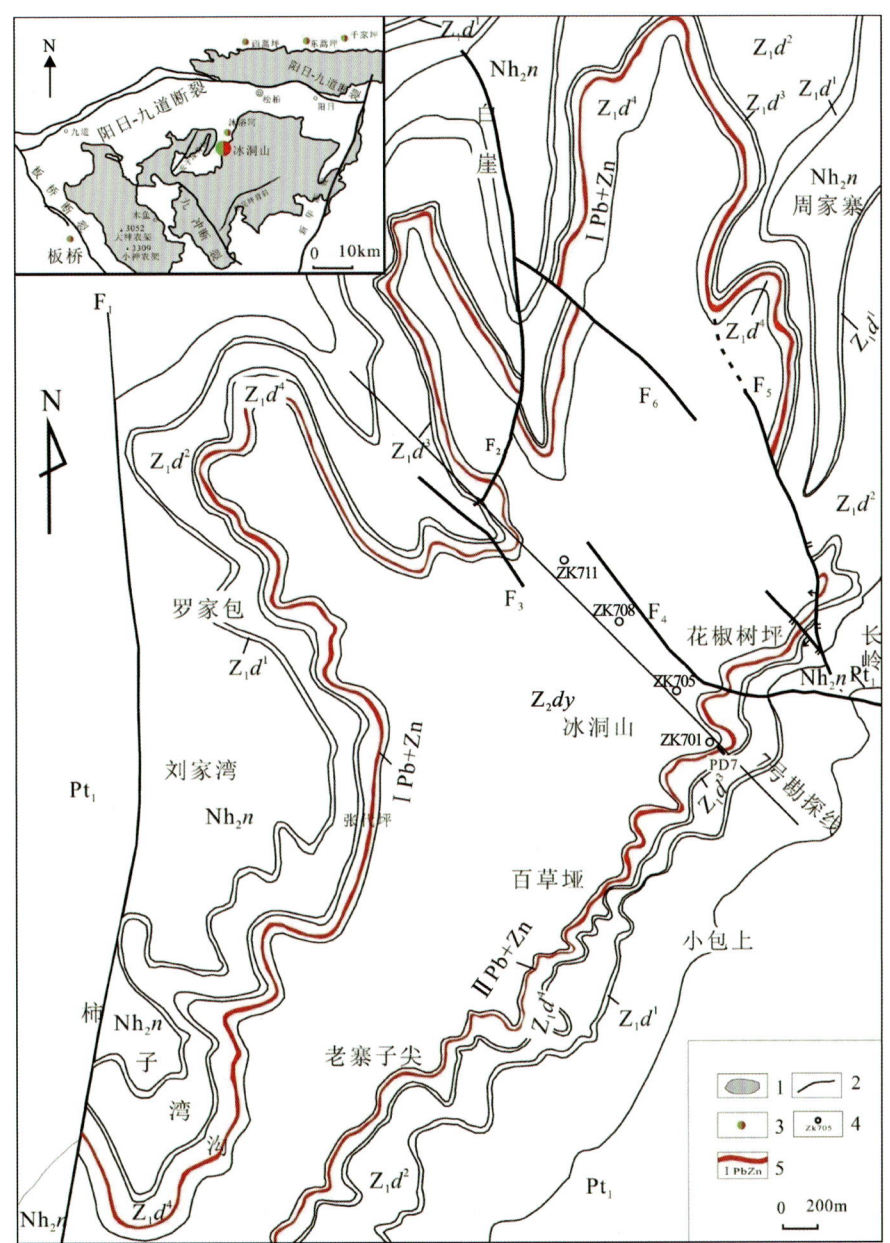

1.断层;2.地质界线;3.铅锌矿床;4.钻孔及编号;5.矿体及编号;
Pt_2.神农架群;Nh_2n.南华系南沱组;Z_1d.震旦系陡山沱组第一至第四段;Z_2dy.震旦系灯影组

图 9-5 冰洞山铅锌矿床地质略图(据曹亮等,2016)

主要由白云岩、碳质泥岩夹少量硅质岩组成,自下而上可分为 4 个岩性段:一段为深灰、灰黑色中厚层状含锰粉晶白云岩与碳质泥岩不等厚互层,厚 0.21m;二段为黑色薄层状碳质泥岩,局部夹磷块岩或白云岩透镜体,厚 44.59m;三段为灰色巨厚层状硅质条带或团块白云岩,厚 38.40m;四段为黑色薄层状碳质泥岩夹角砾状白云岩,铅锌矿赋存于本段的角砾状白云岩中,厚 28.01m。四段为矿床的主要赋矿地层,矿体产于黑色碳质页岩夹角砾状白云岩中。灯影组为一套硅质条带白云岩、藻叠层石白云岩。

矿区内构造简单,主要断裂为里叉河-龙头寨断裂(F_1)和竹园坪断裂(F_2),二者均呈南北向展布,切割神农架群及以上所有地层,均对矿体有一定破坏作用;其他断裂(盘龙山断裂、冰洞子断裂和长岭断裂)均呈北西走向,盘龙山断裂对矿体影响较大。

矿体产于北东向梨花坪复背斜的北西翼。震旦系陡山沱组第四岩性段碳质页岩所夹白云岩层为矿区重要的含矿带,其产状与地层一致,呈单斜板状产出。矿体在冰洞山北西侧分布于竹园坪—白崖—土地岭一带,矿体在冰洞山南东侧分布于长岭—银洞湾—百草垭一带。深部钻孔证实原冰洞山东西两侧地表圈定的2个矿体是同一个矿体。矿体连续性好,厚度、品位变化小,厚1.3~2.8m,平均含Zn 3.02%、Pb 1.23%,S含量一般为21.44%~36.38%,Pb+Zn资源量达大型矿床规模。

矿石的矿物组合简单,金属矿物主要为闪锌矿,其次为黄铁矿、白铁矿和方铅矿,含少量白铅矿、铅矾、菱锌矿,脉石矿物主要为白云石,其次为石英、方解石、沥青等,含少量重晶石。矿石构造主要为块状构造、角砾状构造、脉状构造和浸染状构造,镜下可见草莓状闪锌矿。矿石结构以他形—半自形粒状结构为主,其次为针矛状结构、包含结构、交代结构和碎裂结构等。

矿区内围岩蚀变主要为白云石化和黄铁矿化,与闪锌矿化关系密切,其次为硅化、方解石化和沥青化等。硫化物矿石与围岩界线明显,呈不规则状。其中白云石化主要有两期:早期白云石化形成粉—细晶白云岩,细粒闪锌矿均匀分布其中,形成浸染状构造,矿石富含有机质;晚期白云石化多形成晶体粗大的白云石脉,并使闪锌矿重结晶或发育褪色边。硅化和方解石化形成较晚,多沿裂隙分布,属后期构造热液的产物,对铅锌矿体有破坏作用(曹亮等,2016)。

6. 湖北凹子岗铅锌矿

凹子岗铅锌矿床位于扬子准地台黄陵断穹的东缘,黄陵背斜属扬子地台鄂中褶断区的Ⅳ级构造单元,地史演化经历了基底形成与盖层发展2个阶段。

矿区主要出露地层为上震旦统灯影组(图9-6),亦是区内含矿地层,具明显三分特点,由上而下依次划分为灯影组三段、灯影组二段、灯影组一段,各段岩性岩相及含矿性具有较大的差异。

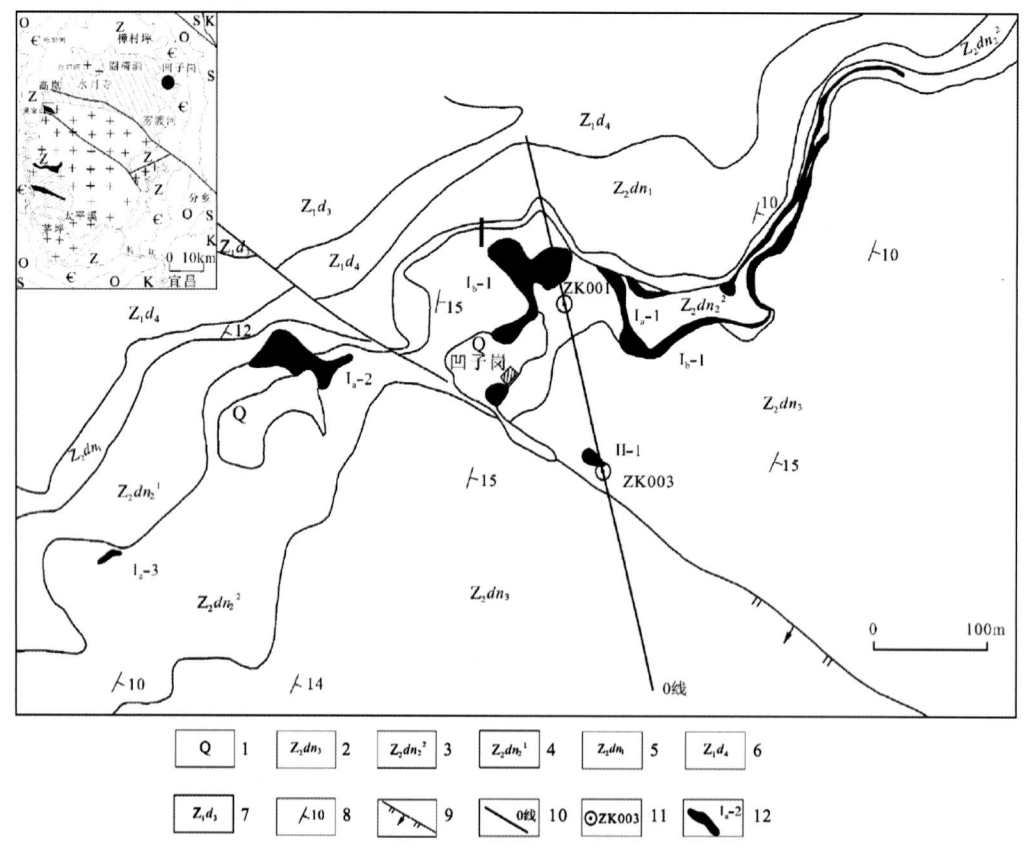

1.第四系;2.上震旦统灯影组白马沱段;3.上震旦统灯影组石板滩段上亚段;4.上震旦统灯影组石板滩段下亚段;5.上震旦统灯影组蛤蟆井段;6.下震旦统陡山沱组百果园段;7.下震旦统陡山沱组王丰岗段;8.层理产状(°);9.正断层;10.勘探线及其编号;11.钻孔及其编号;12.锌矿体及其编号

图9-6 凹子岗铅锌矿床地质略图(据曹亮等,2015)

区内共圈出锌矿体 5 个,其中 3 个具有工业价值,为主要矿体,分别为 I_a-1、I_a-2、I_b-1,其中 Ib-1 为主要工业矿体。矿体呈似层状—透镜状产出,赋存于灯影组二段上亚段,含矿岩性为一套角砾状泥粉晶云岩,严格受地层层位及岩性控制;I_a-1、I_a-2 为工业锌矿体。Zn 含量为 1.28%～36.16%,平均品位为 5.76%～6.2%。

矿石矿物组合较简单,金属矿物以闪锌矿为主,次为菱锌矿,闪锌矿颜色很浅,为淡绿色及浅褐黄色;方铅矿仅见于地表裂隙中,与粗粒菱锌矿共生,明显为后期热液作用的产物。脉石矿物以白云石为主,偶见方解石、石英及团块状有机质。

矿石结构主要为残余粒屑结构、他形—半自形粒状结构、微晶结构。矿石结构最突出的特征是矿物粒度很小,其中闪锌矿主要有 2 种赋存状态:一为微晶状,粒度均匀,分布于白云石粒间或沿白云岩细层面产出,二者产出较协调,可能为同时沉积形成;二为他形—半自形粒状结构,主要呈集合体分布于白云岩角砾间,与白色白云石共生,具次生加大特征,矿物含量增加。显示为后期岩溶及矿物重结晶作用改造而成。

凹子岗铅锌矿区矿石自然类型主要有淡绿色纹层状闪锌矿石、浅褐黄色纹层状锌矿石、星点状锌矿石及角砾状锌矿石。其中前两类矿石为渐变过渡关系,以角砾状、纹层状构造为主,局部见条带状、栉壳状、蜂窝状构造(曹亮等,2015)。

二、湘西-鄂西地区典型低温铅锌矿床成矿流体温度、盐度特征

本书研究了花垣地区铅锌矿床的流体包裹体,研究结果显示,该区铅锌矿床成矿流体温度主要为 150～220℃,总盐度一般为 13%～23% NaCl eqv,多大于 15% NaCl eqv,密度多大于 1g/cm³,成矿流体为 $NaCl$-$CaCl_2$-$MgCl_2$-H_2O 卤水体系。花垣矿集区作为一个超大型铅锌矿床,是湘西-鄂西地区铅锌矿的一个典型代表,其较低的成矿温度使其成为湘西-鄂西地区低温铅锌矿床的一个缩影。周云等(2014)还对湘西-鄂西铅锌成矿带中茶田铅锌矿、打狗洞铅锌矿、董家河铅锌矿、唐家寨铅锌矿床和神农架、凹子岗铅锌矿中的闪锌矿及与闪锌矿共生的方解石、白云石、石英进行了详细的流体包裹体岩相学和测温学研究。

湘西-鄂西地区 7 个典型矿床闪锌矿、方解石、白云石、石英等矿物中流体包裹体在室温条件下的相态种类、充填度特征显示,流体包裹体类型基本相同,成矿流体均一温度、盐度及密度范围也大致相近(表 9-1)。各典型矿床流体包裹体特征如下。

表 9-1 湘西-鄂西地区典型铅锌矿床流体包裹体性质(据周云等,2014a)

矿床名称	样品个数	主矿物	气液比/%	粒径/μm	T_h/℃	T_m/℃	总盐度 ω/% NaCl eqv	密度/(g·cm⁻³)	压力/(×10⁵Pa)
狮子山	3	闪锌矿	5～15	2～18	120～160	-18.5～-10.2	14.20～21.58	1.019～1.099	337～432
	6	方解石	5～15	2～25	90～180	-26.0～-8.9	12.77～26.64	0.771～1.125	253～454
茶田	6	闪锌矿	5～15	3～20	96～170	-16.8～-7.2	10.74～20.59	1.037～1.082	265～457
	7	方解石	5～20	2～12	92～169	-20.0～-10.2	14.20～22.67	1.017～1.096	393～432
打狗洞	2	闪锌矿	5～20	3～16	113～219	-15.8～-12	16.05～19.46	0.984～1.064	332～612
	3	方解石	5～20	3～12	92～152	-20.4～-10.2	14.20～22.95	1.062～1.125	267～427
	3	石英	5～20	3～12	85～195	-20.2～-12	16.05～22.81	1.041～1.133	241～531

续表 9-1

矿床名称	样品个数	主矿物	气液比/%	粒径/μm	T_h/℃	T_m/℃	总盐度 ω/% NaCl eqv	密度/(g·cm^{-3})	压力/($\times 10^5$ Pa)
董家河	3	闪锌矿	5~10	2~15	108~148	−3.5~−0.9	1.56~6.58	0.950~0.976	364~413
	2	方解石	5~10	2~10	128~164	−3.5~−3.0	4.94~5.70	0.950~0.971	349~437
	2	石英	1~40	3~12	130~170	−7.0~−2.2	2.40~10.49	0.890~0.997	339~777
唐家寨	1	闪锌矿	5~15	4~14	106~129	−13.2~−11.6	15.65~17.19	—	—
	5	石英	5~20	2~15	100~220	−12~−2.0	3.37~17.19	0.953~1.052	298~609
	1	方解石	5~10	2~6	115~139	−7.6~−10.3	11.23~14.31	1.021~1.043	340~369
冰洞山	4	闪锌矿	5~10	2~12	82~235	−17~−4	6.44~20.43	0.937~1.103	223~486
	9	白云石	5~15	2~12	109~221	−19~−7	9.21~21.95	0.960~1.099	337~509
凹子岗	7	白云石	5~25	2~25	82~210	−20.3~−3.5	5.7~22.88	0.939~1.094	257~562

狮子山铅锌矿体赋存于下寒武统清虚洞组藻灰岩中,铅锌矿物分布于雪花状方解石脉边缘,闪锌矿与方解石同期形成,闪锌矿的晶出早于方解石。闪锌矿与方解石中的流体包裹体可分为 3 种类型,其成矿期次属于主成矿期,流体包裹体代表了成矿主期的流体特征:Ⅰ类为气液两相水溶液包裹体($L_{H_2O}+V_{H_2O}$),形态多为负晶形、椭圆形和近圆形,如图 9-7A 所示。由纯盐水+水蒸气组成,大小为 3~15μm,占包裹体总量的 20%~70%,气相在透射光下为深灰色,液相为无色或灰色,气液比为 10%~70%,在矿物中自由分布;Ⅱ类为单相盐水溶液包裹体(L_{H_2O}),由纯盐水组成,占包裹体总量的 35%~70%,大小为 2~15μm;Ⅲ类为单相气相包裹体(V_{H_2O}),部分包裹体含少量甲烷(V_{CH_4}),占包裹体总量的 5%~15%,大小为 3~25μm。闪锌矿中流体温度为 120~160℃,盐度范围主要为 14%~22% NaCl eqv,方解石中流体温度为 90~180℃,盐度范围主要为 13%~27% NaCl eqv(表 9-1,图 9-8A、B)。

茶田铅锌矿体呈脉状赋存于中寒武统敖溪组白云岩破碎带中,脉状方解石与闪锌矿同期形成,两种矿物均形成于主成矿期,其流体包裹体代表了主成矿期流体特征。闪锌矿以中细粒结构为主。流体包裹体分为 3 种类型:Ⅰ类为气液两相包裹体($L_{H_2O}+V_{H_2O}$),占包裹体总量的 30%~40%,大小为 3~20μm,($L_{H_2O}+V_{H_2O}$)中的 V_{H_2O} 为 10%~15%,形态多为负晶形、椭圆形和近圆形(图 9-7B、C),在闪锌矿中自由分布;Ⅱ类为纯液相包裹体(L_{H_2O}),由纯盐水组成,占包裹体总量的 15%~55%,L_{H_2O} 相在透射光下为无色—浅灰色—暗灰色,大小为 3~20μm;Ⅲ类为单相气相包裹体(V_{H_2O}),大小为 3~25μm,占包裹体总量的 20%~55%。闪锌矿的晶出早于方解石,闪锌矿形成温度主要为 96~170℃,盐度范围主要为 11%~21% NaCl eqv,方解石结晶温度主要为 92~169℃,盐度范围为 14%~23% NaCl eqv(表 9-1,图 9-8C、D)。

打狗洞铅锌矿体呈脉状赋存于中寒武统敖溪组白云岩破碎带中,脉状方解石与闪锌矿同期形成,闪锌矿的形成稍早于方解石。闪锌矿中的流体包裹体可分为 4 种类型:Ⅰ类为气液两相水溶液包裹体($L_{H_2O}+V_{H_2O}$),占包裹体总量的 30%~40%,大小为 3~16μm,($L_{H_2O}+V_{H_2O}$)中的 V_{H_2O} 为 10%~20%,L_{H_2O} 相颜色在透射光下为灰色,包裹体形态为椭圆形、负晶形—半负晶形,自由分布;Ⅱ类为单相盐水溶液包裹体(L_{H_2O}),占包裹体总量的 10%~25%,大小为 4~14μm;Ⅲ类为单相气相包裹体(V_{H_2O}),占包裹体总量的 35%~60%,大小为 3~20μm。方解石中流体包裹体除上述 3 种类型以外,少量包裹体为三相,含石盐子晶($L_{H_2O}+V_{H_2O}+S_{hal}$)。闪锌矿的形成温度主要为 113~219℃,流体盐度范围主要为

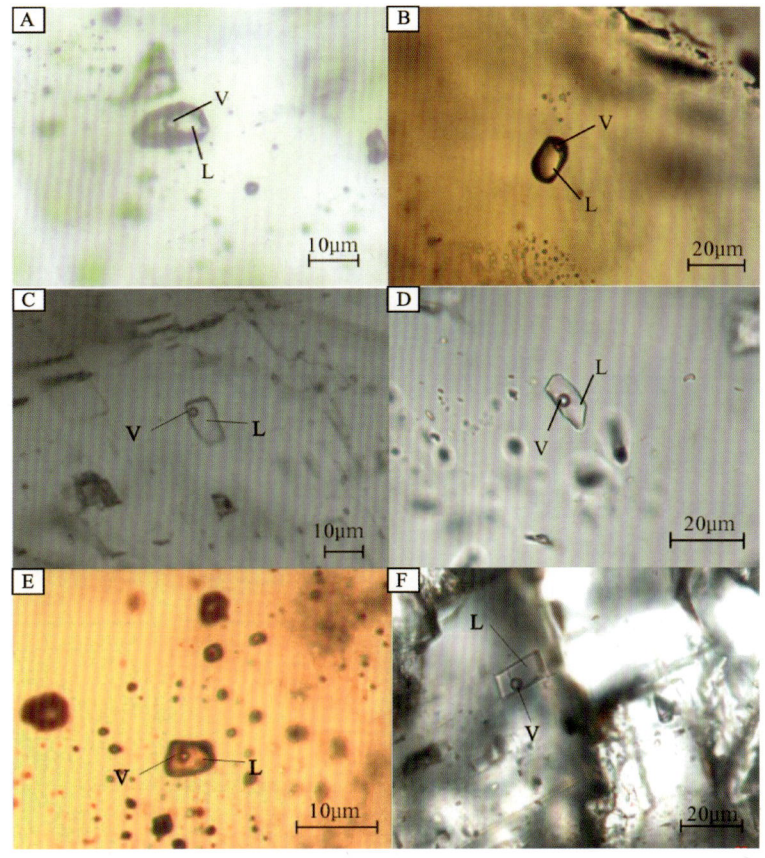

图 9-7 湘西-鄂西地区铅锌矿床典型流体包裹体显微特征

A. 狮子山铅锌矿床闪锌矿中的两相流体包裹体（强光下）；B. 茶田铅锌矿床闪锌矿中的两相流体包裹体；C. 茶田铅锌矿床方解石中的两相盐水流体包裹体；D. 唐家寨铅锌矿床石英中的两相盐水流体包裹体；E. 冰洞山铅锌矿床闪锌矿中的两相盐水包裹体；F. 凹子岗铅锌矿床白云石中两相盐水包裹体（备注：V. 气相；L. 液相）

16%～19% NaCl eqv；方解石的形成温度主要为92～152℃，流体盐度范围主要为14%～23% NaCl eqv；石英形成于成矿早期和成矿晚期，与矿化基本无关，流体形成温度主要为85～195℃，流体盐度范围主要为16%～23% NaCl eqv（表9-1，图9-8E、F）。

董家河矿床赋存于下震旦统陡山陀组，闪锌矿与方解石呈共生脉状同期产于深灰色厚层状粉—细晶白云岩中，闪锌矿多沿方解石脉边缘分布，石英脉后期穿插，矿石为块状构造，闪锌矿、方解石与石英中的流体包裹体可分为3种类型：Ⅰ类为气液两相水溶液包裹体（$L_{H_2O}+V_{H_2O}$），占包裹体总量的30%～60%，大小为2～15μm，（$L_{H_2O}+V_{H_2O}$）中的V_{H_2O}的体积百分比为5%～10%，形态多为椭圆形、长方形和近圆形，少数为不规则状，自由分布；Ⅱ类为单相盐水溶液包裹体（L_{H_2O}），由纯盐水组成，L_{H_2O}相颜色在透射光下为浅灰色—暗灰色，占包裹体总量的20%～50%，大小为2～14μm；Ⅲ类为单相气相包裹体（V_{H_2O}），占包裹体总量的20%～40%，大小为4～25μm。闪锌矿的形成温度主要为108～148℃，方解石的形成温度主要为128～164℃，石英形成于成矿早期，与铅锌矿化无关，流体温度为130～170℃，3种矿物中流体盐度范围为2%～10% NaCl eqv（表9-1，图9-8G、H）。

唐家寨铅锌矿体赋存于下奥陶统南津关组硅化灰岩中，矿化与硅化关系密切。石英中的流体包裹体可分为3种类型：Ⅰ类为两相流体包裹体（$L_{H_2O}+V_{H_2O}$），由纯盐水+水蒸气组成，L_{H_2O}相在透射光下为无色，（$L_{H_2O}+V_{H_2O}$）中的V_{H_2O}的体积百分比为5%～15%，大小为2～16μm，占包裹体总量的20%～60%，包裹体形态多为椭圆形、长方形、不规则状和多边形（图9-7D）。多呈自由分布或小群状分布，

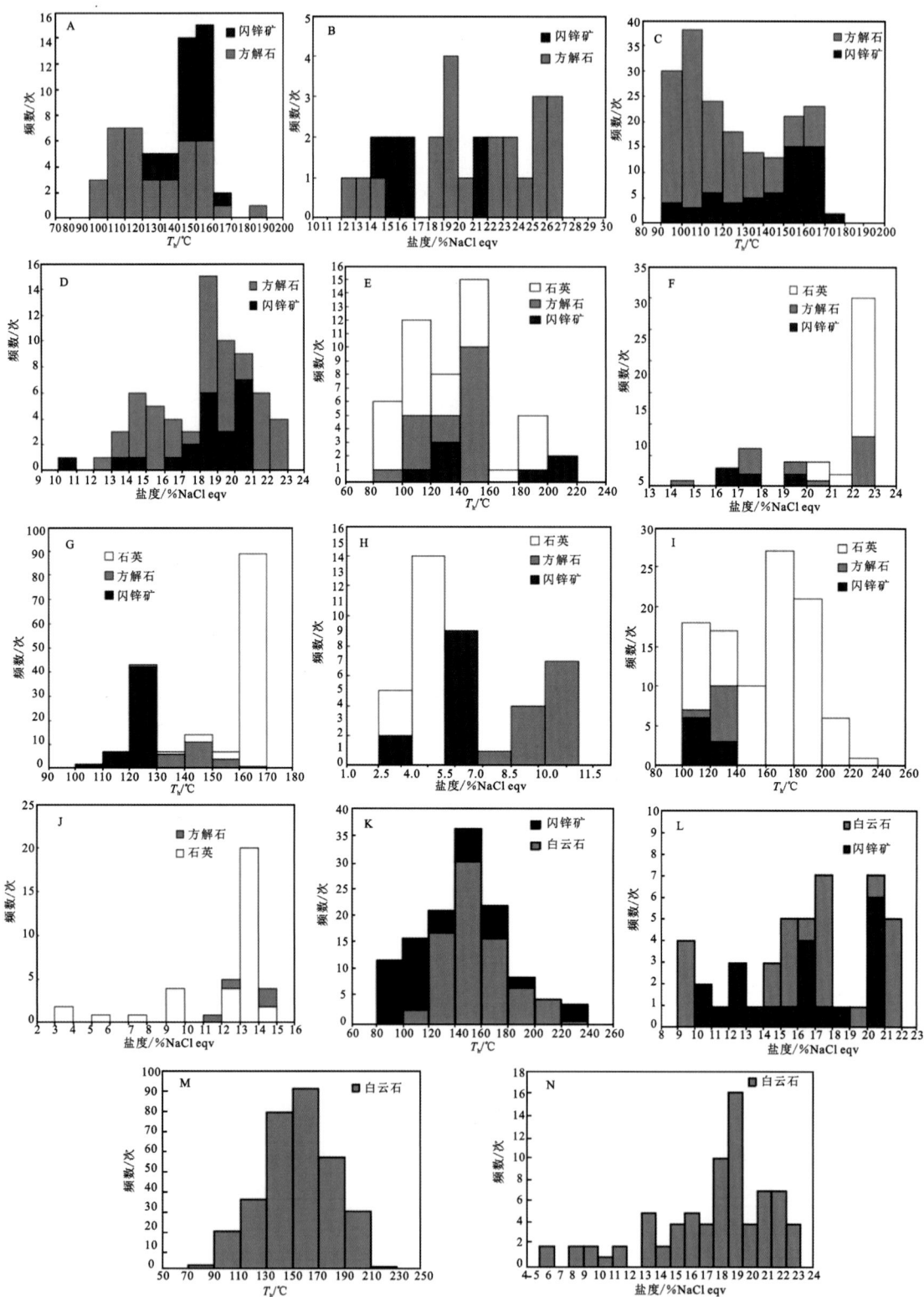

图 9-8 湘西-鄂西地区典型铅锌矿床成矿流体均一温度-盐度直方图(据周云等,2014a)

A.狮子山矿床成矿流体均一温度直方图;B.狮子山矿床成矿流体盐度直方图;C.茶田矿床成矿流体均一温度直方图;D.茶田矿床成矿流体盐度直方图;E.打狗洞矿床成矿流体均一温度直方图;F.打狗洞矿床成矿流体盐度直方图;G.董家河矿床成矿流体均一温度直方图;H.董家河矿床成矿流体盐度直方图;I.唐家寨矿床成矿流体均一温度直方图;J.唐家寨矿床成矿流体盐度直方图;K.冰洞山矿床成矿流体均一温度直方图;L.冰洞山矿床成矿流体盐度直方图;M.凹子岗矿床成矿流体均一温度直方图;N.凹子岗矿床成矿流体盐度直方图

少数沿愈合微裂隙线形分布。II类为单液相包裹体(L_{H_2O}),占包裹体总量的10%~15%,大小为2~15μm;III类为单相气相包裹体(V_{H_2O}),占包裹体总量的25%~70%,大小为2~15μm。石英的形成温度主要为100~220℃,盐度范围主要为3%~17% NaCl eqv;闪锌矿的形成温度主要为106~129℃;方解石形成于成矿晚期,与铅锌矿化基本无关,流体形成温度主要为115~139℃;盐度范围为11%~14% NaCl eqv(表9-1,图9-8I、J)。

冰洞山铅锌矿床赋存于下震旦统陡山陀组白云岩中,闪锌矿化与脉状白云石化关系密切,为热液成因,石英呈自形粒状见于围岩中,为沉积—成岩分异成因,与成矿无直接关系。闪锌矿与白云石同期形成,闪锌矿与白云石中的流体包裹体可分为3种类型:I类为气液两相流体包裹体($L_{H_2O}+V_{H_2O}$)(图9-7E),由纯盐水+水蒸气组成,L_{H_2O}相在透射光下为无色—浅灰色—暗灰色,($L_{H_2O}+V_{H_2O}$)中的V_{H_2O}的体积百分比为5%~10%,大小为2~12μm,占包裹体总量的30%,形态多为负晶形和椭圆形,自由分布;II类为单液相包裹体(L_{H_2O}),占包裹体总量的5%~10%,大小为2~14μm;III类为单相气相包裹体(V_{H_2O}),占包裹体总量的50%~80%,大小为5~35μm。闪锌矿中流体包裹体均一温度为82~235℃,盐度范围主要为6.44%~20.43% NaCl eqv;白云石中流体包裹体均一温度为109~221℃,盐度范围主要为9%~22% NaCl eqv(表9-1,图9-8K、L)。

凹子岗铅锌矿赋存于上震旦统灯影组白云岩中,闪锌矿化与白云石化关系密切。闪锌矿与白云石同期形成,白云石透明度好。闪锌矿与白云石中的流体包裹体可分为3种类型。I类为气液两相水溶液包裹体($L_{H_2O}+V_{H_2O}$)(图9-7F),由纯盐水+水蒸气组成,L_{H_2O}相在透射光下为无色—浅灰色—暗灰色,($L_{H_2O}+V_{H_2O}$)中的V_{H_2O}的质量分数为5%~20%,大小为2~20μm,分别占包裹体总量的30%和50%,形态多为负晶形和自由分布。II类为单液相包裹体(L_{H_2O}),占包裹体总量的10%~40%,大小为2~20μm。III类为单相气相包裹体(V_{H_2O}),占包裹体总量的20%~30%,大小为2~25μm。白云石中流体包裹体均一温度为82~210℃,盐度范围主要为6%~23% NaCl eqv(表9-1,图9-8M、N)。

将各典型矿床中闪锌矿与方解石、白云石矿物中获得的流体包裹体均一温度进行对比(图9-9),湘西地区铅锌矿包括花垣地区的耐子堡矿区和渔塘矿区,各个矿床闪锌矿中的流体包裹体均一温度主要集中于100~180℃,方解石中流体包裹体的均一温度主要集中于80~200℃,方解石中流体包裹体的均一温度与闪锌矿中流体包裹体的均一温度在变化为20℃的相近温度范围内。鄂西地区冰洞山和凹子岗铅锌矿床中闪锌矿和白云石的均一温度主要集中于80~230℃和80~220℃,闪锌矿中流体包裹体的均一温度与白云石中流体包裹体的均一温度在变化为10℃的相近温度范围内,这也佐证了矿石矿物闪锌矿与共生的脉石矿物方解石或白云石应为同一成矿期次产物的判断。

三、湘西-鄂西地区典型铅锌矿床流体包裹体成分特征

周云等(2014a)对湘西-鄂西几个典型的MVT型铅锌矿床的流体包裹体进行了激光拉曼探针微区分析,获得的部分激光拉曼图谱见图9-10。测试结果表明,流体包裹体气相成分中具有较强的CH_4成分特征峰,在几类包裹体的气相中普遍存在明显的CH_4的2913cm^{-1},液相成分则显示出很强的H_2O特征峰3427cm^{-1}。流体包裹体成分显示湘西MVT型铅锌矿床含有不同程度的CH_4,该地质环境中CH_4可能为有机来源。沉积物埋藏之后,有机质分解是CH_4的重要来源(费红彩等,2008)。

根据冷冻测温时获得的低共熔温度,可以推测湘西-鄂西地区几个典型铅锌矿床成矿流体的体系特征(卢焕章等,2004),主要为$NaCl-CaCl_2-H_2O$、$CaCl_2-H_2O$、$MgCl_2-H_2O$以及$KCl-CaCl_2-H_2O$盐卤水体系(表9-2),成矿流体体系表现出卤水体系的特点。湘西地区几个典型铅锌矿床中闪锌矿、方铅矿以及

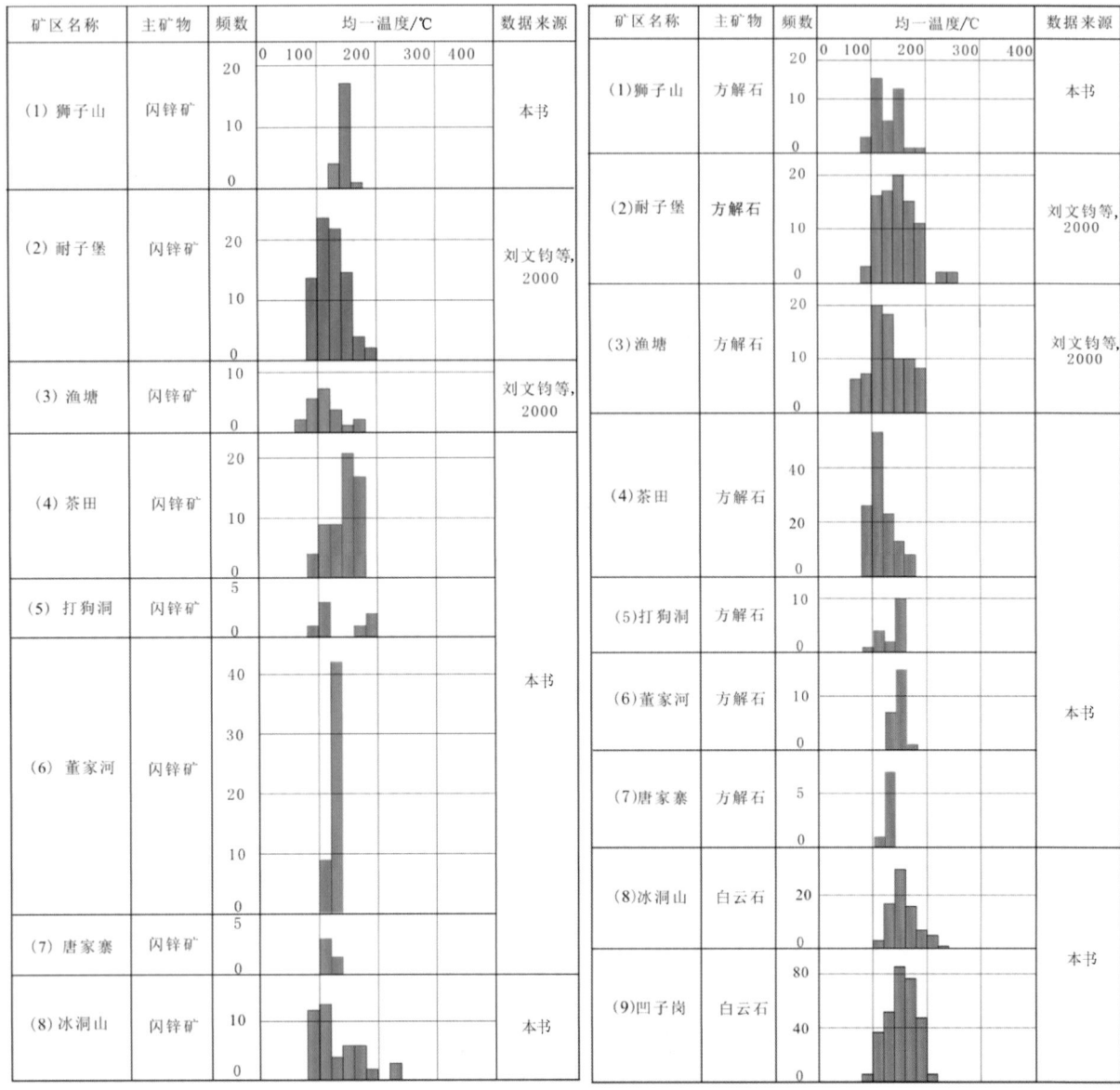

图 9-9 湘西-鄂西地区典型铅锌矿床闪锌矿、方解石与白云石中流体包裹体均一温度对比图(据周云等,2014a)

与矿石矿物共生的透明矿物如方解石、重晶石等矿物流体包裹体群体成分的测试结果显示流体液相组分中主要有 H_2O、K^+、Na^+、Ca^{2+}、Mg^{2+}、Cl^-、SO_4^{2-} 等(表 9-3),总体特征是 $SO_4^{2-}<Cl^-$,$K^+<Na^+$,$Mg^{2+}<Ca^{2+}$。Roedder(1980)提出确定成矿热液类型的经验指标:当(Na^+/K^+)<2,$Na^+/(Ca^{2+}+Mg^{2+})$>4 时,为典型的岩浆热液型;当(Na^+/K^+)>10,$Na^+/(Ca^{2+}+Mg^{2+})$<1.5 时,为典型的热卤水型;介于二者之间即 2<(Na^+/K^+)<10,1.5<$Na^+/(Ca^{2+}+Mg^{2+})$<4 时,可能为层控热液型。湘西地区铅锌矿床流体包裹体液相成分中,Na^+/K^+ 值主要介于 2.01~68.25 之间,$Na^+/(Ca^{2+}+Mg^{2+})$<2.42,少量样品流体包裹体 Na^+/K^+ 值<2,个别样品 $Na^+/(Ca^{2+}+Mg^{2+})$=4.82。鄂西凹子岗铅锌矿床流体包裹体液相成分中,Na^+/K^+ 值主要介于 10.31~12.92 之间,$Na^+/(Ca^{2+}+Mg^{2+})$<1.5,主要原因是主矿物为 Ca 含量高的矿物,样品处理过程中主矿物对流体成分影响较大,$Na^+/(Ca^{2+}+Mg^{2+})$ 值不能作为判断流体类型的标准。据此推断湘西-鄂西地区成矿流体同时具有热卤水和层控热液型来源的特点。

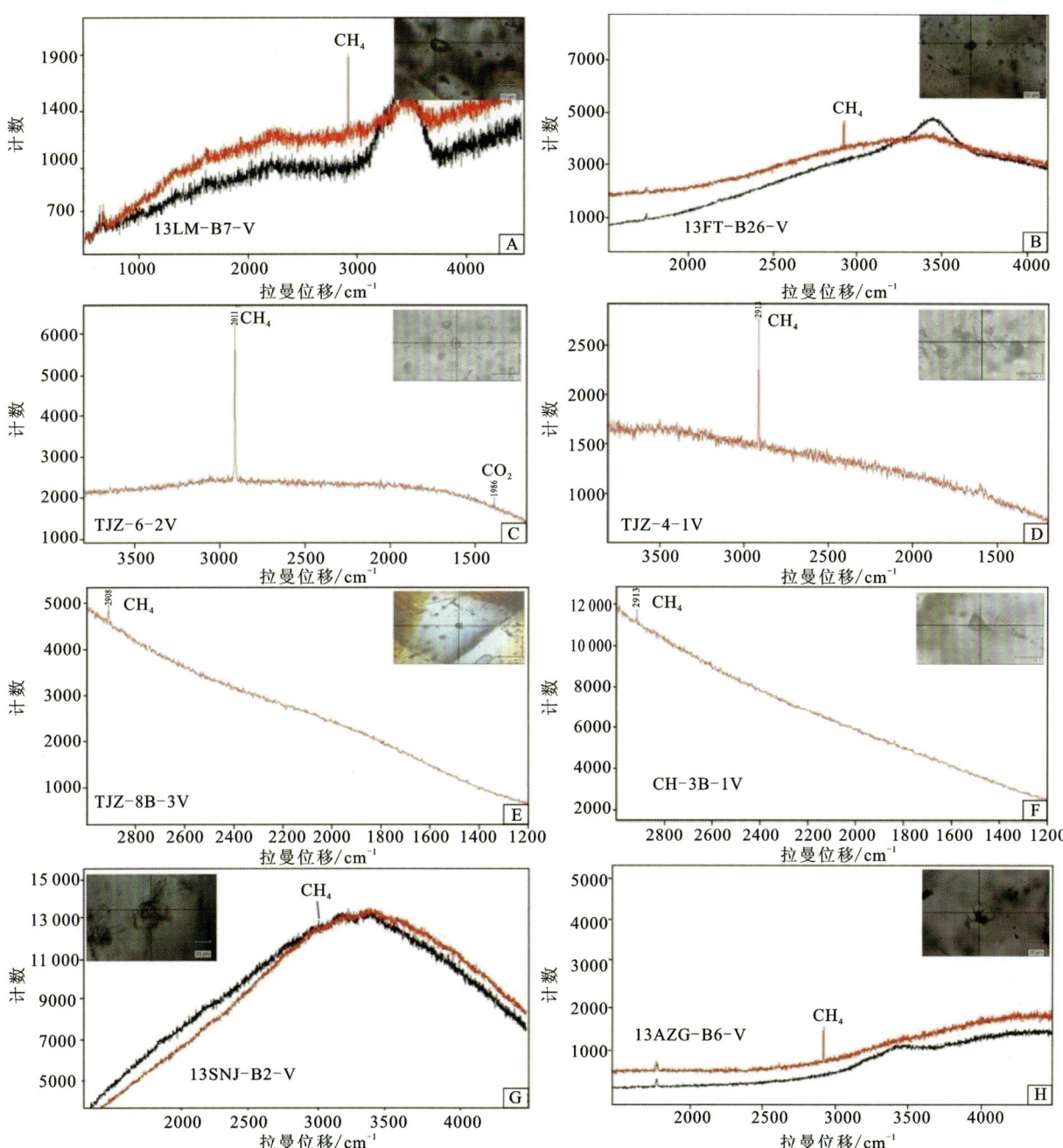

图 9-10 湘西-鄂西地区典型铅锌矿床流体包裹体成分拉曼光谱图(据周云等,2014a)
A.李梅铅锌矿床闪锌矿中流体包裹体气相成分;B.狮子山铅锌矿床闪锌矿中流体包裹体气相成分;C、D、E.唐家寨铅锌矿床石英和闪锌矿中流体包裹体气相成分;F.茶田铅锌矿床闪锌矿中流体包裹体气相成分;G.冰洞山铅锌矿床白云石中流体包裹体气相成分;H.凹子岗铅锌矿床白云石中流体包裹体气相成分

表 9-2 湘西-鄂西地区典型铅锌矿床成矿流体体系特征(据周云等,2014a)

矿床	矿物	低共熔温度/℃	体系	矿床	矿物	低共熔温度/℃	体系
狮子山	方解石	-52	NaCl-CaCl$_2$-H$_2$O	唐家寨	石英	-49	CaCl$_2$-H$_2$O
		-65	KCl-CaCl$_2$-H$_2$O 至卤水			-51	NaCl-CaCl$_2$-H$_2$O
		-69				-63	KCl-CaCl$_2$-H$_2$O 至卤水
		-71		冰洞山	白云石	-32	MgCl$_2$-H$_2$O
打狗洞	闪锌矿	-52	NaCl-CaCl$_2$-H$_2$O			-34	MgCl$_2$-H$_2$O
	方解石	-65	KCl-CaCl$_2$-H$_2$O 至卤水			-35	NaCl-MgCl$_2$-H$_2$O
茶田	方解石	-52	NaCl-CaCl$_2$-H$_2$O			-37	NaCl-MgCl$_2$-H$_2$O
		-65	KCl-CaCl$_2$-H$_2$O 至卤水			-52	NaCl-CaCl$_2$-H$_2$O
董家河	石英	-49	CaCl$_2$-H$_2$O			-59	KCl-CaCl$_2$-H$_2$O 至卤水
	方解石	-49	CaCl$_2$-H$_2$O			-60	KCl-CaCl$_2$-H$_2$O 至卤水
唐家寨	闪锌矿	-49	CaCl$_2$-H$_2$O	凹子岗	白云石	-49	CaCl$_2$-H$_2$O
	方解石	-51	NaCl-CaCl$_2$-H$_2$O			-52	NaCl-CaCl$_2$-H$_2$O

表 9-3 湘西-鄂西典型铅锌矿床各矿物中群体包裹体液相成分(据周云等,2014a)

矿床	样品编号	矿物名称	液相成分						特征值	
			K$^+$	Na$^+$	Ca^{2+}	Mg^{2+}	Cl$^-$	SO$_4^{2-}$	Na$^+$/K$^+$	Na$^+$/(Ca^{2+}+Mg^{2+})
唐家寨	TJZ-12b	闪锌矿	0.35	8.87	1.42	0.42	12.50	10.00	25.34	4.82
	TJZ-13b	闪锌矿	0.12	8.19	7.90	1.39	11.80	15.00	68.25	0.88
茶田	CH-7b	闪锌矿	0.26	6.39	1.54	1.21	8.90	15.50	24.58	2.32
	CH-10b	闪锌矿	0.36	3.10	1.35	1.66	6.01	15.00	8.61	1.03
董家河	DJ-8b	闪锌矿	0.91	4.80	1.60	0.87	6.80	10.50	5.27	1.94
	DJ-14b	闪锌矿	0.19	4.36	1.95	0.86	6.01	10.50	22.95	1.55
	DJ-7	闪锌矿	15.39	8.62	2.70	0.86	12.25	5.00	0.56	2.42
	DJ-12	闪锌矿	12.14	3.92	1.76	0.19	5.80	2.50	0.32	2.01
花垣	H1-Ch	方铅矿	0.106	0.213	45.749	0.478	27.90	—	2.01	0.00
	H8-Ch	重晶石	1.393	5.108	40.764	1.238	22.188	—	3.67	0.12
	H3-Ch	方解石	4.248	3.207	77.168	1.699	81.416	—	0.75	0.04
凹子岗	AZ-1	白云石	0.12	1.55	11 402.7	70.7	6.6	—	12.92	0.000 14
	AZ-2	白云石	0.14	1.67	8 831.7	33	3.67	—	11.93	0.000 19
	AZ-3	白云石	0.03	0.31	4 676.7	51.3	0.78	0.44	10.33	0.000 06
	AZ-4	白云石	0.13	1.34	9 676.7	25.5	2.95	—	10.31	0.000 14
	AZ-5	白云石	0.08	0.91	13 252.7	19.9	2.08	—	11.38	0.000 7

综合流体包裹体的研究结果,湘西-鄂西成矿带典型铅锌矿成矿流体温度主要为 80～230℃,总盐度一般为 6%～23%NaCl eqv,密度多大于 1g/cm^3,成矿流体是具有低温度、中高盐度、高密度,以钠和

钙的氯化物为主的盆地热卤水性质的含矿热水溶液(Hanor et al.,1979;Leach et al.,2005)。矿床成矿流体来源主要为地层封存水和大气降水。闪锌矿和方解石流体演化判别图(图9-11)显示成矿流体主要与外来流体即变质水发生了等温混合作用。通过对比,湘西-鄂西地区铅锌矿床具有MVT型铅锌矿床典型特征,成矿流体的性质和来源与MVT型铅锌矿床相似(图9-12)。同时,该地区MVT型铅锌矿床形成温度为80~230℃,不同地区的矿床成矿温度相差不大,暗示形成湘西-鄂西地区MVT型铅锌矿床形成时成矿流体的规模较大,进而形成温度如此相近的矿床(王奖臻等,2002;周云等,2014a)。因此,湘西-鄂西地区铅锌矿床为大范围低温流体成矿作用的结果,该地区的大面积铅锌成矿作用可能与华南地区发生的拉张断陷导致的盆地流体大规模流动有关。加里东期地幔上涌导致的热异常、岩石圈伸展及扬子陆块拉张断陷引起的驱动力,对驱动盆地流体大规模运移而形成大面积低温成矿域,起着重要控制作用(黄智龙等,2011)。

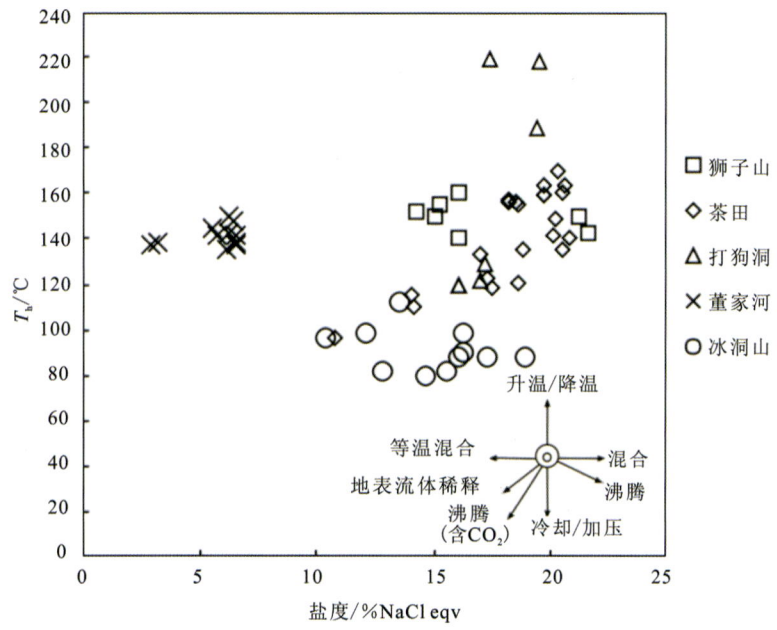

图9-11 湘西-鄂西地区典型铅锌矿床闪锌矿中流体演化判别图(据周云等,2014a)

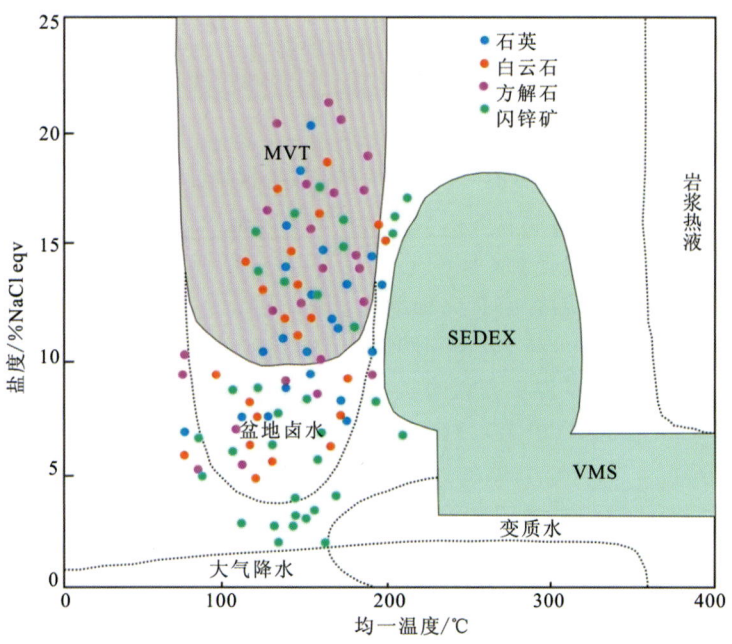

图9-12 湘西-鄂西地区铅锌矿成矿流体均一温度与盐度散点图(据Kesler,2005)

第二节　与川滇黔地区低温成矿域的对比

一、川滇黔地区典型铅锌矿成矿流体特征

与湘西-鄂西地区相邻的川滇黔地区发育有世界上很典型的低温成矿域,其面积之大、包含的矿种之多、矿床组成和组合之复杂,在全球十分鲜见(涂光炽,1998,2002)。川滇黔接壤区的铅锌矿床是我国铅、锌、银及分散元素的矿产资源基地(黄智龙等,2011)。川滇黔地区 MVT 型铅锌矿床十分发育,典型的铅锌矿有四川地区的大梁子、天宝山、赤普、乌斯河等铅锌矿床,云南地区的麒麟厂、毛坪、乐红、茂租等铅锌矿床,贵州地区的银厂坡、青山、牛角塘、天桥、筲箕湾等铅锌矿床(张燕,2013)。区内矿床明显受地层和构造控制,多分布于断裂带中。许多矿床特别是大型矿床都有大量沥青存在,并且矿床的近矿围岩都有因有机质的带入而造成的黑色化现象。成矿温度较低,多在 90~280℃,少数达近 300℃,流体包裹体的盐度范围主要为 5%~22%NaCl eqv(周朝宪等,1998;毛健全等,1998;胡耀国,2000;叶霖等,2000;王奖臻等,2001;毛德明等,2001;贺胜辉等,2006;张长青,2009;张伦尉,2010;周云等,2014b)。

1. 四川会理大梁子铅锌矿

大梁子铅锌矿区位于凉山州会东县小街乡境内,距离会东县城约 29km。矿区出露的地层有上震旦统灯影组($Z_2 dn$)、下寒武统筇竹寺组($\epsilon_1 q$)、沧浪铺组($\epsilon_1 c$)、龙王庙组($\epsilon_1 l$)以及少量第四系(Q)(图 9-13)。灯影组为主要赋矿层,筇竹寺组次之。大梁子铅锌矿床中矿石矿物主要为闪锌矿和方铅矿,其次为黄铁矿、白铁矿、黄铜矿、银矿物等,脉石矿物为白云石、方解石、石英和重晶石。脉状—网脉状、角砾状和细脉浸染状矿石发育,块状矿石中的铅锌含量最高,角砾状、网脉状矿石中的铅锌含量次之,细脉状矿石中的铅锌含量则较低。在块状矿石中,Zn 的含量为 43.54%~54.64%,Pb 的含量为 0.19%~16.24%;在角砾状矿石中,Zn 的含量为 10.72%~16.24%,Pb 的含量为 0.70%~1.32%;在细脉状矿石中,Zn 的含量为 3.03%~8.07%,Pb 的含量为 0.10%~0.59%。矿石结构以粒状结构、交代结构、填隙结构、固溶体分离结构为主。围岩蚀变为中低温蚀变,主要有碳酸盐化、硅化、高岭石化,与典型 MVT 铅锌矿床相同。

1)矿石矿相学低温成矿特征

闪锌矿的颜色与矿床形成条件大致有如下规律:中温或中偏高温阶段形成的闪锌矿,一般为黑色、黑褐色;中温热液矿床中的中温阶段形成的闪锌矿,一般为深褐色、褐色、黄褐色;中温热液矿床的较低温阶段及低温热液矿床或者沉积改造型矿床中的闪锌矿,常呈橘红、红棕、浅褐色、淡黄、灰黄、浅灰等浅色(张海俊,2015)。大梁子矿床中闪锌矿有 3 种颜色,分别为棕黑色、棕褐色和棕黄色,说明闪锌矿的形成温度范围较大(低温—中偏高温),与 Zn/Fe 比值确定的温度范围大致相同。

闪锌矿中的 Zn/Fe 比值与成矿温度直接有关:Zn/Fe<10,成矿温度 250~300℃(中偏高温);10<Zn/Fe<100,成矿温度 150~250℃(中温);Zn/Fe>100,成矿温度小于 150℃(低温)。大梁子闪锌矿 8 个样品的 Zn/Fe 比值分别为 247.8、51.8、36.1、20.4、27.0、223.2、67.6、58.4,Zn/Fe 范围 20.4~247.8,大部分位于 10~100 之间,表明闪锌矿的成矿温度为低温—中偏高温(最高温度可达 300℃,最低温度小于 150℃),主体温度在 150~250℃之间,与闪锌矿中流体包裹体的均一温度吻合。典型的 MVT 铅锌矿床的形成温度一般为 80~220℃,有时可接近 300℃(张长青等,2009),大梁子闪锌矿成矿温度与典型 MVT 铅锌矿床成矿温度一致。

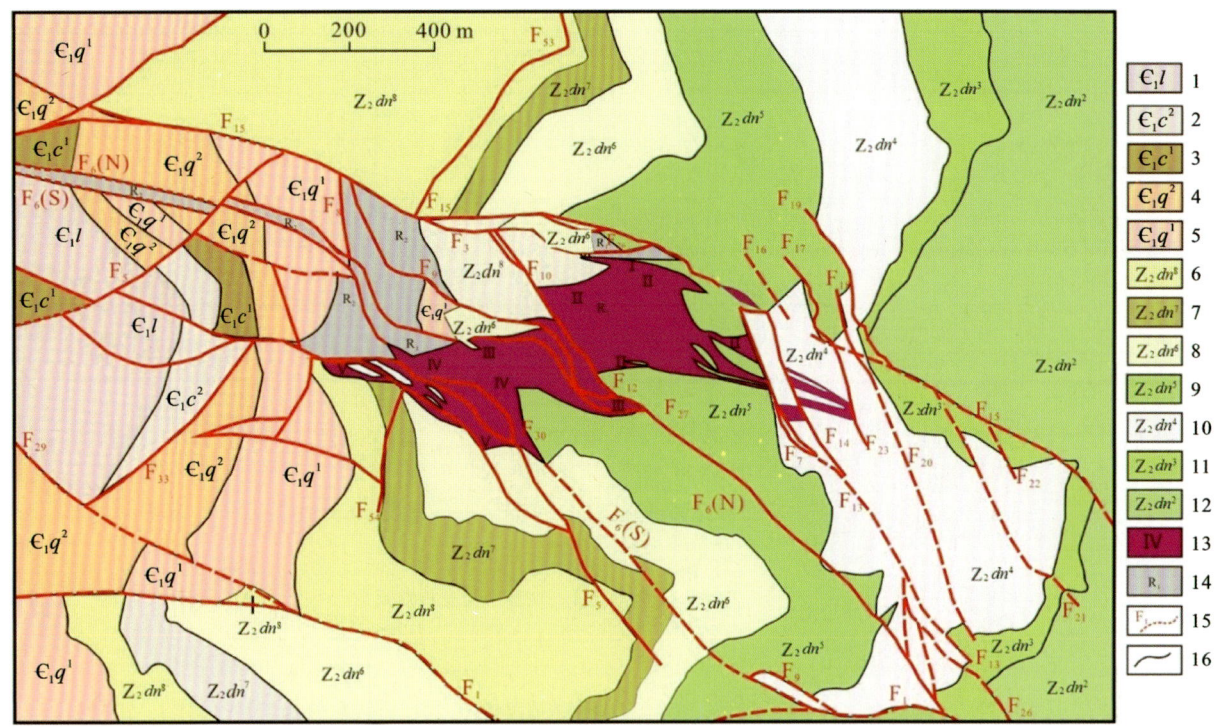

1.寒武系龙王庙组;2、3.寒武系沧浪铺组;4、5.寒武系筇竹寺组;6～12.震旦系灯影组;
13.矿段及编号;14."黑破带"及编号;15.实测及推测断层;16.地质界线。

图 9-13 大梁子铅锌矿区地质图(据林方成,1994 修改)

2)成矿流体特征

大梁子铅锌矿床中流体包裹体的类型比较单一,主要为气液两相包裹体,普遍比较小,绝大多数包裹体直径<10μm(吴越,2013)。闪锌矿中流体包裹体均一温度为 223～263℃,成矿阶段的石英和方解石中流体包裹体均一温度为 213～283℃,均一温度都比较高。成矿晚期阶段白云石与方解石中流体包裹体均一温度为 121～185℃,主要集中在 150℃左右(张长青,2008a)。成矿流体盐度在 3.87%～14.04% NaCl eqv,绝大部分在 10% NaCl eqv 左右,为中低温、低盐度成矿流体(吴越,2013)。

流体包裹体 Na-Cl-Br 体系研究表明成矿流体来源于盆地中蒸发浓缩后的残留海水(李泽琴等,2002)。大梁子铅锌矿床中热液方解石中流体 $\delta^{18}O_{fluid}=1.24‰$,$\delta D_{fluid}=-63.4‰$;脉石石英中流体 $\delta^{18}O_{fluid}=-4.67‰～5.26‰$,$\delta D_{fluid}=-69.7‰～-74.6‰$;闪锌矿中流体 $\delta^{18}O_{fluid}=-2.89‰～3.31‰$,$\delta D_{fluid}=-40.3‰～-73.2‰$(表 9-4)。

在氢氧同位素特征图解中(图 9-14),成矿流体氢氧同位素投点靠近盆地水范围,比盆地卤水有更高的 $\delta^{18}O$ 值和更低的 δD 值,介于与有机质有关的流体和盆地流体之间。说明了成矿过程中有有机质参与,并与成矿流体发生反应使其具备了偏负向的 δD 值,同时流体与围岩之间的水岩交换反应使其中部分流体具备了和碳酸盐围岩相似的 $\delta^{18}O$ 值(吴越,2013)。

表 9-4 大梁子铅锌矿床氢、氧同位素组成(毛晓东等,2015)

样品号	样品名称	$D_{H_2O}/‰$	$^{18}O_{H_2O}/‰$	资料来源
DM12	石英	−74.6	−6.62	朱赖民等,1995
D36	闪锌矿	−68.5	3.05	王健等,2015
D6	闪锌矿	−73.2	−2.89	

续表 9-4

样品号	样品名称	D_{H_2O}/‰	$^{18}O_{H_2O}$/‰	资料来源
D27	石英	−69.7	−5.26	王健等,2015
D12	方解石	−64.4	1.24	
DK-111	闪锌矿	−40.3	3.31	杨应选等,1994
DK1	石英	−74.6	−4.67	

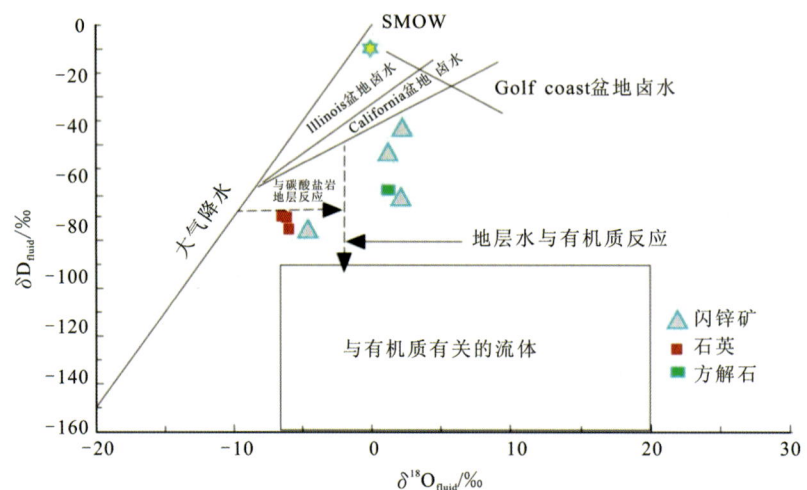

图 9-14　大梁子铅锌矿床成矿流体氢氧同位素特征图(据 Kesler et al.,1996)

2. 四川会理天宝山铅锌矿

天宝山铅锌矿位于西昌会理县以北约 25km 的白果湾乡境内,矿区以天宝山、新山两个矿段为主(图 9-15),拥有铅锌金属储量 300 万 t 以上,为全国著名的大型铅锌矿床。天宝山铅锌矿区出露的地层有古元古界会理群天宝山组(Pt_1t)、上三叠统白果湾组(T_3bg)、上震旦统灯影组(Z_2dn)和第四系(Q)。铅锌矿仅仅产出于上震旦统灯影组中段,具有严格的层控性,矿床还明显受构造控制。这与世界其他地区的 MVT 型矿床的特点是一致的。天宝山铅锌矿床矿石矿物以闪锌矿和方铅矿为主,其次还有黄铁矿、黄铜矿、银黝铜矿、深红银矿、毒砂等。还有部分次生氧化矿物,如菱铁矿、白铅矿、异极矿、褐铁矿等。脉石矿物主要有白云石、方解石、石英、绢云母、水白云母、绿泥石、重晶石等。矿石结构有结晶结构、交代结构、固溶体分离结构、揉皱结构和碎裂结构,矿石构造有浸染状构造、脉状构造、角砾状构造、块状构造和斑状构造。矿区围岩蚀变总体类型较为简单,主要为硅化,其次还有黄铁矿化、绢云母化、碳酸盐化等(牟传龙等,2003)。

1) 流体包裹体岩相学特征

天宝山铅锌矿床中流体包裹体大多数成群成带分布,部分包裹体呈星散状,也有部分呈单个包裹体分布,形态大部分为不规则或椭圆形,部分呈方形。镜下观察显示石英中包裹体最为发育,原生包裹体数量最多,次生及假次生包裹体较少。镜下多以带状、群状、孤立状、串珠状分布。闪锌矿、石英、方解石和硅化白云石等矿物中的流体包裹体不仅少,而且小,直径一般小于 $10\mu m$(表 9-5)。

根据镜下观察,天宝山铅锌矿床的流体包裹体基本类型可分为 4 类(图 9-16):第 I 类为纯液体包裹体,亦是类型最简单的包裹体,气液比小于 10%,此类包裹体通常在相对较低的热液成矿温度下形成,镜下数量相对较多;第 II 类为富液相的气液两相包裹体,气液比小于 50%,均一到液相;第 III 类为气液

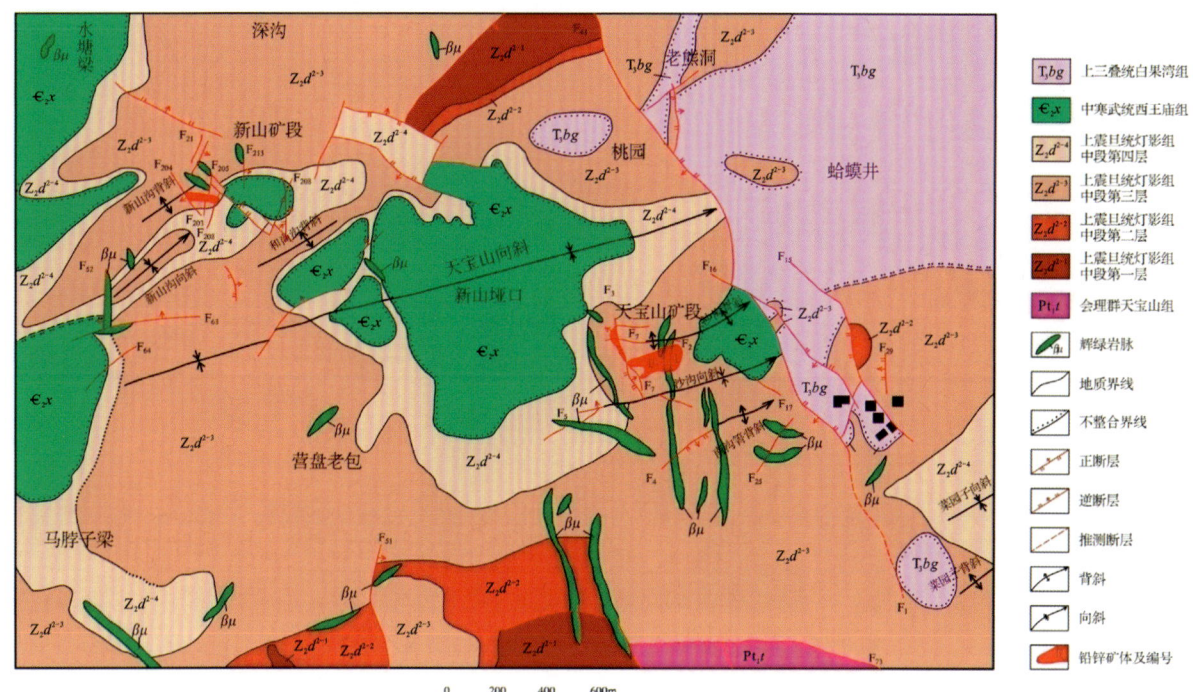

图 9-15　会理天宝山矿床矿区地质简图

表 9-5　天宝山铅锌矿床流体包裹体镜下特征(据毛晓东等,2015)

中段	样号	主矿物	大小变化 /μm	主要大小 /μm	形态	分布	主要类型	$V_气/V_液$
2064	1	石英	1~14	2~10	不规则、椭圆、负晶形	成带、成群	L+V、L	10%~20%
2064	2	石英	1~8	5~10	不规则、椭圆、方形、负晶形	成带、成群、单一	L+V、L	5%~10%
2064	3	石英	1~10	5~8	不规则、椭圆、负晶形	成带、成群	L+V、L	5%~10%
2064	4	石英	1~12	2~10	不规则、椭圆、方形、负晶形	成带、成群、星散	L+V、L	5%~20%
2064	5	石英	1~10	2~10	不规则、椭圆、负晶形	成带、成群、星散	L+V、L	5%~20%
2074	2A	石英	2~12	1~8	不规则、椭圆、负晶形	成带、成群、单一	L+V	5%~20%
2074	5	石英	2~12	1~10	不规则、椭圆、负晶形	成带、成群、星散	L	2%~15%
2036	2B	方解石	3~8	2~10	不规则、椭圆、方形、负晶形	成带、成群、星散	L	2%~10%
2036	1	石英	2~10	2~8	不规则、椭圆、负晶形	成带、成群、单一	L	2%~20%
2036	2	石英	2~14	2~10	不规则、椭圆、方形、负晶形	成带、成群、单一	L+V	5%~10%

注:L 表示液相;V 表示气相。

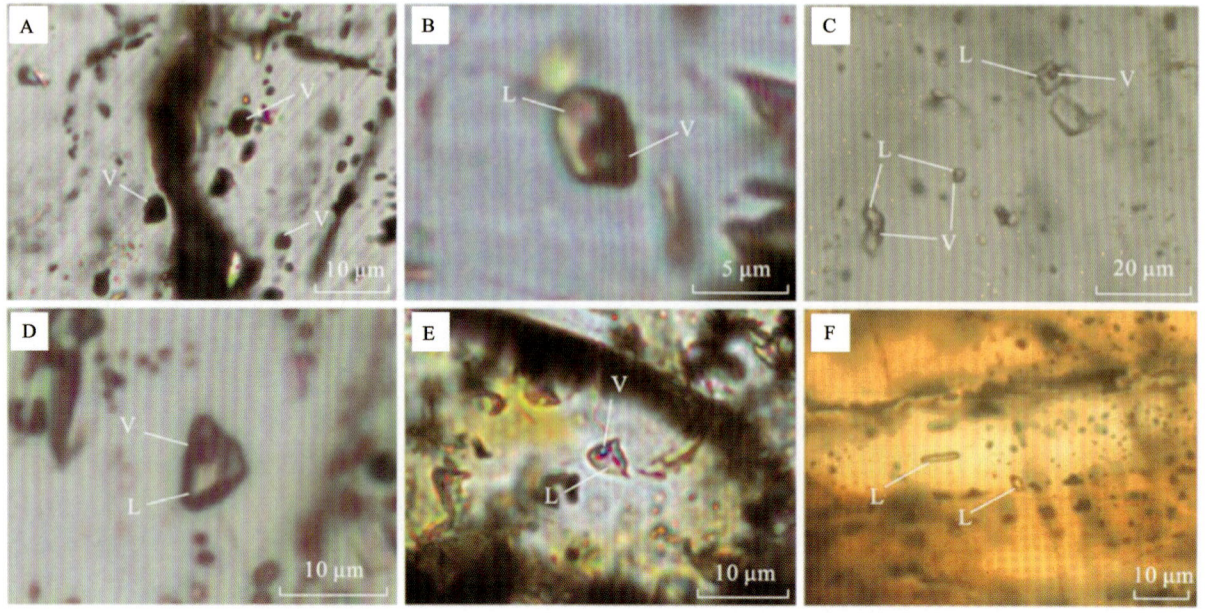

图 9-16 天宝山矿床流体包裹体特征(据王健等,2018)

A. Ⅰ阶段闪锌矿中V型包裹体;B. Ⅱ阶段闪锌矿中(V+L)i型包裹体;C. Ⅱ阶段闪锌矿中(V+L)ii型包裹体成群分布;
D. Ⅱ阶段闪锌矿中孤立分布的(V+L)ii型包裹体;E.闪锌矿中孤立分布的(V+L)ii型包裹体;F. Ⅱ阶段闪锌矿中L型包裹体

包裹体,该类型包裹体由盐水溶液及其蒸气组成,气液比较大,一般大于50%,少数可达55%左右,加热后仍然均一至液相;第Ⅳ类为富气相气液包裹体,均一到气相,主要形成于成矿期较早的早期石英矿物里,气液比大于50%,镜下少见。从镜下分布来看,天宝山流体包裹体主要类型为Ⅰ类和Ⅱ类。

2)流体包裹体均一温度、盐度与密度

天宝山铅锌矿各成岩成矿阶段的石英中的流体包裹体可划分为3个温度区间:145~270℃、80~178℃、120~202℃,分别对应其成岩成矿期(Ⅰ)、热液成矿期(Ⅱ)和表生期(Ⅲ)3个成矿阶段。总体来看,天宝山铅锌矿床石英脉中流体包裹体均一温度总体保持在80~275℃(表9-6)之间,大多数集中在120~220℃区间范围(图9-17)。结合整组数据分析,峰值位于140~180℃,表明其成矿温度为160~180℃,为典型的低温热液矿床。

表9-6 天宝山铅锌矿床流体包裹体测温结果表(据毛晓东等,2015)

成矿阶段	样品号	测点数	温度/℃			
			均一温度	阶段平均值	冰点温度	平均值
Ⅰ	2064-1	8	147~226	202	-4.9~-2.7	-3.85
	2064-2	6	156~270		-5.9~-2.9	-4.45
	2064-3	7	145~212		-6.2~-3.2	-4.72
Ⅱ	2064-4	5	101~143	147	-4.7~-3.2	-3.96
	2064-5	8	90~157		-5.3~-2.8	-4.15
	2074-2A	10	109~175		-4.7~-3.3	-4.05
	2074-5	9	112~178		-6.0~-3.8	-4.86
Ⅲ	2036-1	8	120~176	174	-6.3~-2.9	-4.62
	2036-2B	12	152~188		-6.5~-2.9	-4.63
	2036-2	13	130~202		-7.5~-2.6	-5.10

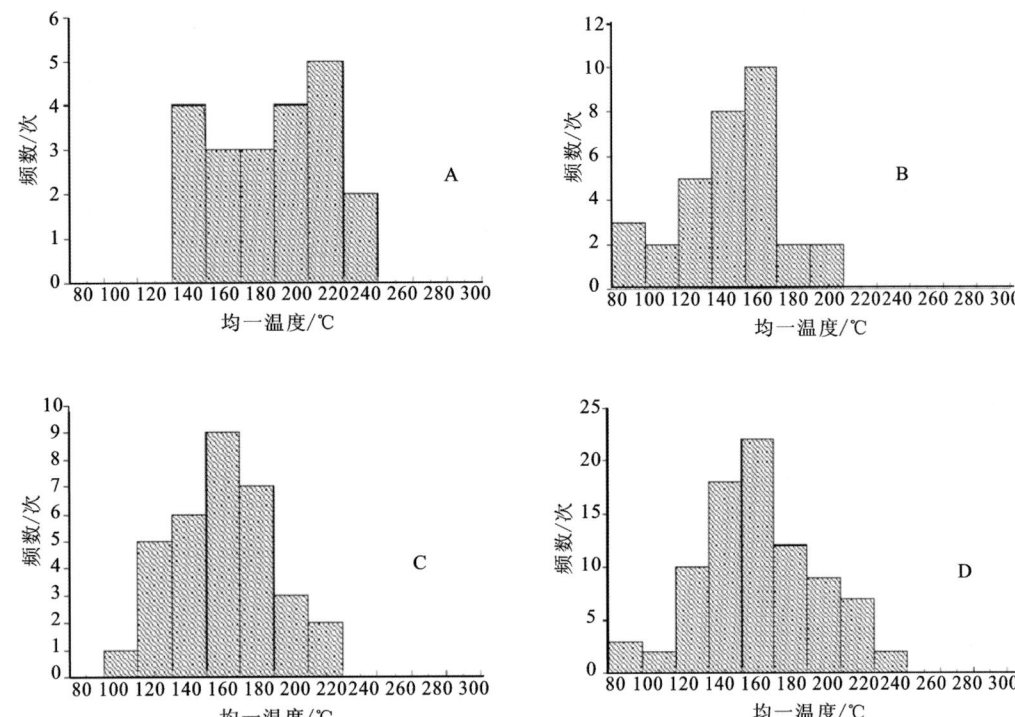

图 9-17 天宝山铅锌矿不同成矿阶段石英包裹体均一温度直方图(据毛晓东等,2015)
A.成矿Ⅰ期包裹体均一温度分布;B.成矿Ⅱ期包裹体均一温度分布;
C.成矿Ⅲ期包裹体均一温度分布;D.总体包裹体均一温度分布

同时,通过对各阶段均一温度峰值区间的观察,发现在成矿Ⅰ阶段样品的均一温度普遍较Ⅱ、Ⅲ阶段的更高,其中Ⅲ阶段又相对于Ⅱ阶段更高一点,但总体变化趋势不明显。Ⅰ阶段石英中流体包裹体均一温度为140~240℃,集中于200~240℃,峰值200℃,显示出相对较高的热液温度;Ⅱ阶段中石英包裹体均一温度为80~200℃,集中于120~160℃,峰值为160℃,明显较Ⅰ阶段更低,可以推断在该阶段,由于闪锌矿、方铅矿等低温成矿热液的加入,流体温度降低,侧面反映出该阶段为成矿的高峰期。Ⅲ阶段中石英包裹体均一温度为100~220℃,集中于140~200℃,峰值160℃,相对于Ⅱ阶段变化不明显,从峰值区间可以看出,此阶段闪锌矿、方铅矿等金属已经沉淀成矿,温度稍高于成矿期的原因可能是由于成矿后期其他温度较高流体的加入。

天宝山铅锌矿区石英和方解石流体包裹体的冰点范围在-7.5~-2.6℃(表 9-6),主要冰点温度范围为-3.8~-6.5℃,盐度范围(NaCl eqv)为 3.47%~11.10%(表 9-7),流体的含盐度较低,但略高于海水盐度,可能为地下热卤水(盆地卤水)。各阶段盐度区间显示(图 9-18),Ⅰ阶段盐度范围集中于4.25%~8.25%,峰值区间 5.75%~6.50%;Ⅱ阶段主要集中于 6.25%~7.35%,峰值区间 6.25%~7.25%;Ⅲ阶段相对于前两期出现了一个新的峰值,大致位于 7.25%~8.00%之间,虽然总体变化并不明显,但也可能反映成矿后期有流体加入,导致不同流体间以不同比例混合而发生了盐度的变化(毛晓东等,2015)。

王健等(2018)则获得天宝山方铅矿-闪锌矿-方解石(Ⅱ)成矿主阶段棕色粗粒闪锌矿均一温度范围为 101.8~267.0℃,峰值范围为 100~180℃,盐度范围为(3.2~18.1)% NaCl eqv,峰值范围为(8~16)% NaCl eqv。Ⅲ阶段方解石流体包裹体均一温度范围为 102.6~193.1℃,峰值范围为 100~160℃,盐度范围为(6.6~19.9)% NaCl eqv,主要分布介于(8~20)% NaCl eqv,方解石-黄铁矿(Ⅲ)成矿晚阶段闪锌矿均一温度介于 98.4~162.2 ℃,盐度范围为 3.7~11.9)% NaCl eqv,主要分布介于(8~12)%NaCleqv,

表 9-7 天宝山铅锌矿床盐度、密度特征表（据毛晓东等，2015）

成矿阶段	样品号	测点数/个	盐度/%NaCleqv	阶段平均值	密度/(g·cm^{-3})	阶段平均值
Ⅰ	2064-1	8	6.74～9.08	6.08	0.79～0.89	0.78
	2064-2	6	5.11～6.45		0.81～0.89	
	2064-3	7	5.41～8.14		0.53～0.92	
Ⅱ	2064-4	5	5.11～7.59	6.74	0.85～0.92	0.83
	2064-5	8	5.26～8.28		0.67～0.88	
	2074-2A	10	4.65～8.14		0.57～0.83	
	2074-5	9	5.86～10.11		0.58～0.92	
Ⅲ	2036-1	8	3.47～8.41	7.34	0.71～0.86	0.87
	2036-2B	12	3.87～7.59		0.75～0.92	
	2036-2	13	4.34～11.10		0.58～0.87	

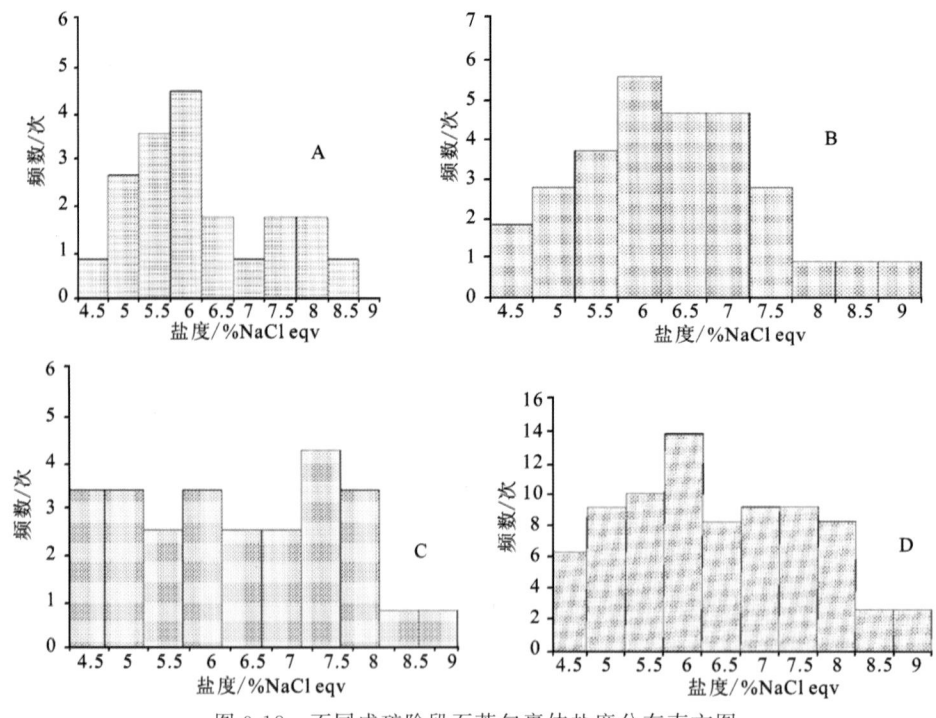

图 9-18 不同成矿阶段石英包裹体盐度分布直方图
A. 成矿Ⅰ期包裹体盐度分布；B. 成矿Ⅱ期包裹体盐度分布；
C. 成矿Ⅲ期包裹体盐度分布；D. 总体包裹体盐度分布

Ⅲ阶段方解石均一温度介于 95.6～158.3℃，盐度范围为(2.1～9.7)% NaCl eqv，主要分布介于(4～10)% NaCl eqv。

天宝山铅锌矿床流体密度区间为 0.57～0.99g/cm³，主要分布范围为 0.75～0.85g/cm³ 之间，均值为 0.85g/cm³，为中—低密度流体。其中，Ⅰ阶段流体密度为 0.53～0.92g/cm³，集中在 0.75～0.85g/cm³，均值为 0.86g/cm³；Ⅱ阶段成矿流体密度为 0.57～0.92g/cm³，集中在 0.72～0.85g/cm³，均值为

0.83g/cm³;Ⅲ阶段流体密度为0.58～0.92g/cm³,集中于0.78～0.93g/cm³,均值为0.87g/cm³。由图9-19、表9-7可知,3个成矿期中流体的密度范围大致相当,均属于中—低密度的成矿流体,主要分布范围Ⅰ阶段与Ⅱ阶段几乎一致,而Ⅲ阶段略高于前两者(毛晓东等,2015)。

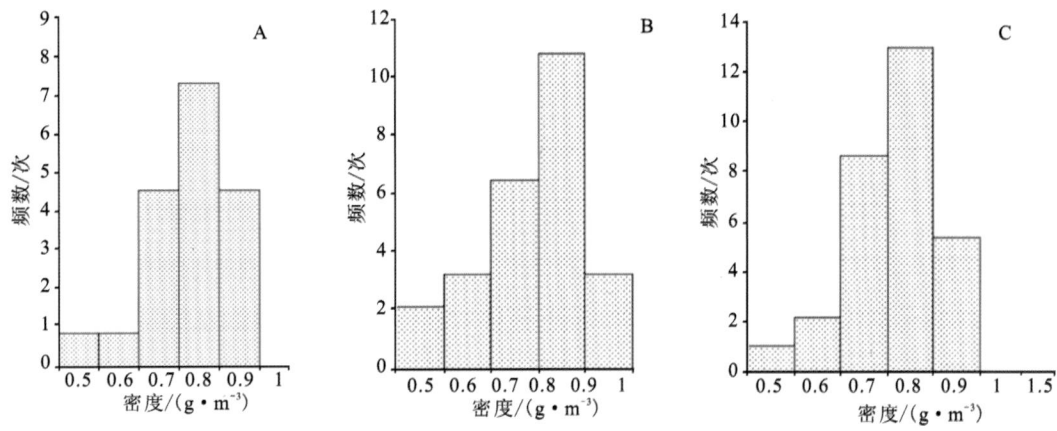

图9-19 不同成矿阶段石英包裹体密度分布直方图
A.成矿Ⅰ期包裹体密度分布;B.成矿Ⅱ期包裹体密度分布;
C.成矿Ⅲ期包裹体密度分布

3)流体包裹体成分

对天宝山矿床石英中的流体包裹体气相部分进行激光拉曼光谱测试,结果显示其气相成分中,H_2O占绝对数量,其次为CH_4、N_2,同时含有微量的H_2、CO等气体(表9-8)。

表9-8 天宝山铅锌矿床石英流体包裹体激光拉曼测试数据表

样号	气相成分	谱峰值/cm^{-1}
2064-4	H_2O、CH_4	3426、2467
2065-5	H_2O、N_2、CH_4	3228、1839、2536
2074-2A	H_2O、N_2	3389、1764
2074-5	H_2O	3489

针对前人对该地区液态成分的数据统计,发现其Cl^-、HCO_3^-、Ca^{2+}、Mg^{2+}等离子含量较多,活度较高(王小春,1990)。初步判定天宝山铅锌矿床流体类型为Ca^{2+}-Mg^{2+}-Na^+-Cl^--HCO_3^-型,与碳酸盐岩地区的大气降水成分相似。

通过对天宝山铅锌矿床Ⅱ号矿体中的一个闪锌矿样品的气液包裹体成分的分析(表9-9)可以看出,Ca^{2+}、Mg^{2+}、Cl^-和HCO_3^-在成矿流体溶液中浓度相对较高,矿化溶液的盐度与碳酸盐岩地区的渗滤雨水盐度相近,为4.94%,通常岩浆热液中$Na^+/K^+<1$,而热卤水中$Na^+/K^+>1$。矿床$Na^+/K^+=0.1/0.026$,远大于1,所以天宝山铅锌矿床的流体性质应该为热卤水,气相成分中,CH_4的含量较高,也说明了成矿流体并非岩浆水。

表9-9 天宝山铅锌矿床流体包裹体成分(mg/10g)(据王小春,1990)

样号	K^+	Na^+	Ca^{2+}	Mg^{2+}	F^-	Cl^-	HCO_3^-	H_2O	H_2	N_2	CO_2	CO	CH_4	盐度
TB049	0.026	0.1	0.834	0.283	0.029	0.564	1.092	58.5	—	0.068	—	0.019	0.158	494

综上所述,天宝山铅锌矿床流体包裹体具有以下几方面特征:

(1) 本矿床流体包裹体不仅数量少而且体积小,一般为原生包裹体类型,直径 1~10μm。寄主矿物一般为闪锌矿、石英、方解石和硅化白云石等。多数为单一的液相包裹体和气液比为 2%~20% 的气液包裹体,大多数成群、成带分布,部分流体包裹体呈星散状,也有部分呈单个包裹体分布;形态以椭圆形和不规则形为主,部分为方形,未见子矿物。

(2) 通过对流体包裹体均一温度测试得出,该地区石英包裹体均一温度集中于 120~220℃,成矿阶段温度区间为 120~160℃,峰值为 160℃,成矿温度较低;盐度范围(NaCl eqv)主要分布区间为 5.11%~8.45%,含盐度较低,但略高于海水盐度,可能为地下热卤水;3个成矿期中流体的密度范围大致相当,主要分布范围为 0.75~0.85g/cm³,均值为 0.85g/cm³,为中—低密度流体。

(3) 矿床成矿流体为 $NaCl$-H_2O 体系,气相成分中,H_2O 占绝对数量,其次为 CH_4、N_2,同时含有微量的 H_2、CO 等气体;Cl^-、HCO_3^-、Ca^{2+}、Mg^{2+} 等离子含量较多,活度较高。初步判定天宝山铅锌矿床流体类型为 Ca^{2+}-Mg^{2+}-Na^+-Cl^--HCO_3^- 型,与碳酸盐岩地区的大气降水成分相似,流体性质应为热卤水(毛晓东等,2015)。

3. 四川汉源乌斯河铅锌矿

四川省汉源县乌斯河铅锌矿地处雅安市汉源县,是扬子地块西缘大渡河沿岸铅锌矿带中的一个大型铅锌矿床,资源量可达 370 万 t(熊索菲等,2016)。矿区出露地层主要有中元古界峨边群变质岩、南华系苏雄组陆相火山岩和碎屑岩、上震旦统观音崖组碎屑岩—灯影组白云岩、寒武系碎屑岩和碳酸盐岩、奥陶系—二叠系碎屑岩和碳酸盐岩以及第四系(图 9-20)。主要含矿地层为震旦系灯影组第三岩性段(麦地坪组),其次为寒武系筇竹寺组(熊索菲等,2016)。矿体顶、底板围岩为黑灰色、深灰色中厚层状铅锌矿化白云岩、含泥炭质铅锌矿化瘤状白云岩。乌斯河铅锌矿床矿石矿物主要包括闪锌矿、方铅矿、黄

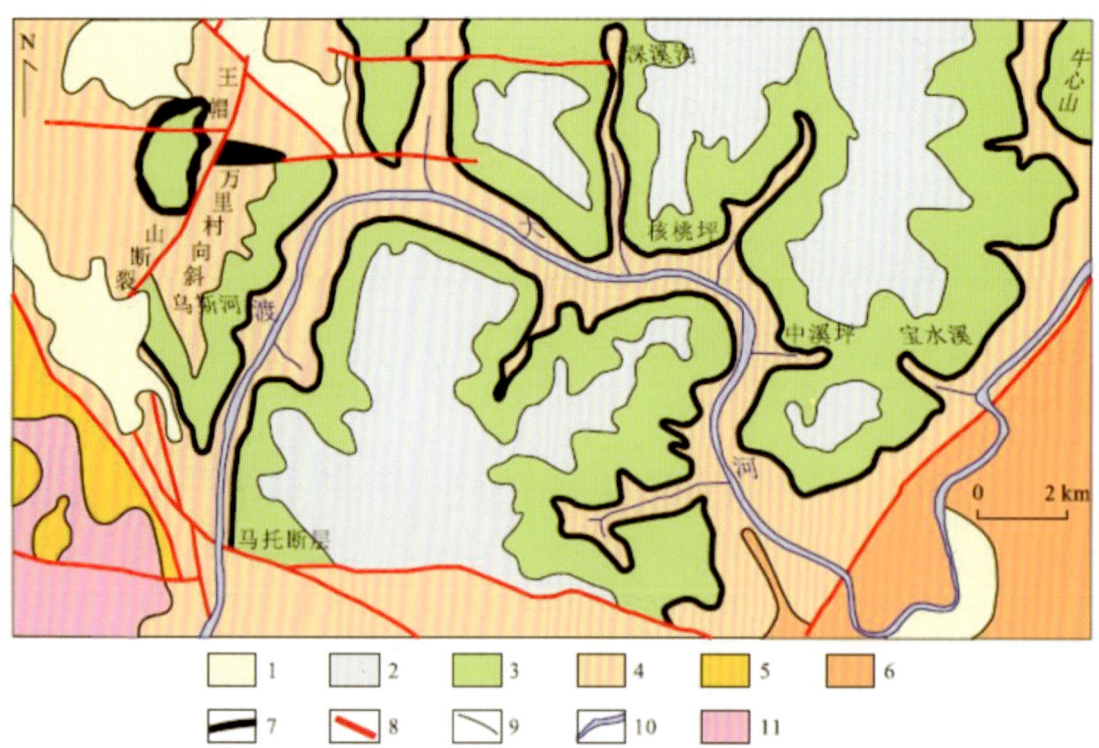

1. 第四系;2. 奥陶系—二叠系碎屑岩、碳酸盐岩;3. 寒武系碎屑岩、碳酸盐岩;4. 上震旦统观音崖组碎屑岩—灯影组白云岩;5. 南华系苏雄组陆相火山岩、碎屑岩;6. 中元古界峨边群变质岩;
7. 铅锌矿(化)层;8. 断层;9. 地质界线;10. 河流;11. 晋宁期花岗岩

图 9-20 乌斯河铅锌矿床地质简图(据熊索菲等,2016)

铁矿、白铁矿及少量四方硫铁矿、黄铜矿。脉石矿物主要有白云石、石英、萤石、重晶石、炭质、伊利石，含少量磷灰石、绿泥石、石膏、方解石。矿石的构造主要有纹层状或条带状构造、浸染状构造、块状构造、细脉状构造、角砾状构造、蜂巢状构造及皮壳状构造等。矿石的结构主要有他形—半自形晶粒结构、交代变余结构、交代溶蚀结构。铅锌矿体矿石品位 Pb 0.03%～18.48%，平均 3.16%。Zn 3.20%～19.95%，平均 9.28%。本区铅锌矿成因为 MVT 型，围岩蚀变为一套低温蚀变组合，蚀变强度弱，种类单一，主要有硅化、重晶石化、萤石化、碳酸盐化，多为成矿后期蚀变。乌斯河铅锌矿床属于典型的密西西比河谷型铅锌矿床。

本矿床矿化期基本可以划分为 3 期：成矿前期、主成矿期、成矿后期。各成矿期成矿阶段的白云石、石英、萤石、方解石和闪锌矿内包裹体发育良好（图 9-21A～E），原生包裹体的体积一般（4～16μm），形态呈负晶形、椭圆形、圆形、矩形和不规则，流体包裹体可以分为气液两相包裹体（L+V 型）（图 9-21A～E），也可见到少量纯气相包裹体（V 型）（图 9-21F）。

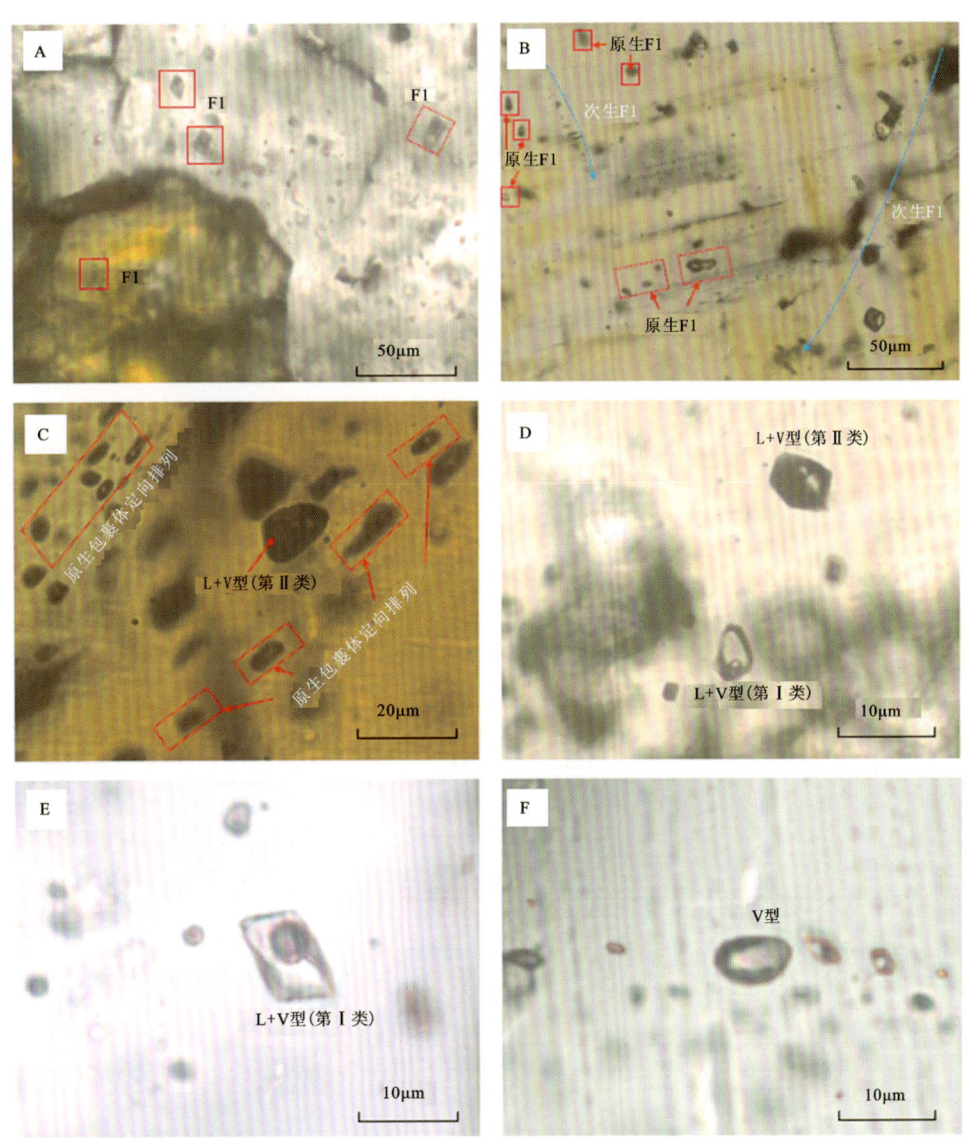

图 9-21　乌斯河矿床流体包裹体特征（据熊索菲等，2016）

A. 热液期第Ⅰ阶段的闪锌矿和白云石中包裹体发育；B. 热液期第Ⅱ阶段，浅黄—浅黄白相间闪锌矿发育生长环带，L+V 型原生流体包裹体沿生长环带发育，次生包裹体呈曲线状切穿生长环带；C. 热液期第Ⅲ阶段，红棕色闪锌矿内部发育有定向排列的 L+V 型流体包裹体；D. 热液期第Ⅲ阶段方解石内两种成分不同的 L+V 型；E. 热液期第Ⅲ阶段，淡紫色萤石内的 L+V 型流体包裹体，包裹体为无色透明，边缘清晰；F. 热液期第Ⅱ阶段石英中的 V 型流体包裹体

第Ⅰ阶段的测温数据（表9-10）显示，白云石、石英及闪锌矿包裹体均一温度集中于220～280℃（图9-22C），冰点为-18.9～-3.3℃，盐度范围为(5.4～21.6)% NaCl eqv（图9-22D），平均盐度为12.0% NaCl eqv。其中，闪锌矿内包裹体冰点温度为-10.3～-3.3℃，盐度范围为(5.4～14.3)% NaCl eqv，均一温度范围为217～282℃（平均值为250℃），密度为0.79～0.90g/cm³。第Ⅱ阶段的测温数据显示（表9-10），石英及闪锌矿包裹体均一温度集中于180～240℃（图9-22E），冰点为-9.1～-2.5℃，盐度范围为(4.2～13.0)% NaCl eqv（图9-22F），平均盐度为12.0% NaCl eqv。其中，闪锌矿内包裹体均一温度范围为168～238℃（平均值为207℃），冰点为-9.1～-4.3℃，盐度范围为(6.9～13.0)% NaCl eqv，密度为0.87～0.98g/cm³。第Ⅲ阶段的测温数据显示方解石、石英、萤石及闪锌矿包裹体均一温度集中于140～220℃（图9-22G），冰点为-19.2～-3.9℃，盐度范围为(6.3～21.8)% NaCl eqv（图9-22H），平均盐度为12.9% NaCl eqv。其中，闪锌矿内包裹体均一温度范围为133～211℃（平均值为172℃），冰点为-19.2～-4.8℃，盐度范围为(7.6～21.8)% NaCl eqv，密度为0.92～1.07g/cm³。第Ⅳ阶段的测温数据显示，石英和方解石包裹体均一温度集中于120～200℃（图9-22I），冰点为-13.5～-3.0℃，盐度范围为(2.7～15.2)% NaCl eqv（图9-22J），平均盐度为10.0% NaCl eqv，密度为0.89～1.02g/cm³。

表9-10 乌斯河矿床各成矿阶段流体包裹体显微测温数据（据熊索菲等，2016）

成矿期成矿阶段（测试个数）		寄主矿物	初熔温度/℃	均一温度/℃	冰点/℃	盐度/%NaCl eqv	密度/(g·cm⁻³)
沉积期 $n=36$		白云石	-33.8	181～221	-6.5～-2.9	3.6～9.9	0.90～0.97
		闪锌矿	-21.6～-19.1	132～223	-10.8～-4.1	6.5～14.8	0.91～1.02
		石英		191～194			
热液期	Ⅰ $n=73$	白云石	-41.6	216～266	-8.7～-7.2	10.7～12.5	0.87～0.93
		石英	-16.3	203～291	-18.9～-4.2	6.7～21.6	0.84～0.97
		闪锌矿	-23.8～-17.8	217～282	-10.3～-3.3	5.4～14.3	0.79～0.90
	Ⅱ $n=79$	石英		178～269	-9.0～-2.5	4.2～12.9	0.85～0.96
		闪锌矿	-25.1～-19.7	168～238	-9.1～-4.3	6.9～13.0	0.87～0.98
	Ⅲ $n=65$	萤石		159～227	-9.2～-3.9	6.3～14.0	0.94～1.00
		闪锌矿	-25.4～-20.6	133～211	-19.2～-4.8	7.6～21.8	0.92～1.07
		方解石		208～218	-14.5～-10.1	14.0～18.2	0.96～0.99
		石英		154～229	-8.2～-5.0	7.9～11.9	0.91～0.97
	3Ⅳ $n=35$	石英	-18.1	141～199	-10.4～-1.6	2.7～14.4	0.90～1.01
		方解石	-22.4	102～197	-13.5～-3.0	5.0～15.2	0.89～1.02

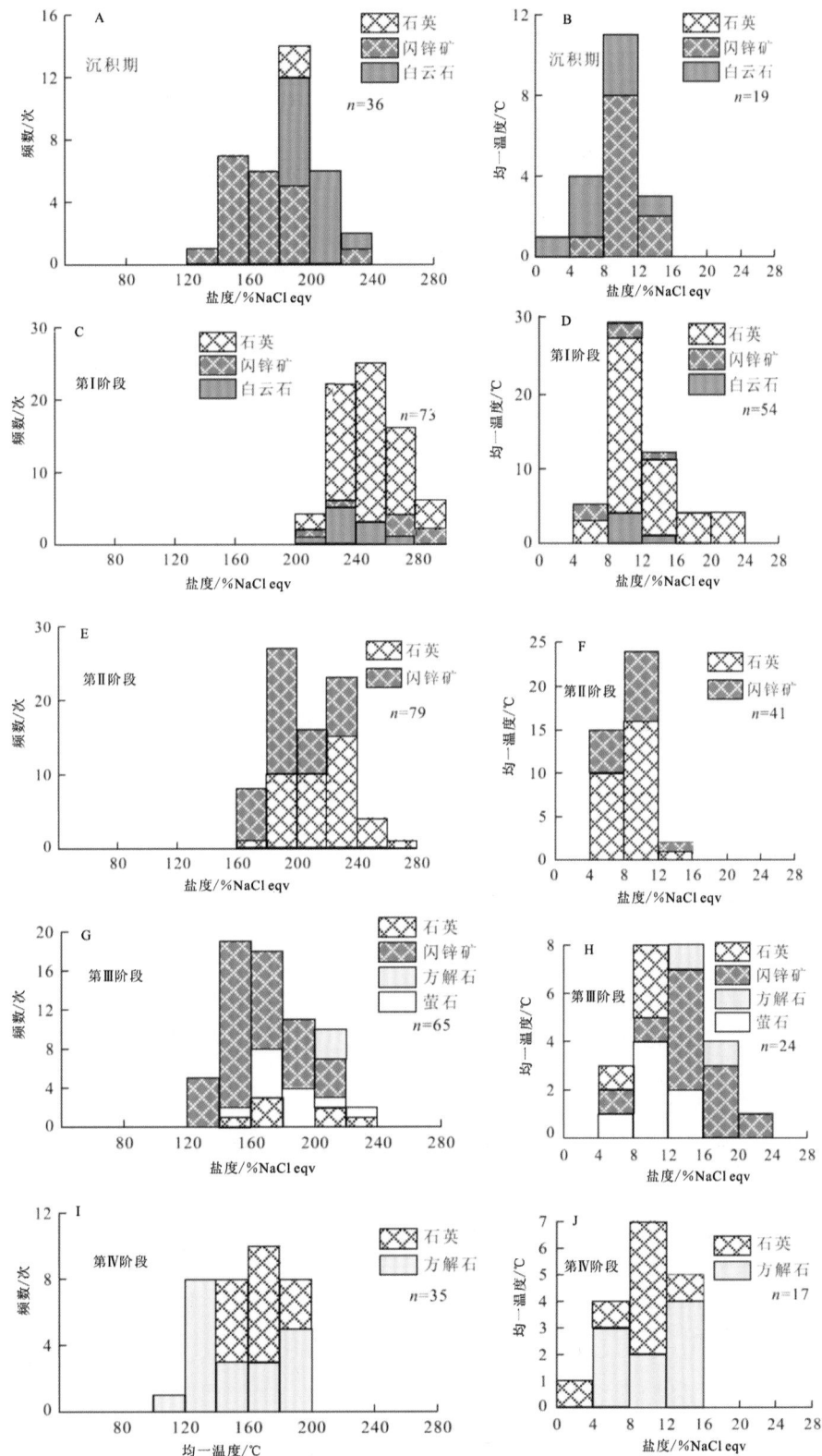

图 9-22 流体包裹体的均一温度-盐度直方图(据熊索菲等,2016)

A.沉积期,闪锌矿、白云石和石英中流体包裹体均一温度直方图;B.沉积期流体包裹体盐度直方图;C.热液期第Ⅰ成矿阶段,闪锌矿、白云石和石英中流体包裹体均一温度直方图;D.热液期第Ⅰ成矿阶段流体包裹体盐度直方图;E.热液期第Ⅱ成矿阶段,闪锌矿和石英中流体包裹体均一温度直方图;F.热液期第Ⅱ成矿阶段流体包裹体盐度直方图;G.热液期第Ⅲ成矿阶段,闪锌矿、方解石、萤石和石英中流体包裹体均一温度直方图;H.热液期第Ⅲ成矿阶段盐度直方图;I.热液期第Ⅳ成矿阶段,方解石和石英中流体包裹体均一温度直方图;J.热液期第Ⅳ成矿阶段流体包裹体盐度直方图

根据激光拉曼图谱,等闪锌矿流体包裹体内发育 CH_4 和 C_2H_2 有机气体(图 9-23)。

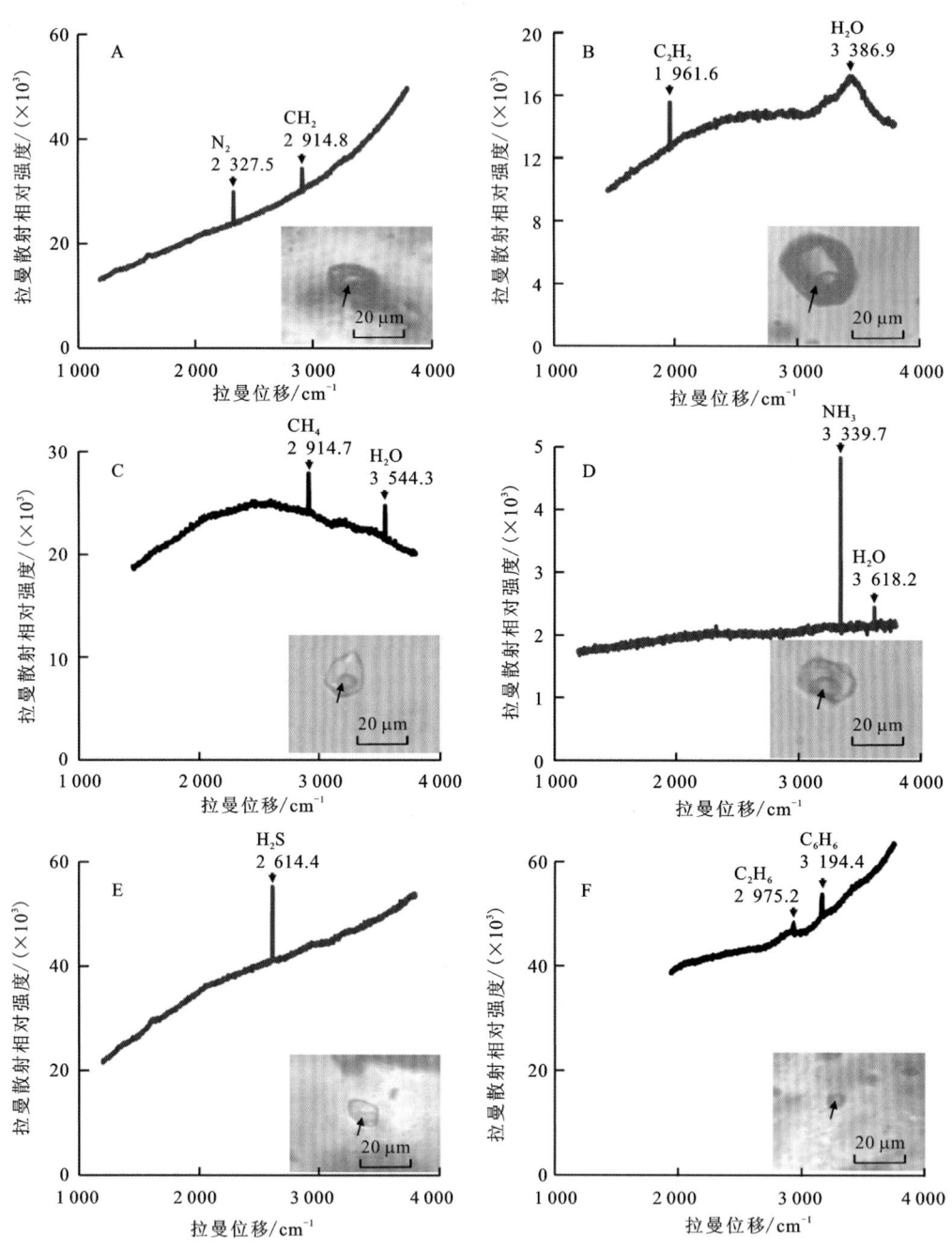

图 9-23 乌斯河矿床包裹体激光拉曼图谱(据熊索菲等,2016)

A. 闪锌矿内包裹体,含有 CH_4 和 N_2,其中 CH_4 特征峰值为 $2914.8cm^{-1}$,N_2 特征峰值为 $2327.5cm^{-1}$;B. 闪锌矿内包裹体,含有 C_2H_2 和 H_2O,其中 C_2H_2 特征峰值为 $1961.6cm^{-1}$,H_2O 特征峰值为 $3386.9cm^{-1}$;C. 石英内包裹体,含有 CH_4 和 H_2O,其中 CH_4 特征峰值为 $2914.7cm^{-1}$,H_2O 特征峰值为 $3544.3cm^{-1}$;D. 石英内包裹体,含有 NH_3 和 H_2O,其中 NH_3 特征峰值为 $3339.7cm^{-1}$,H_2O 特征峰值为 $3618.2cm^{-1}$;E. 闪锌矿内包裹体,含有 H_2S,特征峰值为 $2614.4cm^{-1}$;F. 白云石内包裹体,含有 C_2H_6 和 C_6H_6,其中 C_2H_6 特征峰值为 $2975.2cm^{-1}$,C_6H_6 特征峰值为 $3194.4cm^{-1}$

4. 云南会泽铅锌矿

会泽铅锌矿位于扬子陆块西南缘，滇黔褶断区的西部，隶属于云南省会泽县，是区内典型的赋存于石炭系摆佐组的超大型铅锌矿床。矿区内出露地层简单（图 9-24），由下向上依次为震旦系（Z）硅质白云岩，寒武系（∈）泥质页岩夹砂质泥岩，泥盆系（D）灰岩、硅质白云岩、粉砂岩及泥质页岩，石炭系（C）灰岩及白云岩，下二叠统（P_1）灰岩及页岩、石英砂岩及上二叠统（P_2）玄武岩（王健等，2018）。下石炭统摆佐组（C_1b）为矿区主要赋矿地层，主要为灰白色、肉红色、米黄色粗晶白云岩和致密块状浅灰色灰岩及硅质灰岩。会泽铅锌矿床规模大（铅锌储量大于 $5×10^6$ t），矿石品位高（Pb+Zn 品位介于 25%～35%，局部地段高于 60%）。原生矿石矿物主要包括闪锌矿、方铅矿、黄铁矿、方解石、白云石等，少量的黄铜矿、硫锑铅矿、石英、黏土矿物等。氧化矿石成分复杂，主要包括褐铁矿、菱铁矿、异极矿、菱锌矿等几十种矿石。矿石构造主要包括块状构造、脉状构造、层状构造、浸染状构造等；矿石结构主要有粒状结构、包含结构、交代结构、出溶结构等（王健等，2018）。矿区内围岩蚀变类型简单，但规模大，主要为白云石化、黄铁矿化及少量的硅化、黏土化及褪色化。白云石化在矿区发育普遍而强烈，黄铁矿化在摆佐组和中石炭统地层中较强烈，与铅锌矿化关系密切。

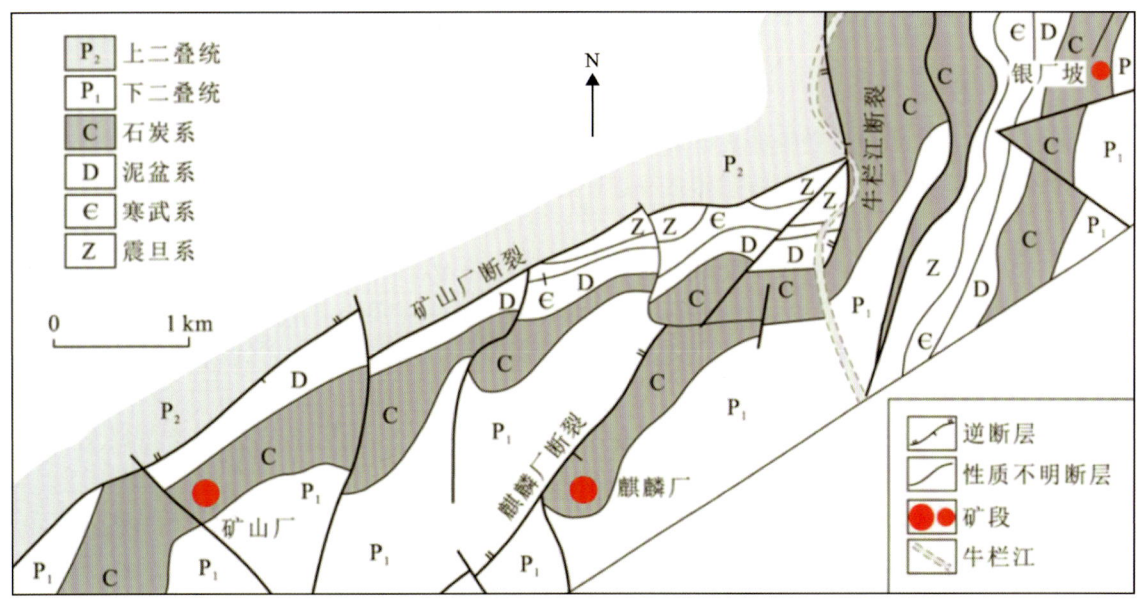

图 9-24 会泽铅锌矿床地质图（据王健等，2018）

韩润生等（2016）利用红外显微测温方法对会泽铅锌矿床不同阶段闪锌矿和共生方解石进行了均一温度和盐度的测试。显示了不同成矿阶段流体演化的特征（图 9-25）。（Ⅰ）Py1-Sp1-(Fe-Do)-Q 阶段：包裹体组合均一温度范围为 174～364℃，平均值 230℃，峰值区间 185～200℃；盐度范围 4.7%～20.1%NaCleqv，平均值 12.8%，峰值区间 14.0%～15.0%NaCleqv。（Ⅱ）Sp2-Ga1-Cc1 阶段：均一温度范围 155～239℃，平均值 189℃，峰值区间 170～185℃；盐度范围 2.8%～20.9%NaCleqv，平均值 12.5%NaCleqv，峰值区间 12.0%～13.0%NaCleqv。（Ⅲ）Sp3-Ga2-Py2 阶段：均一温度范围 137～192℃，平均值 164℃，峰值区间 155～170℃；盐度范围 1.1%～18.0%NaCleqv，平均值 7.8%NaCleqv，峰值区间 1.1%～2.0%NaCleqv。（Ⅳ）Py3-Cc2-Do 阶段：均一温度范围 100～191℃，平均值 167℃，峰值区间 155～170 ℃；盐度范围 1.5%～7.1% NaCleqv，平均值 3.5% NaCleqv，峰值区间 3.0%～4.0%NaCleqv。

会泽矿床闪锌矿内流体包裹体液相成分的 Na^+、Ca^{2+}、K^+、Mg^{2+} 离子含量范围分别为（0.92～8.03）$×10^{-6}$、（2.06～7.75）$×10^{-6}$、（0.04～1.46）$×10^{-6}$、（0.21～0.73）$×10^{-6}$。

矿床成矿流体为中高温、中盐度流体，同时明显存在不同性质的流体混合。矿床中黄铁矿、闪锌

流体包裹体的离子比值投点分布范围较分散,多分布于盆地卤水范围附近,少部分远离盆地卤水范围,暗示了会泽矿床成矿流体主要来自盆地卤水,但明显有其他性质的流体加入,即有少量可能与地幔脱气作用或峨眉山大火成岩省岩浆活动有关的地幔流体的加入,该矿床属于 MVT 铅锌矿床大类,可以作为 MVT 铅锌矿床的一个中高温、中盐度的亚类存在(王健等,2018)。

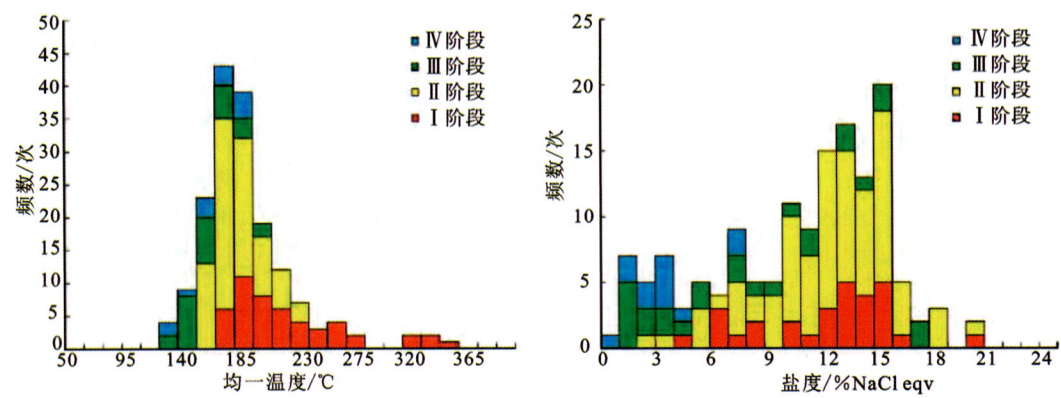

图 9-25　会泽铅锌矿床不同成矿阶段Ⅲ类(L+V)型流体包裹体均一温度、盐度直方图(据韩润生等,2016)

5. 云南巧家茂租铅锌矿

巧家茂租铅锌矿位于川滇黔铅锌成矿域中北部,滇东北铅锌成矿区西北部,是滇东北赋存于上震旦统灯影组白云岩地层中的代表性铅锌矿床之一。矿区出露的地层有上震旦统灯影组(Z_2dn_2)、下寒武统筇竹寺组(ϵ_1q)、沧浪铺组(ϵ_1c)、龙王庙组(ϵ_1l)、二叠系峨眉山玄武岩($P_2\beta$)以及少量第四系(Q)。矿体主要赋存于上震旦统灯影组上段上亚段($Z_2dn_2^2$)、下亚段($Z_2dn_2^1$)两个含矿层位(图 9-26)。矿石矿物种类简单,金属矿物主要有闪锌矿、方铅矿两种,在氧化带中有少量菱锌矿、白铅矿、水锌矿、红锌矿、氯磷锌矿,脉石矿物以白云石、萤石、石英为主,次为磷灰石、燧石、黄铁矿、褐铁矿、胶磷矿、重晶石、方解石及少量黏土(贺胜辉等,2006;高航校等,2011)。矿石结构有粒状结构、胶结粒状结构、镶嵌结构、斑状结构(刘文周,2009)。区内围岩蚀变以硅化、萤石化和重结晶作用为主,次为重晶石化、方解石化及褐铁矿化等。蚀变总体发育于矿体内及周缘地段,规模较小,但蚀变强度较大。

茂租铅锌矿床主成矿阶段的闪锌矿中的流体包裹体发育不多,类型基本一致,主要为富液相包裹体($L_{H_2O}+V_{CO_2}$)和纯液相包裹体(L_{H_2O})(图 9-27)。包裹体形态多为椭圆形、负晶型和不规则状。包裹体大小多在 4~10μm,少数可达 16~30μm,气液比较低,主要集中在 5%~15%,部分达到 20%~35%。包裹体主要以群体包裹体产出,其次呈孤立包裹体或沿生长带产出。杨清等(2017)对主成矿阶段矿物共生组合矿物闪锌矿、方解石中流体包裹体以及晚阶段的脉状、团块状方解石中的流体包裹体进行了显微测温分析。

闪锌矿的流体包裹体均一温度变化范围为 155.6~380.0℃,主要集中在 205~265℃,盐度范围为 1.57%~23.63%NaCleqv,主要集中于 10%~18%NaCleqv。方解石的流体包裹体均一温度变化范围为 123.0~389.5℃,盐度变化于 2.07%~21.40%NaCleqv(图 9-28)。总体上茂租铅锌矿成矿阶段矿物共生组合中闪锌矿、方解石流体包裹体均一温度主要集中于 205~280℃,盐度变化于 1.57%~23.63% NaCleqv,密度范围为 0.62~0.92g/cm³。

茂租矿床成矿流体包裹体液相成分主要有 Ca^{2+}、Na^+、Mg^{2+}、K^+、SO_4^{2-}、Cl^-、F^-、NO_3^-,液相阳离子以 Na^+、Ca^{2+} 为主,成矿流体主要为 Ca^{2+}-Na^+-SO_4^{2-}-Cl^--(F^-)型流体。成矿流体气相成分以 H_2O 为主,其次是 CO_2,H_2 和 CO,另外部分还检测出 CH_4(杨清等,2017)。

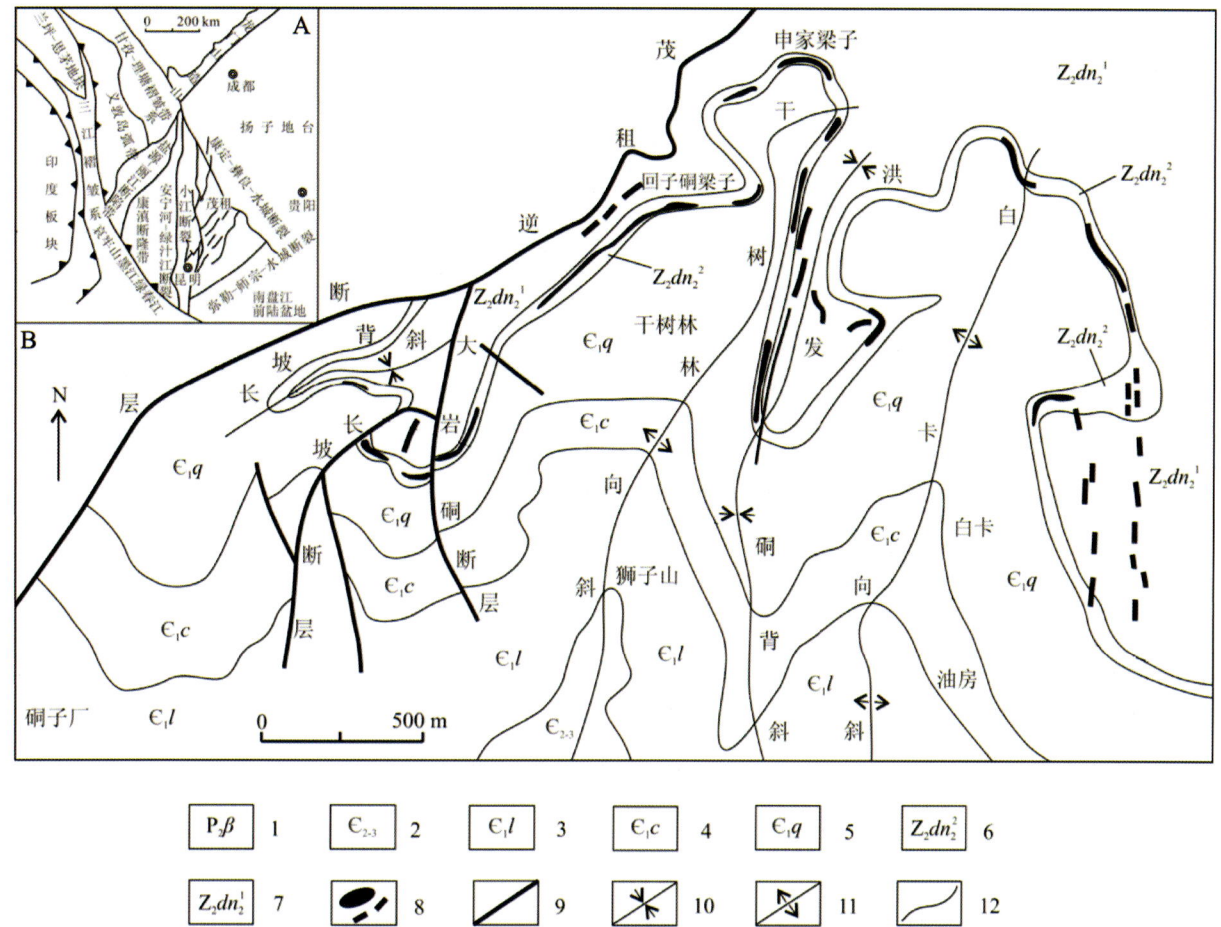

1. $P_2\beta$ 上二叠统峨眉山玄武岩组；2. ϵ_{2-3} 中上寒武统；3. $\epsilon_1 l$ 下寒武统龙王庙组泥质灰岩、白云岩；4. $\epsilon_1 c$ 下寒武统沧浪铺组砂泥质页岩；5. $\epsilon_1 q$ 下寒武统筇竹寺组黑色页岩；6. $Z_2 dn_2^2$ 上震旦统灯影组白云岩上亚段；7. $Z_2 dn_2^1$ 上震旦统灯影组白云岩下亚段；8. 矿体；9. 断层；10. 向斜轴；11. 背斜轴；12. 地质界线

图 9-26 茂租铅锌矿床大地构造位置图(A)及地质图(B)(据吴永涛等,2018)

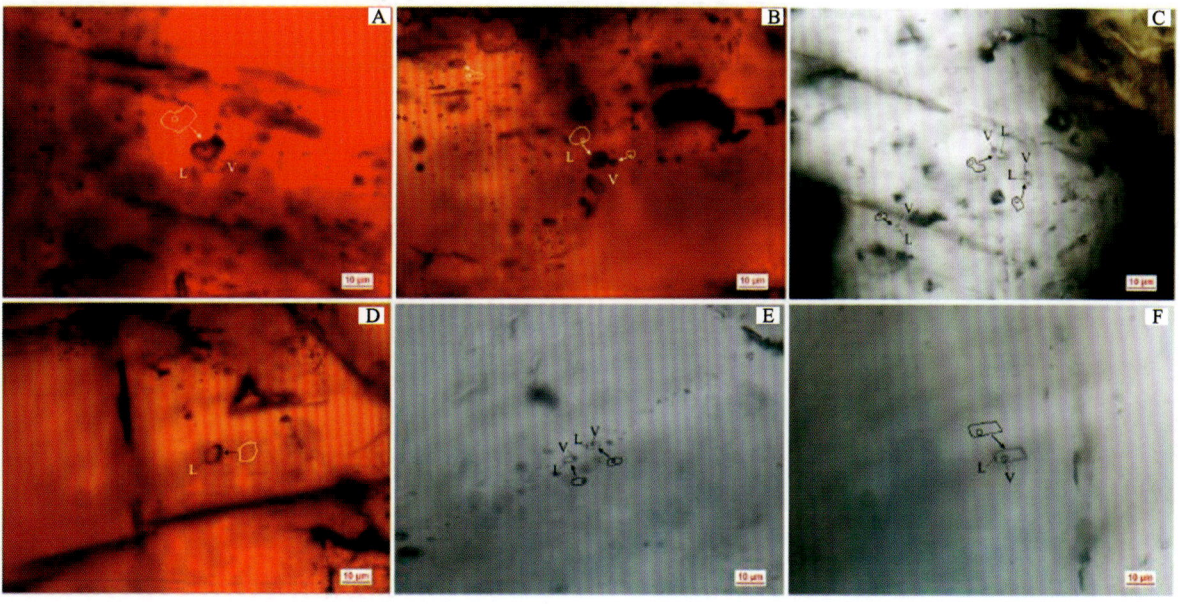

图 9-27 茂租铅锌矿床流体包裹体显微镜下照片(据杨清等,2017)

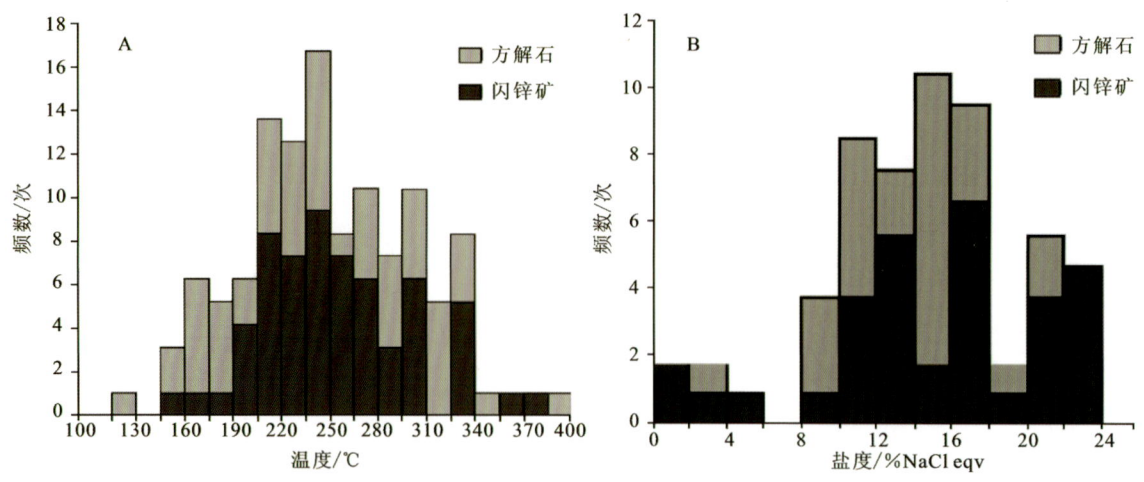

图 9-28 茂租铅锌矿床流体包裹体均一温度(A)和盐度(B)直方图(据杨清等,2017)

成矿流体整体具有中高温(峰值235～250℃)、中低盐度(盐度10％～18％ NaCl eqv)、中低密度(密度ρ分布于0.75～0.85g/cm³)特征,同时存在低盐度峰值(1％～6％NaCleqv)和高盐度峰值(20％～24％NaCleqv)两端元,可能是高低盐度流体混合的结果。成矿流体来源为盆地热卤水、大气降水及变质水的混合来源(图9-29)。

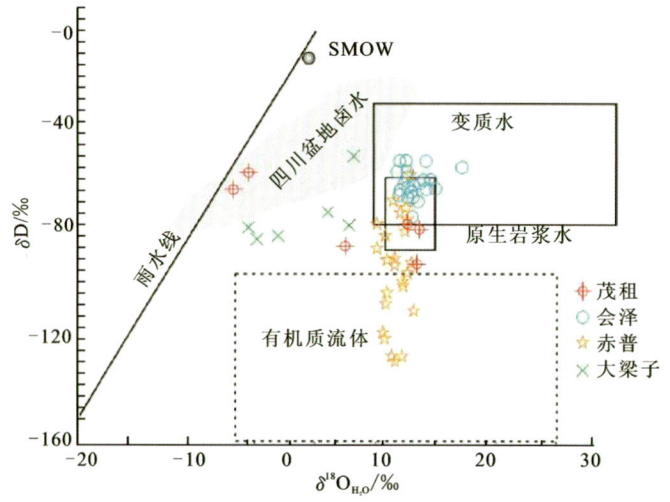

图 9-29 茂租铅锌矿床 δD-$\delta^{18}O_{H_2O}$ 图解(据杨清等,2017)

6. 贵州天桥铅锌矿床

天桥铅锌矿床位于扬子地块西南缘的川-滇-黔铅锌成矿带中东部,具有一定规模、品位相对较高、伴生较多有用元素,是黔西北成矿区内很具代表性的中型矿床(图9-30)(吴昌雄等,2020)。矿区出露地层由老至新包括中泥盆统独山组(D_2d)和上泥盆统融县组(D_3r)、下石炭统摆佐组(C_1b)和大塘组(C_1d)、上石炭统马平组(C_2m)和黄龙组(C_2h),以及下二叠统栖霞—茅口组(P_1q-m)和梁山组(P_1l)(图9-30)(李珍立等,2016)。矿床主要赋矿围岩为下石炭统大埔组(C_1d)上部的白云质灰岩、摆佐组(C_1b)中下部的粗晶白云岩和黄龙组(C_2h)灰岩(吴昌雄等,2020)。矿石矿物以方铅矿、闪锌矿和黄铁矿为主,含少量黄铜矿,脉石矿物主要为白云石和方解石。矿石的结构包括自形、半自形—他形、溶蚀、交代港湾状、共边、交代弧岛以及交代细脉状结构等,矿石构造主要有块状、条带状、浸染状以及角砾状构造。矿石中Pb和Zn的平均品位分别为5.51％和16.70％,现已探获的Pb+Zn金属资源储量大于20万t,达到中型矿床规模。围岩蚀变包括白云石化、黄铁矿化(褐铁矿化)、铁锰碳酸盐化、方解石化及硅化等。其中,白云岩化和黄铁矿化（褐铁矿化）是主要近矿围岩蚀变类型，是一种重要的找矿标志。天桥铅锌矿床属于 MVT 型铅锌矿床（李珍立等，2016）。

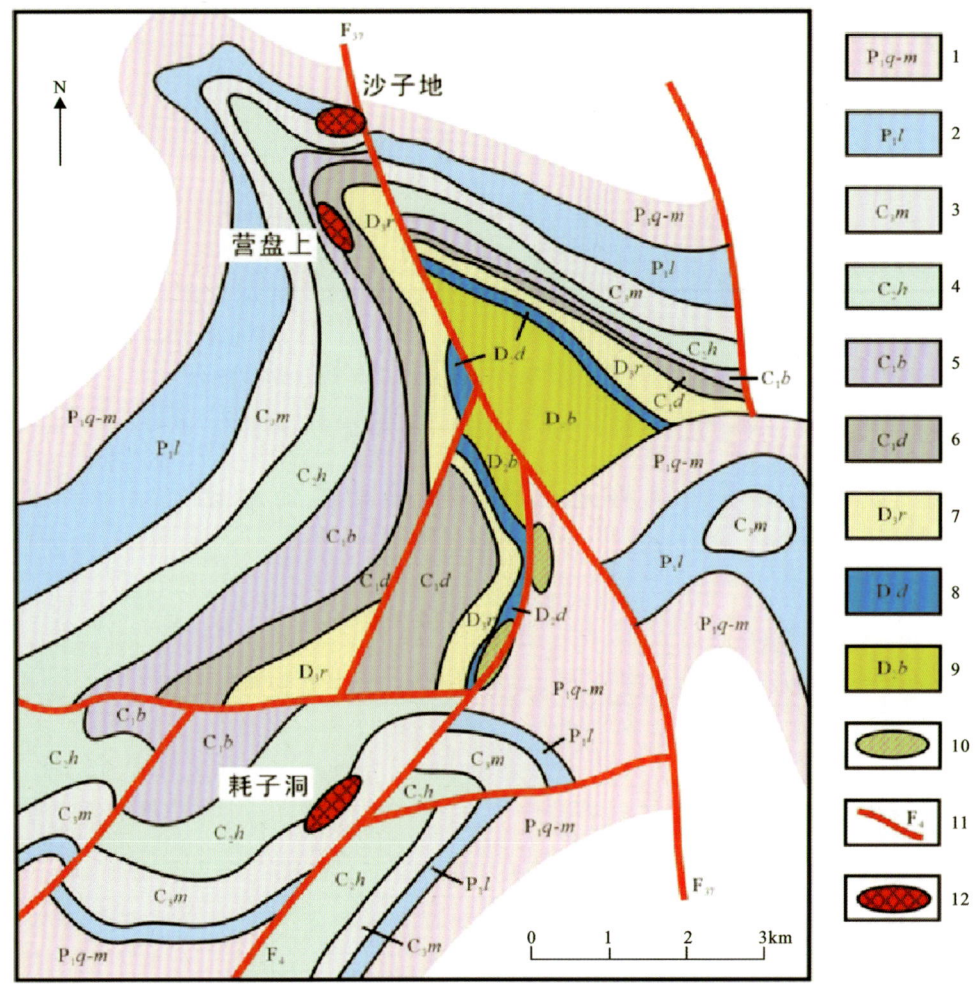

1.下二叠统栖霞—茅口组灰岩；2.二叠统梁山组石英砂岩—碳质页岩；3.上石炭统马平组灰岩；4.中石炭统黄龙组灰岩—白云岩；5.下石炭统摆佐组白云岩—灰岩；6.下石炭统大埔组白云岩—灰岩；7.上泥盆统融县组黏土质灰岩—白云岩；8.中泥盆统独山组灰岩—白云岩；9.中泥盆统邦寨组粉砂岩；10.辉绿岩；11.断层及编号；12.矿体

图 9-30　贵州天桥铅锌矿床地质图（据吴昌雄等，2020）

天桥铅锌矿床主成矿阶段方解石中流体包裹体类型以气液两相包裹体为主，均一温度变化范围为 142.5～221.0℃，集中于 180～190℃。盐度范围为 4.0%～16.1% NaCl eqv，集中于 10%～12% NaCl eqv。闪锌矿测温数据较少，均一温度分布在 177.3～208.9℃ 之间，盐度在 5.3%～15.4% NaCl eqv（图 9-31）。

单个包裹体成分分析结果显示天桥铅锌矿床单个流体包裹体中 Na 在 34 960.4～42 595.6ppm 之间，平均 38 244.8ppm，K 在 1 208.8～6265ppm 之间，平均 4 552.5ppm，Mg 在 1 163.5～8 863.1ppm 之间，平均 4 083.9ppm。成矿流体具有 Na＞K＞Mg 的特征。矿床成矿流体与盆地卤水最具可比性，接近变质卤水的分布范围，显示出盆地卤水来源特征（杨清，2021）。

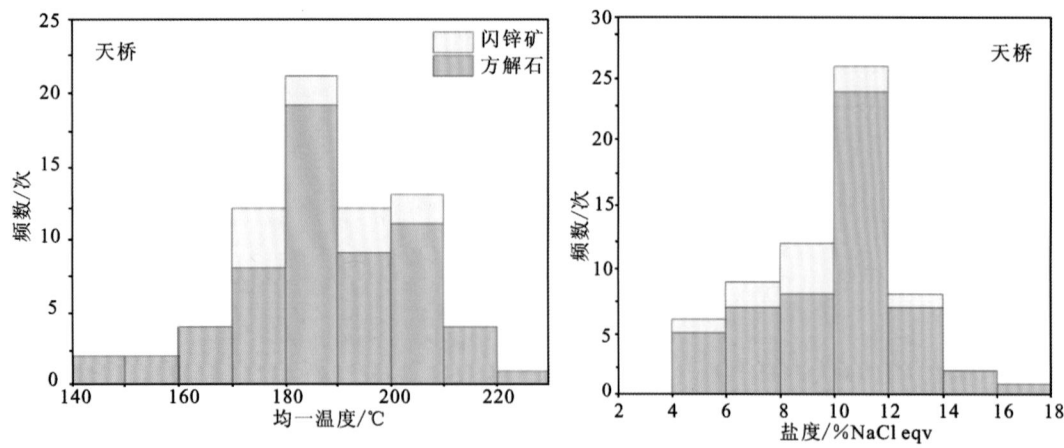

图 9-31　天桥铅锌矿床均一温度-盐度直方图(据杨清,2021)

二、湘西-鄂西地区与川滇黔地区典型铅锌矿床的对比

湘西-鄂西地区几个典型的 MVT 型铅锌矿主要赋存于震旦系到奥陶系等各种不同年代地层中,成矿温度主要为 80～235℃,盐度范围主要 5.7%～22.9% NaCl eqv,成分主要是以钠和钙氯化物为主的地下热卤水性质的含矿热水溶液,成矿流体来源与建造水有关,具有密西西比型铅锌矿床典型特征。邻区川滇黔地区典型铅锌矿床与湘西-鄂西地区铅锌矿相比,具有相同的低温-中高盐度成矿特征(表 9-11),赋存深度浅,矿床类型均为 MVT 型。因此,湘西-鄂西地区铅锌矿与川滇黔地区典型矿床的形成可能受控于相同的动力学背景。

表 9-11　湘西-鄂西地区与川滇黔地区典型铅锌矿床流体包裹体均一温度-盐度对比

地区	矿床	主矿物	均一温度/℃	盐度/%NaCl eqv	数据来源
湖南	狮子山	闪锌矿	120～160	14～21	周云(2014a,2017a)
		方解石	90～180	12.77～26.64	
	打狗洞	闪锌矿	113～219	16～20	
		方解石	92～152	14.20～22.95	
		石英	85～195	16.05～22.81	
	茶田	闪锌矿	96～170	17～20	
		方解石	92～169	14.20～22.67	
	董家河	闪锌矿	108～148	1.56～6.58	
		方解石	128～164	4.94～5.70	
		石英	100～343	2.40～10.49	
	唐家寨	闪锌矿	106～129	15.65～17.19	
		石英	100～120	11～14	
		方解石	115～139	11.23～14.31	
	耐子堡	闪锌矿	80～200	9～19	
湖北	冰洞山	闪锌矿	82～235	6.44～20.4	
		白云石	109～221	9.21～21.9	
	凹子岗	白云石	82～210	5.7～22.9	

续表 9-11

地区	矿床	主矿物	均一温度/℃	盐度/%NaCl eqv	数据来源
四川	大梁子	闪锌矿	97~263	—	张长青(2008) 吴越(2013)
		方解石	119~204	3.87~14.04	
	天宝山	闪锌矿	101~267	3.2~18.1	王健等(2018)
		方解石	102.6~193	6.6~19.9	
	赤普	闪锌矿	127~288	4.3~22.2	张长青(2009)
		石英	156~330	0.7~19.7	
	乌斯河	闪锌矿	168~238	6.9~21.8	熊索菲等(2016)
		方解石	140~220	4.2~21.8	
云南	会泽	闪锌矿	160~300	0~22	王健(2018)
		方解石	150~300	0~16	
	麒麟厂	闪锌矿	150~205	—	周朝宪等(1998)
		方解石	140~220	—	
	毛坪	闪锌矿	140~180	10~12	张长青(2009) 杨清(2021)
		方解石	139.4~276	1.0~20.2	
		石英	160~220	6~12	
	乐红	方解石	165	11.28	张长青(2009)
		石英	216~229	13.4~14.5	
	茂租	方解石	85~229	2.8~5.7	贺胜辉等(2006)
贵州	青山	方解石	110~276	5.13~15.31	毛健全等(1998)
	银厂坡	方解石	98~296	—	胡耀国(2000)
	牛角塘	闪锌矿	101~172	9.1~16.7	叶霖等(2000)
		方解石	90~128	2.5~6.0	
	天桥	闪锌矿	100~180	11.7~19.4	毛德明等(2001) 周家喜等(2009)
		方解石	140~220	10~12	杨清(2021)
	筲箕湾	闪锌矿	130~160	0.88~17.52	胡晓燕等(2013)

湘西-鄂西地区铅锌矿与川滇黔矿集区典型的铅锌矿床相比,具有较多相似的地质地球化学特征(表 9-12):

(1)成矿特征相似:矿体均呈开放充填状,或热液交代,成矿时代都比围岩晚,后生特征明显。

(2)岩性和断层控矿:矿体均主要受地层和断层的控制,赋矿围岩都为碳酸盐岩。

(3)矿物组合均较为简单:矿石矿物以闪锌矿为主,方铅矿次之,含少量黄铁矿,脉石矿物主要包括方解石、白云石和石英,含少量重晶石、萤石和沥青,川滇黔矿集区少量铅锌矿床发育黄铜矿、黝铜矿。

(4)与岩浆活动一般没有直接关系:两个地区的铅锌矿床一般与岩浆岩无成因联系,川滇黔接壤地区铅锌矿也一般与峨眉山地幔柱无关,杨清(2021)即认为峨眉山玄武岩或者峨眉山地幔柱活动与川滇黔地区 MVT 型铅锌矿床不存在成矿流体和成矿物质上直接的成因联系,峨眉山地幔柱活动产生的岩浆流体和其本身的成矿金属元素并没有参与成矿,或者参与程度极低,但其对川滇黔地区铅锌矿化的作用的影响可能是活化和富集基底地层和沉积盖层中的成矿物质并为成矿流体提供热动力。

表 9-12　湘西-鄂西地区与川滇黔接壤地区铅锌矿床地质、地球化学特征对比(韦晨等,2020)

特征	湘西-鄂西地区铅锌矿	川滇黔接壤地区铅锌矿
构造背景	扬子板块东南缘与华夏板块的碰撞的前陆盆地	扬子克拉通西南缘,为古老克拉通边缘
与岩浆活动的关系	与岩浆岩无成因联系	与峨眉山地幔柱无关
成矿特征	开放充填状或热液交代,后生特征明显	开放充填状,后生特征明显
赋矿地层	寒武系碳酸盐岩为主,少数产于奥陶系和震旦系	下二叠统—震旦系均有分布
矿物组合	矿石矿物以闪锌矿为主,方铅矿次之,含少量黄铁矿,脉石矿物主要包括方解石和白云石,含少量重晶石、萤石和沥青	矿物主要为闪锌矿、方铅矿、黄铁矿等,脉石矿物主要为方解石、白云石、石英和重晶石,少数矿床发育萤石、黄铜矿、黝铜矿
矿体形态	层状、似层状、脉状和网脉状,少数呈透镜状	似层状、筒状、脉状、少数充填于溶洞或断层
矿体规模及矿石品位	远景资源量 2000 万 t 以上,Pb＋Zn 品位较低,品位一般为 3%～6%,单个矿床规模较小,储量一般为百万吨	单个矿体规模较大,可达 2Mt,Pb＋Zn 品位较高,平均 15%～25%,最高可达 60%
热液蚀变	方解石化,次为黄铁矿化、萤石化、沥青化、白云石化及极少量硅化	碳酸岩化、硅化、黄铁矿化,部分矿床发育萤石化、重晶石化、有机质化
成矿流体	低温、中高盐度的热卤水,温度 95～200℃,盐度 8.0%～20.0% NaCl eqv	中低温、中高盐度的热卤水,温度 150～250℃,盐度 10.0%～30.0% NaCl eqv
硫同位素组成	δ^{34}S 值变化范围为 22.3‰～36.1‰,主要来源于地层硫酸盐的热化学作用	δ^{34}S 值变化范围为 -5‰～30‰,主要来源于地层硫酸盐的热化学作用
成矿物质来源	金属主要来源于变质基底(板溪群)、下伏地层和围岩贡献少量成矿物质	金属主要来源于变质基底(昆阳群、会理群)、下伏地层和围岩贡献少量成矿物质
闪锌矿微量元素	富 Cd、Ge、Ga,贫 Fe、Mn、In、Sn(Cd 含量可达约 3%)	富 Ga、Cd、Ge,贫 Fe、Mn、In(Cd 含量相对较低,通常<1%,Fe 含量 3%～5%)
成矿时代	490—410Ma	225—200Ma

注:资料来源于韦晨等(2020)。

(5)热液蚀变相似:热液蚀变蚀变简单且范围较小,均多为碳酸岩化、硅化、黄铁矿化,部分矿床发育萤石化、重晶石化、有机质化。

(6)成矿流体性质大致相似:湘西-鄂西地区铅锌矿与川滇黔矿集区铅锌矿床的成矿流体具有盆地卤水特征,均为(中)低温、中高盐度的热卤水,川滇黔矿集区铅锌矿床成矿流体的温度和盐度比湘西-鄂西地区稍高。

(7)硫同位素组成基本一致:硫同位素均来源于地层硫酸盐的热化学还原作用,δ^{34}S 值经常较高。

(8)成矿物质来源一致:具有相似的 C、O、Pb、Sr 同位素特征,成矿金属均主要来源于变质基底、下伏地层,围岩贡献少量成矿物质。湘西-鄂西地区变质基底主要为板溪群,川滇黔矿集区变质基底主要为昆阳群、会理群。

(9)闪锌矿微量元素特征相似:湘西-鄂西地区铅锌矿与川滇黔矿集区铅锌矿中的矿石矿物闪锌矿均富 Cd、Ge、Ga,贫 Fe、Mn、In,Cd 含量有所差别。湘西-鄂西地区铅锌矿闪锌矿中的 Cd 含量可达 3%,川滇黔矿集区 Cd 含量通常相对较低。

然而,湘西-鄂西地区铅锌矿与川滇黔矿集区典型的铅锌矿床相比,在基本地质特征以及矿石品位等方面还是存在明显的差异(表 9-12),川滇黔地区铅锌矿多分布于震旦系—上三叠统碳酸盐岩中,绝大数赋存于震旦系—二叠统白云岩地层,矿体主要呈脉状、矿体明显受控于断层构造。铅锌矿石品位较高,平均 15%~25%,最高可达 60% 以上,如云南会泽和富乐铅锌矿床。而湘西-鄂西地区的铅锌矿矿体以层状、似层状为主,与赋矿围岩产状基本一致,矿石品位一般较低,平均 Pb+Zn 品位为 3%~6%,最高<15%;以 Zn 为主,Pb 次之。

与此同时,湘西-鄂西地区与川滇黔矿集区铅锌矿在成矿时代上也有一定的差别(表 9-13)。湘西-鄂西地区 MVT 型铅锌矿的成矿年龄峰值范围为晚泥盆世—早奥陶世(507.8—372Ma),湘西花垣李梅铅锌矿床闪锌矿 Rb-Sr 同位素等时线年龄为(464±13)Ma(周云,2021),湘西花垣柔先山铅锌矿床闪锌矿 Rb-Sr 同位素等时线年龄为(412±6)Ma(谭娟娟,2018),段其发等(2014b)获得狮子山、茶田、打狗洞和唐家寨等湘西地区铅锌矿床为 489—379Ma。周云等(2015a)采用石英 Rb-Sr 同位素测年方法测得湘西龙山江家垭铅锌矿床成矿年龄为(372±9.8)Ma,曹亮等(2015,2016)运用闪锌矿 Rb-Sr 同位素测年方法,测得冰洞山铅锌矿床等时线年龄为 507.8—507.7Ma,凹子岗锌矿床成矿年龄为 434—431Ma(表 9-13)。因此,湘西-鄂西地区铅锌矿床同位素年龄主要为 507.8—372Ma,成矿于海西期—加里东期。

表 9-13 湘西-鄂西典型 MVT 型铅锌矿床成矿年龄对比

地区	矿床	赋矿地层	年龄/Ma	成矿年代	测试矿物	数据来源
湘西	李梅	清虚洞组	464±13	中奥陶世	闪锌矿	周云(2017)
	柔先山	清虚洞组	412±6	早泥盆世	闪锌矿	谭娟娟(2018)
	狮子山	清虚洞组	410±12	早泥盆世	闪锌矿	
	打狗洞	熬溪组	489±5	早奥陶世	闪锌矿	杜国民等(2012)
	狮子山	清虚洞组	410±12	早泥盆世	闪锌矿	
	茶田	熬溪组	487±1	早奥陶世	闪锌矿	段其发等(2014a)
	唐家寨	南津关组	379±4	中泥盆世	石英	
	江家垭	南津关组	372±9.8	晚泥盆世	石英	周云等(2015)
鄂西	冰洞山	陡山沱组	507±11	早奥陶世	闪锌矿	曹亮等(2016)
	凹子岗	灯影组	431±13	早志留世	闪锌矿	曹亮等(2015)

川滇黔矿集区铅锌矿已报道的成矿年龄则主要集中于三个时间峰值范围内,分别为晚三叠世—早侏罗世(228—190.6Ma)、晚泥盆世—早石炭世(366.3—321.7Ma)和早奥陶世(483—477Ma)(表 9-14)。

表 9-14 川滇黔湘鄂地区典型 MVT 型铅锌矿床规模、品位及成矿年龄对比

省份	矿床	规模、品位	测试方法	年龄/Ma	数据来源
云南	会泽	7Mt Pb+Zn 30%	闪锌矿 Rb-Sr 法（矿物）	225.1±1.1（1号矿体）	黄智龙等(2004)
				224.8±1.2（6号矿体）	黄智龙等(2004)
				226.0±6.9（1号矿体）	黄智龙等(2004)
			闪锌矿 Rb-Sr 法	225.1±2.9（麒麟厂）	李文博等(2004)
				225.9±3.1（麒麟厂）	李文博等(2004)
			方解石 Sm-Nd 法	225±38（1号矿体）	李文博等(2004)
				226±15（6号矿体）	李文博等(2004)
			方解石 Sm-Nd 法	220±14	刘峰(2005)
			伊利石 K-Ar 法	176.5±2.5	张长青等(2005)
			方解石 Sm-Nd 法	225±9.9	李文博等(2004)
				228±16	李文博等(2004)
			闪锌矿 Rb-Sr 法	223.5±3.9	李文博等(2004)
				226±6.4	李文博等(2004)
			闪锌矿 Re-Os 法	252,226,122,51~50	韩润生等(2016)
	毛坪	3Mt Pb+Zn 25%~30%	闪锌矿 Rb-Sr 法（矿物）	321.7±5.8	沈战武等(2016)
	茂租	2Mt Pb+Zn 12%~14%	方解石 Sm-Nd 法	196±13	Zhou 等(2013a)
			闪锌矿 Rb-Sr 法（矿物）	190.5±5.0	王健(2018)
	乐红	2.4Mt Pb+Zn>15%	闪锌矿 Rb-Sr 法（矿物）	200.9±8.3	张云新等(2014)
	金沙厂	—	萤石 Sm-Nd 法	201.1±6.2	Changqing Z et al.(2015)
四川	大梁子	4.5 Mt Pb+Zn 10%~12%	单颗粒闪锌矿 Rb-Sr 法	366±7.7	张长青(2008)
			方解石 Sm-Nd 法	204.4±1.2	吴越(2013)
			闪锌矿 Rb-Sr 法（矿物）	345.2±3.6	Liu 等(2017)
	天宝山	2.6Mt Pb+Zn 10%~15%	辉绿岩脉锆石 U-Pb 法	235—225 166—156	王瑞等(2012)
			闪锌矿 Rb-Sr 法（矿物）	348.5±7.2	王健(2018)
	跑马		闪锌矿 Rb-Sr 法（矿物）	200.1±4	蔺志永等(2010)

续表 9-14

省份	矿床	规模、品位	测试方法	年龄/Ma	数据来源
贵州	天桥	0.4Mt Pb+Zn 15%～18%	闪锌矿 Rb-Sr 法 （矿物）	191.9±6.9	Zhou 等（2013b）
	卜口场	—	闪锌矿 Rb-Sr 法 （矿物）	483±9	杨红梅等（2015）
	塘边	—	闪锌矿 Rb-Sr 法 （矿物）	477±5	于玉帅等（2017）

晚三叠世—早侏罗世（228—190.5Ma）成矿年龄数据报道得较多，典型矿床有会泽矿床、茂租矿床、乐红矿床、金沙厂矿床、跑马矿床、天桥矿床等，云南会泽铅锌银多金属矿床 Rb-Sr 同位素等时线年龄主要为 250—225Ma（黄智龙等，2004；李文博等，2004；李智明等，2007；张长青等，2005；黄智龙等，2011），鲍淼等（2011）还获得了滇东北震旦系灯影组茂租铅锌矿床热液方解石 Sm-Nd 等时线年龄为 194Ma，张云新等（2014）获得云南乐红矿床的闪锌矿 Rb-Sr 同位素等时线年龄为（200.9±8.3）Ma，Changqing Z et al.（2015）获得云南金沙厂铅锌矿床萤石 Sm-Nd 同位素等时线年龄为（201.1±6.2）Ma，蔺志永等（2010）获得四川跑马铅锌矿床闪锌矿 Rb-Sr 同位素等时线年龄为（200.1±4）Ma。周家喜等（2009）获得了黔西北天桥铅锌矿床单颗粒硫化物 Rb-Sr 混合等时线年龄为（191.9±6.9）Ma。均为印支期成矿。其中茂租矿床、金沙厂矿床、跑马矿床、乐红矿床赋存于震旦系白云岩内，会泽矿床、天桥矿床为赋存于石炭系白云岩内。

晚泥盆世—早石炭世（366.3—321.7Ma）成矿年龄数据的报道相对较少，典型矿床有云南毛坪矿床、四川大梁子矿床和天宝山矿床。沈战武等（2016）获得云南毛坪铅锌矿床闪锌矿 Rb-Sr 同位素等时线年龄为（321.7±5.8）Ma，张长青等（2008a）和 Liu 等（2017）获得四川大梁子铅锌矿床单颗粒闪锌矿 Rb-Sr 同位素等时线年龄为（366.3±7.7）Ma 和（345.2±3.6）Ma，王健（2018）获得四川天宝山铅锌矿床闪锌矿 Rb-Sr 同位素等时线年龄为（348.5±7.2）Ma，主要为海西期成矿。其中毛坪矿床赋存于石炭系白云岩内，大梁子矿床、天宝山矿床赋存于震旦系白云岩内（王健，2018）。

早奥陶世（483—477Ma）成矿年龄主要分布于与湘西地区毗邻的黔东一带铅锌矿中，典型矿床有贵州卜口场铅锌矿床和塘边铅锌矿床。杨红梅等（2015）测试了贵州铜仁卜口场铅锌矿床闪锌矿 Rb-Sr 同位素等时线年龄为（483±9）Ma。于玉帅等（2017）获得贵州铜仁塘边矿区闪锌矿 Rb-Sr 等时线年龄为（477±5）Ma，表现为加里东期成矿。贵州铜仁卜口场和塘边铅锌矿床赋存于寒武系生物碎屑灰岩内，该地区铅锌矿化可能为湘西地区铅锌矿化的延伸。

由此可见，在晚三叠世—早侏罗世（228—190.6Ma）、晚泥盆世—早石炭世（366.3—321.7Ma）、早奥陶世（483—477Ma）在区内震旦系、寒武系、石炭系三种赋矿层位中均有铅锌成矿作用的发生。

年代学研究资料表明扬子地台西南缘在印支期、海西期和加里东期均有矿化作用发生（陈超等，2010），它与扬子地台自新远古代以来的构造地质事件关系密切，扬子地台西南缘晚泥盆世—早石炭世铅锌矿床形成于古特提斯洋张开过程中的拉张构造背景下，但该期矿床存在后一期晚三叠世—早侏罗世铅锌成矿作用的叠加富集（图 9-32）（王健，2018）。与晚三叠世—早侏罗世大规模铅锌成矿作用最密切的地质事件或者构造事件为印支造山运动，与该区相邻、密切相关且伴随前陆盆地演化的以印支期的右江造山运动最为典型（杨清，2021）。晚三叠世—早侏罗世铅锌成矿作用与右江盆地的盆山演化事件密切相关，是盆山演化作用驱动下的盆地流体大规模远程迁移导致的铅锌成矿事件（王健，2018）。

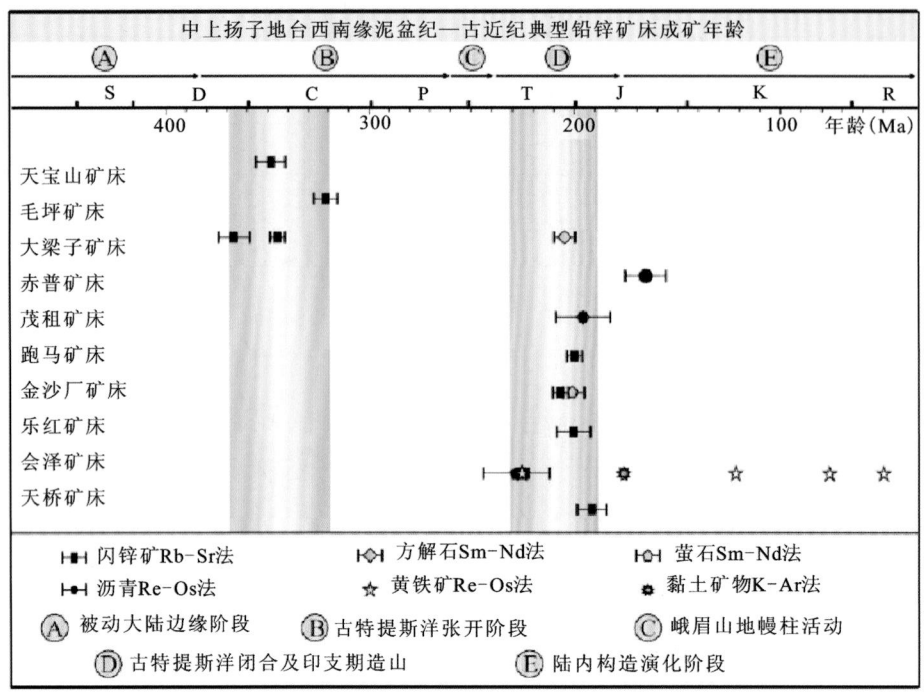

图 9-32 中上扬子地台西南缘泥盆纪—古近纪典型铅锌矿床成矿年龄分布及地质事件分布图(据王健,2018)

川滇黔矿集区分布着超过 400 个规模不等的铅锌矿床(点),研究区大范围的 MVT 型铅锌成矿作用暗示着大规模的流体远程迁移(Leach et al.,2001)。湘西-鄂西地区铅锌矿与川滇黔地区铅锌矿均具有低温成矿特征,可能具有相同的动力学背景,赋矿地层主要为不同时代的碳酸盐岩,矿床成矿时代为晚侏罗世—早奥陶世。成矿地质模型总体上有所区别,湘西-鄂西地区铅锌矿与川滇黔地区晚泥盆世—早石炭世铅锌成矿地质模型相似,即为拉张性构造环境形成的 MVT 型矿床。川滇黔地区晚三叠世—早侏罗世铅锌成矿地质模型则与经典的挤压造山环境下形成的 MVT 型铅锌矿床成矿模型相似。总之,扬子地台周缘铅锌矿化是多期形成的 MVT 型铅锌矿化,铅锌成矿作用呈现出大规模的盆地低温流体远程迁移。

主要参考文献

蔡应雄,杨红梅,段瑞春,等,2014.湘西—黔东下寒武统铅锌矿床流体包裹体和硫、铅、碳同位素地球化学特征[J].现代地质,28(1):29-41.

曹华文,张寿庭,郑硌,等,2014.河南栾川矿集区中鱼库(铅)锌矿床闪锌矿微量元素地球化学特征[J].矿物岩石,34(3):50-59.

曹亮,段其发,彭三国,等,2017.湘西地区铅锌矿成矿物质来源——来自S、Pb同位素的证据[J].地质通报,36(5):834-845.

曹亮,段其发,张权绪,等,2016.扬子陆块北缘冰洞山铅锌矿床闪锌矿Rb-Sr定年及其地质意义[J].矿物岩石地球化学通报,35(6):1280-1289.

曹亮,段其发,周云,等,2015.湖北凹子岗锌矿床Rb-Sr同位素测年及其地质意义[J].中国地质,42(1):235-247.

陈超,曹晓峰,王玉奇,等,2010.扬子地台周缘铅锌矿成矿特征及成矿规律[J].资源环境与工程,24(4):333-340.

陈毓川,2007.中国成矿体系与区域成矿评价[M].北京:地质出版社.

戴传固,陈建书,卢定彪,等,2010.黔东南及邻区加里东运动的表现及地质意义[J].地质通报,29(4):530-534.

杜国民,蔡红,梅玉萍,2012.硫化物矿床中闪锌矿Rb-Sr等时线定年方法研究——以湘西新晃打狗洞铅锌矿床为例[J].华南地质与矿产,28(2):175-180.

段其发,曹亮,曾健康,等,2014b.湘西花垣矿集区狮子山铅锌矿床闪锌矿Rb-Sr定年及地质意义[J].地球科学(中国地质大学学报),39(8):977-986,999.

段其发,2014a.湘西-鄂西地区震旦系—寒武系层控铅锌矿成矿规律研究[D].武汉:中国地质大学(武汉).

福尔,1983.同位素地质学原理[M].北京:科学出版社.

付胜云,2011.湘西铅锌矿富矿成矿规律探讨[J].有色金属(矿山部分),63(6):27-35.

高航校,任小华,郭健,等,2011.茂租铅锌矿床地质-地球物理特征及矿体预测研究[J].矿产与地质,25(2):152-157.

高伟利,吕古贤,肖克炎,等,2014.湘西李梅铅锌矿区矿床地质特征与控矿要素[J].地质学刊,38(3):374-379.

高伟利,吕古贤,薛长军,等,2020.湘西花垣铅锌矿田成矿构造系统与成矿规律[J].地质通报,39(11):1759-1772.

谷团,李朝阳,1998.分散元素镉的资源概况及其研究意义——来自牛角塘铅锌矿的线索[J].地质地球化学(4):38-42.

韩润生,李波,倪培,等,2016.闪锌矿流体包裹体显微红外测温及其矿床成因意义——以云南会泽超大型富锗银铅锌矿床为例[J].吉林大学学报(地球科学版),46(1):91-104.

贺令邦,杨霆,杨绍祥,2019.湘西花垣铅锌矿床藻礁灰岩含矿性研究[J].中国矿业,28(S1):

115-120.

贺胜辉,荣惠锋,尚卫,等,2006.云南茂租铅-锌矿床地质特征及成因研究[J].矿产与地质(Z1):397-402.

贺文,叶会寿,胡华斌,等,2015.冀东孤山子超基性岩体矿物岩石地球化学及Sr-Nd-Pb同位素特征[J].地质学报,89(7):1162-1179.

侯满堂,王党国,邓胜波,等,2007.陕西马元地区铅锌矿地质特征及矿床类型[J].西北地质,40(1):42-60.

侯满堂,2009.陕西马元铅锌矿有机质与成矿作用的关系研究[J].中国地质,36(4):861-870.

胡古月,李延河,曾普胜,2013.膏盐在金顶铅锌矿成矿中的作用:硫和锶同位素证据[J].地质学报,87(11):1694-1702.

胡鹏,吴越,张长青,等,2014.扬子板块北缘马元铅锌矿床闪锌矿LA-ICP-MS微量元素特征与指示意义[J].矿物学报,34(4):461-468.

胡瑞忠,彭建堂,马东升,等,2007.扬子地块西南缘大面积低温成矿时代[J].矿床地质,26(6):583-596.

胡太平,王敏芳,丁振举,等,2017.湘西花垣李梅铅锌矿床C、O、S、Pb同位素特征及成矿物质来源[J].矿床地质,36(3):623-642.

胡晓燕,蔡国盛,苏文超,等,2013.黔西北筲箕湾铅锌矿床闪锌矿中的成矿流体特征[J].矿物学报,33(3):302-307.

胡耀国,2000.贵州银厂坡银多金属矿床银的赋存状态、成矿物质来源与成矿机制[D].贵阳:中国科学院地球化学研究所.

胡作维,李云,李北康,2015.显生宙以来海水锶同位素组成研究的回顾与进展[J].地球科学进展,30(1):37-49.

黄思静,2010.碳酸盐岩的成岩作用[M].北京:地质出版社.

黄思静,石和,刘洁,等,2001.锶同位素地层学研究进展[J].地球科学进展,16(2):194-200.

黄思静,张雪花,刘丽红,等,2009.碳酸盐成岩作用研究现状与前瞻[J].地学前缘,16(5):219-231.

黄思静,1997.上扬子地台区晚古生代海相碳酸盐岩的碳、锶同位素研究[J].地质学报,71(1):45-53.

黄思静,刘树根,李国蓉,等,2004a.奥陶系海相碳酸盐锶同位素组成及受成岩流体的影响[J].成都理工大学学报(自然科学版),31(1):1-5.

黄思静,石和,张萌,等,2004b.锶同位素地层学在奥陶系海相地层定年中的应用——以塔里木盆地塔中12井为例[J].沉积学报,22(1):1-7.

黄智龙,陈进,韩润生,等,2004.云南会泽超大型铅锌矿床地球化学及成因——兼论峨眉山玄武岩与铅锌成矿的关系[M].北京:地质出版社.

黄智龙,李文博,陈进,等,2004.云南会泽超大型铅锌矿床C、O同位素地球化学[J].大地构造与成矿学,28(1):53-59.

黄智龙,胡瑞忠,苏文超,等,2011.西南大面积低温成矿域:研究意义、历史及新进展[J].矿物学报,31(3):309-314.

金灿海,张玙,张达,等,2014.贵州都匀牛角塘铅锌矿床成矿模式[J].矿床地质(S1),699-700.

金中国,2006.黔西北地区铅锌矿控矿因素、成矿规律与找矿预测研究[D].长沙:中南大学.

雷义均,戴平云,段其发,等,2013.鄂西—湘西北地区铅锌矿矿源层对铅锌矿床产出定位的制约[J].桂林理工大学学报,33(1):1-6.

李迪恩,彭明生,1989.闪锌矿的标型特征、形成条件与电子结构[J].矿床地质,8(3):75-82.

李发源,2003. MVT铅锌矿床中分散元素赋存状态和富集机理研究——以四川天宝山、大梁子铅锌矿床为例[D]. 成都:成都理工大学.

李厚民,陈毓川,王登红,等,2007. 陕西南郑地区马元锌矿的地球化学特征及成矿时代[J]. 地质通报,26(5):546-552.

李厚民,王登红,张长青,等,2009. 陕西几类重要铅锌矿床的矿物微量元素和稀土元素特征[J]. 矿床地质,28(4):434-448.

李厚民,张长青,2012. 四川盆地富硫天然气与盆地周缘铅锌铜矿的成因联系[J]. 地质论评,58(3):495-510.

李堃,吴昌雄,汤朝阳,等,2014. 湘西黔东地区铅锌矿床C、O同位素地球化学特征及其对成矿过程的指示[J]. 中国地质,41(5):1608-1619.

李同柱,2007. 大渡河谷中段铅锌矿床成因与成矿模式研究[D]. 成都:成都理工大学.

李文博,黄智龙,陈进,等,2004. 会泽超大型铅锌矿床成矿时代研究[J]. 矿物学报,2:112-116.

李文博,黄智龙,许德如,等,2002. 铅锌矿床Rb-Sr定年研究综述[J]. 大地构造与成矿学,4:436-441.

李泽琴,王奖臻,倪师军,等,2002. 川滇密西西比河谷型铅锌矿床成矿流体来源研究:流体Na-Cl-Br体系的证据[J]. 矿物岩石,22(4):38-41.

李珍立,叶霖,黄智龙,等,2016. 贵州天桥铅锌矿床闪锌矿微量元素组成初探[J]. 矿物学报,36(2):183-188.

李智明,2007. 扬子北缘及周边地区铅锌成矿作用与找矿方向研究[D]. 西安:长安大学.

李宗发,1991. 湘西黔东地区铅锌矿成因初步探讨[J]. 贵州地质,8(4):363-254.

李宗发,1992. 湘黔边境铅锌矿带硫铅同位素组成特征[J]. 贵州地质,9(3):246-254.

林方成,1994. 四川会东大梁子铅锌矿床成因新探[J]. 矿床地质,13(2):126-136.

林方成,2005. 扬子地台西缘大渡河谷超大型层状铅锌矿床地质地球化学特征及成因[J]. 地质学报,79(4),540-556.

蔺志永,王登红,张长青,2010. 四川宁南跑马铅锌矿床的成矿时代及其地质意义[J]. 中国地质,37(2):488-494.

刘斌,沈昆,1999. 流体包裹体热力学[M]. 北京:地质出版社.

刘德汉,戴金星,肖贤明,等,2010. 普光气田中高密度甲烷包裹体的发现及形成的温度和压力条件[J]. 科学通报,55(4-5):359-366.

刘峰,2005. 云南会泽大型铅锌矿床成矿机制及锗的赋存状态[D]. 北京:中国地质科学院.

刘家军,何明勤,李志明,等,2004. 云南白秧坪银铜多金属矿集区碳氧同位素组成及其意义[J]. 矿床地质,23(1):1-10.

刘家军,吕志成,吴胜华,等,2014. 南秦岭大巴山大型钡成矿带中锶同位素组成及其成因意义[J]. 地学前缘,21(5):23-30.

刘圣德,李方会,廖宗明,等,2008. 鄂西铅锌矿成矿规律及区域成矿模式[J]. 资源环境与工程,22(4):417-422.

刘淑文,刘玲芳,高永宝,等,2012. 扬子陆块北缘马元铅锌矿床成矿物质来源探讨:来自C、O、H、S、Pb、Sr同位素地球化学的证据[J]. 矿床地质,31(3):545-554.

刘文均,张锦泉,1993. 华南泥盆纪的沉积盆地特征、沉积作用和成矿作用[J]. 地质学报,67(3):244-254.

刘文均,郑荣才,1999. 花垣铅锌矿床包裹体气相组分研究——MVT矿床成矿作用研究(Ⅱ)[J]. 沉积学报,17(4):608-614.

刘文均,郑荣才,2000. 花垣铅锌矿床成矿流体特征及动态[J]. 矿床地质,19(2):173-181.

刘文均,郑荣才,李元林,等,1999.花垣铅锌矿床中沥青的初步研究——MVT铅锌矿床有机地化研究(Ⅰ)[J].沉积学报,17(1):19-23.

刘文周,徐新煌,1996.论滇川黔铅锌成矿带矿床与构造的关系[J].成都理工学院学报,23(Ⅰ):71-77.

刘英超,侯增谦,杨竹森,等,2008.密西西比河谷型(MVT)铅锌矿床:认识与进展[J].矿床地质,27(2):253-264.

龙宝林,刘忠明,2005.鄂西地区铅锌矿基本特征与找矿方向[J].地质与勘探,41(3):16-21.

卢焕章,范宏瑞,倪培,等,2004.流体包裹体[M].北京:科学出版社.

路远发,2004.Geokit:一个用VBA构建的地球化学工具软件包[J].地球化学,33(5):459-464.

罗卫,尹展,孔令,等,2009.花垣李梅铅锌矿集区地质特征及矿床成因探讨[J].地质调查与研究,33(3):194-202.

马志鑫,李波,刘喜停,等,2015.黔东下寒武统清虚洞组地球化学特征及其对沉积环境演化的指示[J].地质科技情报,34(2):71-77.

毛德明,2000.贵州赫章天桥铅锌矿床围岩的氧-碳同位素研究[J].贵州工业大学学报(自然科学版),29(2):8-11.

毛德明,何家骏,廖朝贵,2001.天桥铅锌矿床的沉积改造成矿特征[J].地质地球化学,29(1):21-27.

毛光周,华仁民,龙光明,等,2008.江西金山金矿成矿时代探讨——来自石英流体包裹体Rb-Sr年龄的证据[J].地质学报,82(4):532-539.

毛健全,张启厚,顾尚义,1998.水城断陷构造演化及铅锌矿研究[M].贵阳:贵州科技出版社.

毛景文,郑榕芬,叶会寿,等,2006.豫西熊耳山地区沙沟银铅锌矿床成矿的^{40}Ar-^{39}Ar年龄及其地质意义[J].矿床地质,25(4):359-367.

毛晓冬,刘成,张俊海,等,2015.川滇黔地区扬子型铅锌矿床成矿规律研究报告[R].成都:成都理工大学.

梅冥相,张丛,张海,等,2006.上扬子区下寒武统的层序地层格架及其形成的古地理背景[J].现代地质,20(2):195-208.

牟传龙,林仕良,余谦,2003.四川会理天宝山组U-Pb年龄[J].地层学杂志,27(3):216-219.

裴秋明,张寿庭,曹华文,等,2015.豫西栾川县骆驼山硫锌多金属矿床闪锌矿微量元素地球化学特征及其地质意义[J].岩石矿物学杂志,34(5):741-754.

彭国忠,1986.湖南花垣渔塘地区层控型铅锌矿床成因初探[J].地质科学,2:179-186.

芮宗瑶,叶锦华,张立生,等,2004.扬子克拉通周边及其隆起边缘的铅锌矿床[J].中国地质,31(4):337-346.

沈战武,金灿海,代堰锫,等,2016.滇东北毛坪铅锌矿床的成矿时代:闪锌矿Rb-Sr定年[J].高校地质学报,22(2):213-218.

舒良树,2006.华南前泥盆纪构造演化:从华夏地块到加里东期造山带[J].高校地质学报,4:418-431.

司荣军,顾雪,庞绪成,等,2006.云南省富乐铅锌多金属矿床闪锌矿中分散元素地球化学特征[J].矿物岩石,26(1):75-80.

谭娟娟,刘重芃,杨红梅,等,2018.湘西花垣矿集区柔先山铅锌矿床的成矿时间和物质来源[J].地球科学,43(7):2438-2448.

汤朝阳,邓峰,李堃,等,2013.湘西—黔东地区寒武系都匀阶清虚洞期岩相古地理与铅锌成矿关系研究[J].地质与勘探,49(1):19-27.

汤朝阳,邓峰,李堃,等,2012.湘西—黔东地区早寒武世沉积序列及铅锌成矿制约[J].大地构造与成矿学，36(1)：111-117.

汤朝阳，段其发，邹先武，等，2009.鄂西-湘西地区震旦系灯影期岩相古地理与层控铅锌矿关系初探[J].地质论评，55(5)，712-721.

涂光炽，1998.低温地球化学[M].北京：科学出版社.

涂光炽，2002.我国西南地区两个别具一格的成矿带（域）[J].矿物岩石地球化学通报，21(1)：1-3.

王光杰，滕吉文，张中杰，等，2000.中国华南大陆及陆缘地带的大地构造基本格局[J].地球物理学进展，15(3)：25-44.

王健，张均，2015.四川省大梁子铅锌矿床成矿流体特征及成矿机制[J].矿物学报，35(S1)：678.

王健，张均，仲文斌，等，2018.川滇黔地区天宝山、会泽铅锌矿床成矿流体来源初探：来自流体包裹体及氦氩同位素的证据[J].地球科学，43(6)：2076-2099.

王奖臻，李朝阳，李泽琴，等，2001.川滇黔地区密西西比河谷型铅锌矿床成矿地质背景及成因探讨[J].地质地球化学，29(2)：41-45.

王奖臻，李朝阳，李泽琴，等，2002.川、滇、黔交界地区密西西比河谷型铅锌矿床与美国同类矿床的对比[J].矿物岩石地球化学通报，21(2)：127-132.

王林均，包广萍，崔银亮，等，2013.黔西北典型铅锌矿床碳-氧同位素地球化学研究[J].矿物学报，33(4)：709-712.

王乾，顾雪祥，付绍洪，等，2006.四川大梁子铅锌矿床闪锌矿中镉富集规律及其意义[J].矿物岩石地球化学通报，25(3)：291-292.

王瑞，张长青，吴越，等，2012.四川天宝山铅锌矿辉绿岩脉形成时代与成矿关系探讨[J].矿床地质，31(S1)：449-450.

王文倩，王伟，2013.锶同位素地层学[J].地层学杂志，37(4)：566-567.

王小春，1990.论四川天宝山铅锌矿床的成矿物理化学条件[J].四川地质学报(1)：34-42.

王晓虎，薛春纪，李智明，等，2008.扬子陆块北缘马元铅锌矿床地质和地球化学特征[J].矿床地质，27(1)：37-48.

王忠诚，储雪蕾，1993.早寒武世重晶石与毒重石的锶同位素比值[J].科学通报，38(16)：1490-1492.

韦晨，叶霖，黄智龙，等，2020.黔西北五指山地区铅锌矿床研究新进展：成矿带归属的启示[J].矿物学报(4)：394-403.

隗含涛，邵拥军，叶周，等，2021.湘西花垣铅锌矿田闪锌矿痕量元素地球化学特征[J].成都理工大学学报（自然科学版），48(2)：142-153.

吴昌雄，何玉藩，张嘉玮，等，2020.黔西北天桥铅锌矿床中的铊(Tl)[J].矿物学报，40(4)：412-417.

吴永涛，韩润生，2018.滇东北矿集区茂租铅锌矿床热液白云石稀土元素特征[J].矿床地质，37(3)：656-666.

吴越，2013.川滇黔地区MVT铅锌矿床大规模成矿作用的时代与机制[D].北京：中国地质大学（北京）.

夏新阶，舒见闻，1995.李梅锌矿床地质特征及其成因[J].大地构造与成矿学，19(3)：197-204.

辛宇佳，2014.西秦岭北部花岗岩地球化学特征及其大地构造意义[D].长沙：中南大学.

熊索菲，姚书振，宫勇军，等，2016.四川乌斯河铅锌矿床成矿流体特征及TSR作用初探[J].地球科学，41(1)：105-120.

薛长军，吕古贤，高伟利，等，2017.湘西花垣李梅矿田含矿层清虚洞期岩相古地理分析及成矿预测[J].地学前缘，24(2)：159-175.

杨红梅，蔡红，段瑞春，等，2012.硫化物Rb-Sr同位素定年研究进展[J].地球科学进展，27(4)：

379-385.

杨红梅,刘重芃,段瑞春,等,2015.贵州铜仁卜口场铅锌矿床 Rb-Sr 与 Sm-Nd 同位素年龄及其地质意义[J].大地构造与成矿学,39(5):855-865.

杨柳,尹萍,徐耀鉴,等,2022.湘西董家河铅锌矿床成矿流体和成矿物质来源:来自流体包裹体和 C-O-Sr 同位素的制约[J].矿物学报,42(5):557-569.

杨清,2021.滇东北-黔西北地区铅锌矿床成矿作用研究[D].武汉:中国地质大学(武汉).

杨清,张均,王健,等,2017.滇东北茂租大型铅锌矿床成矿流体地球化学研究[J].矿产与地质,31(5):854-863.

杨绍祥,劳可通,2007a.湘西北铅锌矿床碳氢氧同位素特征及成矿环境分析[J].矿床地质,26(3):330-340.

杨绍祥,劳可通,2007b.湘西北铅锌矿床的地质特征及找矿标志[J].地质通报,26(7):899-908.

杨绍祥,龙国华,毛党龙,等,2009.湖南龙山-保靖铅锌矿评价成果报告[R].湖南:湖南省地质调查院.

杨绍祥,杨霆,余冰,等,2015.湖南狮子山-茶田地区铅锌矿远景调查成果报告[R].湖南:湖南省地质调查院.

杨绍祥,余沛然,马宏彬,2011.湖南花垣-凤凰地区铅锌矿调查报告[R].湖南:湖南省地质调查院.

杨霆,杨绍祥,2016.湘西狮子山铅锌矿床矿化富集特征及控矿因素——湖南花垣—凤凰地区铅锌矿整装勘查系列研究之一[J].地质通报,35(5):814-821.

杨霆,段其发,田文,2014.湘西茶田铅锌汞矿床地质特征及找矿前景[J].华南地质与矿产,30(2):109-117.

杨应选,1994.康滇地轴东缘铅锌矿床成因及成矿规律[M].成都:四川科学技术出版社.

叶霖,高伟,杨玉龙,等,2012.云南澜沧老厂铅锌多金属矿床闪锌矿微量元素组成[J].岩石学报,28(5):1362-1372.

叶霖,李珍立,胡宇思,等,2016.四川天宝山铅锌矿床硫化物微量元素组成:LA-ICPMS 研究[J].岩石学报,32(11):3377-3393.

叶霖,刘铁庚,邵树勋,2000.富镉锌矿成矿流体地球化学研究:以贵州都匀牛角塘富镉锌矿为例[J].矿床地质,29(6):597-603.

于玉帅,刘阿睢,戴平云,等,2017.贵州铜仁塘边铅锌矿床成矿时代、和成矿物质来源:来自 Rb-Sr 同位素测年和 S-Pb 同位素证据[J].地质通报,36(5):885-892.

喻钢,2005.辽东青城子矿田的年代学和同位素地球化学[D].合肥:中国科学技术大学.

曾勇,李成君,2007.湘西董家河铅锌矿地质特征及成矿物质来源探讨[J].华南地质与矿产,23(3):24-30.

张长青,2008b.中国川滇黔交界地区密西西比型(MVT)铅锌矿床成矿模型[D].北京:中国地质科学院矿产资源研究所.

张长青,毛景文,吴锁平,等,2005.川滇黔地区 MVT 铅锌矿床分布、特征及成因[J].矿床地质,24(3):317-324.

张长青,李向辉,余金杰,等,2008a.四川大梁子铅锌矿床单颗粒闪锌矿铷-锶测年及地质意义[J].地质论评,54:532-538.

张长青,余金杰,毛景文,等,2010.四川赤普铅、锌矿床生物标志化合物特征研究[J].沉积学报,28(4):832-848.

张长青,余金杰,毛景文,等,2009.密西西比型(MVT)铅锌矿床研究进展[J].矿床地质,28(2):195-210.

张俊海,2015. 四川会东大梁子铅锌矿床矿相学特征及成因意义[D]. 成都:成都理工大学.

张伦尉,2010. 黔西北筲箕湾铅锌矿床地质地球化学研究[D]. 昆明:昆明理工大学.

张茂富,周宗桂,熊索菲,等,2016. 云南会泽铅锌矿床闪锌矿化学成分特征及其指示意义[J]. 岩石矿物学杂志,35(1):111-123.

张沛,吴越,段登飞,等,2021. 湖南花垣矿田长登坡铅锌矿床闪锌矿微量元素组成与指示意义[J]. 资源环境与工程,35(2):269-276.

张乾,1987. 利用方铅矿、闪锌矿的微量元素图解法区分铅锌矿床的成因类型[J]. 地质地球化学,9:64-66.

张先容,1993. 广东凡口铅锌矿床单矿物中微量元素的地球化学特征[J]. 桂林冶金地质学院学报,13(1):68-75.

张相训,1995. 广西老厂铅锌矿田方铅矿和闪锌矿微量元素特征及其成因探讨[J]. 广西地质,8(1):15-38.

张燕,2013. 四川盆地周缘震旦系楠木树、谢家坝铅锌矿床地质-地球化学特征对比研究[D]. 成都:成都理工大学.

张云新,吴越,田广,等,2014. 云南乐红铅锌矿床成矿时代与成矿物质来源:Rb-Sr和S同位素制约[J]. 矿物学报,34(3):305-311.

张政,唐菊兴,林彬,等,2016. 藏南扎西康矿床闪锌矿微量元素地球化学特征及地质意义[J]. 矿物岩石地球化学通报,35(6):1203-1289.

郑永飞,2001. 稳定同位素体系理论模型及其矿床地球化学应用[J]. 矿床地质,20(1):57-70.

钟九思,毛昌明,2007. 湘西北密西西比河谷型铅锌矿床特征及成矿机制探讨[J]. 国土资源导刊,4(6):52-56.

周朝宪,1998. 滇东北麒麟厂铅锌矿床成矿金属来源、成矿流体特征和成矿机理研究[J]. 矿物岩石地球化学通报,17(1):34-36.

周朝宪,魏春生,叶造军,1997. 密西西比河谷型铅锌矿床[J]. 地质地球化学,1:65-75.

周家喜,黄智龙,周国富,等,2012. 黔西北天桥铅锌矿床热液方解石C、O同位素和REE地球化学[J]. 大地构造与成矿学,36(1):93-101.

周家喜,黄智龙,周国富,等,2009. 贵州天桥铅锌矿床分散元素赋存状态及规律[J]. 矿物学报,29(4):471-480.

周家喜,黄智龙,周国富,等,2010. 黔西北赫章天桥铅锌矿床成矿物质来源:S、Pb同位素和REE制约[J]. 地质论评,56(4):513-524.

周恳恳,许效松,2016. 扬子陆块西部古隆起演化及其对郁南运动的反映[J]. 地质论评,62(5):1125-1133.

周留煜,2011. 钦杭接合带西南段区域地质演化史和成矿效应[J]. 矿物学报,31(S1):151-152.

周云,2017a. 湘西花垣MVT型铅锌矿集区成矿作用研究[D]. 成都:成都理工大学.

周云,段其发,唐菊兴,等,2014b. 湘西地区铅锌矿的大范围低温流体成矿作用-流体包裹体研究[J]. 地质与勘探,50(3):515-532.

周云,段其发,曹亮,等,2014a. 湘西-鄂西地区铅锌矿的大范围低温流体成矿作用研究[J]. 高校地质学报,20(2):198-212.

周云,段其发,曹亮,等,2015b. 湘西花垣铅锌矿稀土元素地球化学特征与指示意义[J]. 矿物学报(增刊),35(S1):751.

周云,段其发,曹亮,等,2017b. 湖南花垣地区铅锌矿床稀土元素地球化学特征初步研究[J]. 华南地质与矿产,33(3):282-292.

周云,段其发,曹亮,等,2017c. 湘西花垣铅锌矿田下寒武统清虚洞组灰岩与热液矿物的锶同位素研究[J].地层学杂志,41(3):335-343.

周云,段其发,曹亮,等,2018.湘西花垣地区铅锌矿床流体包裹体显微测温与特征元素测定[J].地球科学,43(7):2465-2483.

周云,段其发,曹亮,等,2021.湖南花垣矿集区李梅铅锌矿床闪锌矿Rb-Sr同位素测年与成矿物质示踪研究[J].地球科学与环境学报,43(4):661-673.

周云,段其发,陈毓川,等,2015a.湘西龙山江家垭铅锌矿床石英Rb-Sr同位素测年与示踪研究[J].中国地质,42(2):602-611.

周云,段其发,陈毓川,等,2016.湘西花垣铅锌矿田成矿物质来源的C、O、H、S、Pb、Sr同位素制约[J].地质学报,90(10):2786-2802.

周云,段其发,唐菊兴,等,2017d.湘西花垣地区铅锌矿床C、H、O同位素特征及其对成矿流体来源的指示[J].地质通报,36(5):823-833.

周云,于玉帅,曹亮,等,2022.湖南花垣矿田铅锌矿床硫化物微量元素地球化学特征及其对矿床成因的指示[J].地质通报,41(12):2265-2280.

朱炳泉,1998.地球科学中同位素体系理论与应用——兼论中国大陆壳幔演化[M].北京:科学出版社.

朱创业,丁益民,1998.重庆玉峡特大型锶矿床稳定同位素地球化学特征及成矿物质来源[J].矿床地质,17(S):445-447.

朱赖民,袁海华,栾世伟,1995.金阳底苏会东大梁子铅锌矿床内闪锌矿微量元素标型特征及其研究[J].四川地质学报,1:49-55.

祝新友,汪东波,王书来,1997.新疆塔木-卡兰古MVT铅锌矿带地质特征[J].有色金属矿产与勘查,6(4):202-207.

祝新友,汪东波,王书来,1998.新疆阿克陶县塔木-卡兰古铅锌矿带矿床地质和硫同位素特征[J].矿床地质,17(3):204-214.

祝新友,汪东波,王书来,2000.新疆阿克陶县塔木-卡兰古铅锌矿带矿体地质特征[J].地质与勘探(6):32-35.

庄汉平,卢家烂,1996.金属矿床中的有机物质:特征、分类方案和研究方法[J].地球科学进展,11(4):372-377.

ABIDI R, SLIM N, SOMARIN A, et al., 2010. Mineralogy and fluid inclusions study of carbonate-hosted Mississippi valley-type Ain Allega Pb-Zn-Sr-Ba ore deposit, Northern Tunisia[J]. Journal of African Earth Sciences, 57: 262-272.

ADRIANA P, AUSTIN M, 2017. Constraints on the sources of ore metals in Mississippi Valley-type deposits in central and east Tennessee, USA, using Pb isotopes[J]. Journal of African Earth Sciences, 81: 201-210.

AMIN N, HOSSAIN R B, STEFAN H, et al., 2016. Elemental geochemistry and strontium-isotope stratigraphy of Cenomanian to Santonian neritic carbonates in the Zagros Basin, Iran[J]. Sedimentary Geology, 346: 35-48.

APPOLD M S, GARVEN G, 1999. The hydrology of ore formation in the Southeast Missouri District: numerical models of topography-driven fluid flow during the Ouachita orogen[J]. Economic Geology, 94: 913-936.

BISCHOFF J L, 1991. Densities of liquids and vapors in boiling $NaCl-H_2O$ solutions: A P-V-T-X summary from 300 to 500 ℃ [J]. American Journal of Science, 291: 309-338.

BOHLKEA J K, LAETER J R DE, BIEVRE P DE, et al., 2001. Isotopic compositions of the elements[J]. Journal of Physical and Chemical Reference Data, 34(1): 57-67.

BRADLEY D C, LEACH D L, 2003. Tectonic controls of Mississippi Valley-type lead-zinc mineralization in orogenic forelands[J]. Mineralium Deposita, 38: 652-667.

BURKE W H, DENISON R E, HETHERINGTON E A, et al., 1982. Variation of seawater $^{87}Sr/^{86}Sr$ throughout Phanerozoic time[J]. Geology, 10:516-519.

CHARLES S, SPIRAKIS A, ALLEN V H, 1995. Evaluation of proposed precipitation mechanisms for Mississippi Valley-type deposits[J]. Ore Geology Reviews, 10: 1-17.

CHAUDHURI S, CLAUER N, 1986. Fluctuations of isotopic composition of strontium in seawater during the Phanerozoic Eon[J]. Chemical Geology(Isotope Geoscience Section), 59(4):293-303.

COOK N J, CIOBANV C L, PRING A, et al. 2009. Trace and minor elements in sphalerite: a LA-ICPMS study[J]. Geochimica et Cosmochimica Acta, 73(16): 4761-4791.

DEJONGHE J, BOULEGUE J, DEMAFLE D, et al., 1989. Isotope geochemistry(S, C, O, Sr, Pb)of the Chaudlontanne mineralization(Belgium)[J]. Mineralium Depostia, 24:132-134.

DENISON R E, KOEPICK R B, BURKEW H, 1998. Construction of the Cambrian and Ordovician seawater $^{87}Sr/^{86}Sr$ curve[J]. Chemica Geology, 152: 325-340.

DU A, WU S, SUN D, et al., 2004. Preparation and certification of Re-Os dating reference materials: molybdenite HLP and JDC[J]. Geostandard and Geoanalytical Research, 28(1): 41-52.

FRIEDMAN I, O'NEIL J R, 1977a. Compilation of Stable Isotope Fractionation Factors of Geochemical [M]. 6th ed. Washington: United States Government Printing Office.

FRIEDMAN I, O'NEIL J R, 1977b. Compilation of stable isotope fractionation factors of geochemical interest in data of geochemistry [C]// Fleischer M. Geological Professional Paper.

GOODFELLOW W D, 2004. Geology genesis and exploration of SEDEX deposits with emphasis on the Selwyn Basin Canada[G]//DEB M, GOODFELLOW W D. Sediment-hosted Lead-Zinc Sulphide Deposits: Attributes and Models of Some Major Deposits of India Australia and Canada. New Delhi: Narosa Publishing House, 24 -99.

HALL D, STERNER S M, BODNAR R J, 1988. Freezing point depression of $NaCl-KCl-H_2O$ solutions[J]. Economic Geology, 83:197-202.

HANOR J S, 1979. The sedimentary genesis of hydrothermal fluids [A]//BARNES H L. Geochemistry of hydrothermal ore deposits[C]. New York : Wiley-Inter science.

HOEFS J, 1997. Stable isotope geochemistry[M]. Berlin: Springer-Verlag.

HOELSER W T, MAGARITZ M, RIPPERDAN R L, 1996. Global isotopic events [A]// Walliser O H. Global events and event stratigraphy in the Phanerzoic[M]. Berlin: Springer-Verlag.

HUANG Z L, LI W B, CHEN J, et al., 2003. Carbon and oxygen isotope constraints on mantle fluidinvolvement in the mineralization of the Huize super-large Pb-Zn deposits, Yunnan Province, China[J]. Journal of Geochemical Exploration, 78-79: 637-642.

HUANG Z L, LI W B, ZHOU M F, et al., 2010. REE and C-O isotopic geochemistry of calcites from the world-class Huize Pb-Zn deposits, Yunnan, China: Implications for the ore genesis[J]. Acta Geologica Sinica (English Edition), 84(3):597-613.

INOKA H W, ELIZABETH M G, DAVID M S, et al., 2015. Controls on stable Sr-isotope fractionation in continental barite[J]. Chemical Geology, 411: 215-227.

KESLER S E, VENNEMANN T W, FREDERICKSON C, et al., 1997. Hydrogen and oxygen isotope evidence for origin of MVT-forming brines, southern Appalachians [J]. Geochimica et Cosmochimica Acta, 61(7): 1513-1523.

KESLER S E, 2005. Ore-Forming Fluids[J]. Elements, 1(1): 13-18.

KESLER S E, MARTINI A M, APPOLD M S, et al., 1996. Na-Cl-Br systematics of fluid inclusions from Mississippi Valley-type deposits, Appalachian Basin: Constraints on solute origin and migration paths[J]. Geochimica and Cosmochimica Acta, 60(2): 225-233.

LEACH D L, BRADLEY D C, LEWCHUK M, et al., 2001. Mississippi Valley-type lead-zinc deposits through geological time: implications from recent age-dating research[J]. Mineralium Deposita, 36: 711-740.

LEACH D L, SANGSTER D F, KELLEY K D, et al., 2005. Sediment-hosted lead-zinc deposits: a global perspective[C]//HEDENQUIST J W, THOMPSON J F H, GOLDFARB R J, et al. Economic Geology 100th Anniversary Volume, 561-607.

LEACH D L, SANGSTER D F, 1993. Mississippi Valley-type lead-zinc deposits[C]//KIRKHAM R V, SINCLAIR W D, THORPE R I. Mineral Deposit Modeling. Geological Association of Canada. Special Papers, 40: 289-314.

LIU W H, ZHANG J X, ZHANG J, et al., 2018. Sphalerite Rb-Sr dating and in situ sulfur isotope analysis of the Daliangzi Lead-Zinc Deposit in Sichuan Province, SW China[J]. Journal of Earth Science, 29(3): 573-586.

LUDWIG K R, 2009. Isoplot/Ex, version 2.0: a geochronogical toolkit for Microsoft Excel[M]. Geochronology Center.

LUDWIG K R, 2001. User's Manual For Isoplot/Ex, version 2.49: a geochronological toolkit for Microsoft Excel[M]. Berkeley Geochronology Center Special Publication.

MACHEL H G, 2004. Concepts and models of dolomitization: a critical reappraisal[A]//BRAITHWAITE C J R, RIZZI G, DARKE G. The geometry and petrogenesis of dolomite hydrocarbon reservoirs. Geological Society of London, Special Publications, 235: 7-63.

MAXWELL R A, 1976. Study of rubidium, strontium and strontium isotopes in some mafic and sulfide minerals[D/OL]. Vancouver: University of British Columbia.

MCARTHUR J M, KENNEDY W J, GALE A S, et al., 1992. Strontium isotope stratigraphy in the Late Cretaceous, intercontinental correlation of the Campanian/Maastrichtian boundary[J]. Terra Nova, 4: 385-393.

MEDFORD G A, MAXWELL R J, RICHARD L A, 1983. $^{87}Sr/^{86}Sr$ Ratio Measurements on sulfides, carbonates, and fluid inclusions from pine point, Northwest Territories, Canada: an $^{87}Sr/^{86}Sr$ ratio increase accompanying the mineralizing process[J]. Economic Geology, 78(7): 1375-1378.

NAKAI S, HALLIDAY A N, KESLER S E, et al., 1990. Rb-Sr Dating of Sphalerites from Tennessee and The Genesisi of Mississippi Valley Type Ore Deposits[J]. Nature, 346 (6282): 354-357.

OHMOTO H, LASAGE A C, 1982. Kinetics of reactions between aqueous sulfates and sulfides in hydrothermal systems[J]. Geochimica et Cosmochimica Acta, 46: 1727-1745.

O'NEIL J R, CLAYTON R N, MAYEDA T K, 1969. Oxygen isotope fractionation in divalent metal carbonates[J]. The Journal of Chemical Physics, 51(12): 5547-5558.

PALMER M R, EDMOND J M, 1989. The strontium isotope budget of the modern ocean[J]. Earth and Planetary Science Letters, 92: 11-26

PALMER M R, ELDERFIELD H, 1985. Sr isotope composition of sea water over the past 75 Myr[J]. Nature, 314: 526-528.

PROKOPH G, SHIELDS G A, VEIZER J, 2008. Compilation and time series analysis of a marine carbonate $\delta^{18}O$, $\delta^{13}C$, $^{87}Sr/^{86}Sr$ and $^{32}\delta S$ database through Earth history[J]. Earth-Science Reviews. 87(3/4):113-133.

RÉMI B, MANUEL M, MARIE-CHRISTINE B, et al. 2016. Distribution and oxidation state of Ge, Cu and Fe in sphalerite by μ-XRF and K-edge μ-XANES: insights into Ge incorporation, partitioning and isotopic fractionation[J]. Geochimica et Cosmochimica Acta, 177 : 298-314.

RODDER E, BODNAR R J, 1980. Geologic pressure determinations from fluid inclusion studies [J]. Annual Review of Earth and Planetary Science, 8: 263-301.

SMOLIAR M I, WALKER R J, MORGAN J W, 1996. Re-Os ages of group IIA, IIIA, IVA and VIB iron meteorites[J]. Science. 271, 1099-1102.

SPANGENBERG J, FONTBOTE L, SHARP Z D, 1996. Carbon and oxygen isotope study of hydrothermal carbonates in the zinc lead deposits of the San Vicente district, central Peru: a quantitative modeling on mixing processes and CO_2 degassing[J]. Chemical Geology, 133(1-4): 289-315.

STEPHEN E K, GERALD M F, DRAGAN K, 1997. Mississippi valley-type mineralization in the Silurian paleoaquifer, central Appalachianss[J]. Chemical Geology, 138: 127-134.

STEPHEN E K, TORSTEN W, CHRISTIAN F, 1997. Hydrogen and oxygen isotope evidence for origin of MVT-forming brines, southern Appalachians[J]. Geochimica et Cosmochimica Acta, 61 (7): 1513-1523.

VAIL P R, MITCHURN R M, TODD R G, 1977. Seismic stratigraphy and global changes of sea level, Tulsa[J]. AAPG Memoir, 26:49-212.

VEIZER J, ALA D, AZMY K, 1999. $^{87}Sr/^{86}Sr$, $\delta^{13}C$ and $\delta^{18}O$ evolution of Phanerozoic seawater [J]. Chemical Geology, 161(1/3): 59-88.

WIESER M E, 2006. Atomic weights of the elements 2005 (IUPAC technical report) [J]. Pure and Applied Chemistry, 78(11): 2051-2066.

XU L G, LEHMANN B, MAO J W, et al., 2016. Strontium, Sulfur, Carbon, and Oxygen Isotope Geochemistry of the Early Cambrian Strata-bound Barite and Witherite Deposits of the Qinling-Daba Region, Northern Margin of the Yangtze Craton, China[J]. Economic Geology, 111: 698-718.

YE L, COOK J N, CIOBANU L C, et al., 2011. Trace and minor elements in sphalerite from base metal deposits in South China: A LA-ICPMS study[J]. Ore Geology Reviews, 39(4):188-217.

ZARTMAN R E, DOE B R, 1981. Plumbotectonics - the model[J]. Tectonophysics, 75: 135-162.

ZHANG C Q, WU Y, HOU L, 2015. Geodynamic setting of mineralization of Mississippi Valley-type deposits in world-class Sichuan-Yunnan-Guizhou Zn-Pb triangle, southwest China: Implications from age-dating studies in the past decade and the Sm-Nd age of Jinshachang deposit [J]. Journal of Asian Earth Sciences, 103:103-114.

ZHENG Y F, 1990. Carbon-oxygen isotopic covariations in hydrothermal calcite during degassing of CO_2: A quantitative evaluation and application to the Kushikino gold mining area in Japan[J]. Mineralium Deposita, 25: 246-250.

ZHENG Y F, HOEFS J, 1993. Carbon and oxygen isotopic covariations in hydrothermal calcites [J]. Mineralium Deposita, 28:79-89.

ZHOU J X, HUANG Z L, YAN Z F, 2013a. The origin of the Maozu carbonate-hosted Pb-Zn deposit, southwest China: Constrained by C-O-S-Pb isotopic compositions and Sm-Nd isotopic age [J]. Journal of Asian Earth Sciences, 73: 39-47.

ZHOU J X, HUANG Z L, ZHOU M F, et al., 2013b. Constraints of C-O-S-Pb Isotope Compositions and Rb-Sr Isotopic Age on the Origin of the Tianqiao Carbonate-Hosted Pb-Zn Deposit, SW China [J]. Ore Geology Reviews, 53: 77-92.